絶滅危惧種ビジネス

量産される高級観賞魚「アロワナ」の闇

エミリー・ボイト
矢沢聖子 訳

THE DRAGON BEHIND THE GLASS

A True Story of Power, Obsession, and the World's Most Coveted Fish

by Emily Voigt

原書房

絶滅危惧種ビジネス

量産される高級観賞魚「アロワナ」の闇

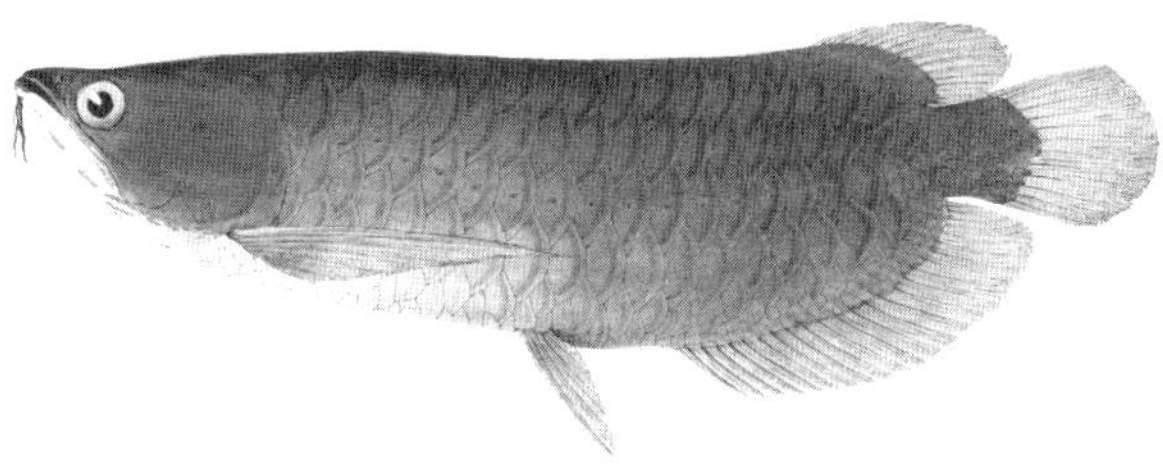

THE DRAGON BEHIND THE GLASS

by

Emily Voigt

Japanese translation published

by arrangement with

Emily Voigt c/o The Park Literary Group

through The English Agency (Japan) Ltd.

[図版]

p.1: Courtesy of The Naturalis Museum, Leiden, Holland

p. 320 : Courtesy of The Natural History Museum, London

[地図作成]

神村達也

実のところ、私たちは世界を征服などしていないし理解もしていない。支配していると思っているだけだ。なぜ他の生物に対してある反応を示すのか、さまざまな意味できわめて必要としているのかすらわかっていない。

エドワード・O・ウィルソン
『バイオフィリア――人間と生物の絆』

目次

アジアアロワナの分布
スクレロパゲス・フォルモサス
の主な生息地
0 マイル
100
200
300
0 キロメートル
300
ベトナム
南シナ海
フィリピン
ブルネイ
シ
ア
クチン
ボルネオ島
ポンティアナック
ダナウ・センタラム
(センタラム湖)
カプアス川
赤道
スラウェシ島
ド
ネ
シ
ア
ジャワ海
ジャワ島

出典：ヌン・ヘオク・ヒー、モーリス・コテラット、ティム・M・ベラ

本書に登場する人名について

本書の舞台は一五ヵ国におよび、それぞれの国で氏名の表記が大きく異なる。たとえば、一般に、中国では姓のあとに名が続くが、インドネシアでは姓がなく名だけだ。本書に登場する人物の呼び方を決めるに当たって――ファーストネームあるいはラストネームの選択の余地がある場合――原則として読者に覚えやすい名前を選び、同時に一貫性を保ちつつ、その人物と私との関係を考慮するように努めた。

プロローグ

マレーシア、タイピン市、二〇〇四年五月一一日

チャン・コク・クアンはまだ帰って来ない。父のチャン・アー・チャイは心配で眠れず、窓際に立って向こうが見えないほどの土砂降りの中に息子の姿を探し続けた。雨が降り始めたのは日付が変わる頃だったが、午前四時になってもいっこうに雨脚は衰えない。道路は冠水し、レジデンシー通りに大きな影を落とす樹齢一〇〇年のサマンの大木が茂る公園の湖からは水があふれた。

痩せ型でがっしりした三一歳の息子は、連絡もなしに外泊するようなタイプではない。前夜も数年前から市内に構えている熱帯魚店で一日働いたあと、夕食をとりに家に帰ってきた。小さい頃から鰭《ひれ》のあるものならなんでも大好きな子供だったが、今ではある種の魚のエキスパートだ。アジアアロワナ——世界一高価な熱帯魚である。

アジアアロワナは中国では龍魚《ドラゴンフイツシユ》と呼ばれている。きらきらした硬貨大の鱗《うろこ》に覆われたしなやかな体が、伝説の生き物、龍に似ているからだ。成長すると六〇センチから九〇センチほどになり、体色はさまざま。下顎の先端にある二本の髭《ひげ》と体側に伸びた透き通った二枚の胸鰭が、空を飛ぶ龍を連想させる。そこから繁栄と幸運をもたらす魚と信じられ、魔除けとして珍重されている。

アジアアロワナの人気が爆発した頃、チャン・コク・クアンは溶接工をやめ、外来魚を扱う店を開くという子供の頃からの夢を実現した。珍しいアジアアロワナが一匹一五万ドルで日本のバイヤーに売られたという噂も流れていた。チャンにはそんな一流バイヤーはついていなかったが、つややかで威勢がよく健康なアロワナを見抜く目を持っていた。多いときには五〇匹のアジアアロワナをそろえていたが、いっしょにするとどちらかが死ぬまで闘うので、一匹ずつ水槽に入れてあった。大半が若い魚で、チャンの手のひらか靴くらいの大きさ、一匹せいぜい一五〇〇ドルで地元の愛好家やディーラーに売っていた。ディーラーは買った魚を世界中に売りさばくのだ。

そういうディーラーが前日の午後、店にやってきて、あるだけのアジアアロワナを買い取ると申し出た。店を手伝っている父親は、そのやりとりを聞いて、現金払いにしてもらうよう息子に忠告した。窓の外の滝のような雨を眺めながら、ひょっとしたら息子は夕食のあとあのディーラーと会うために店に戻って、嵐がやむのを待っているのかもしれないと思った。六時頃やっと雨がやむと、父親はバイクで市内にある店に向かった。

気持ちのいい朝だった。空気には湿った土の匂いが漂い、路面は黒光りして、あちこちにできた水たまりが雲間から射す光に輝いていた。いつもと変わらぬ街の様子にチャン・アー・チャイはほっとした。タイピン市は植民地時代の避暑地で、静かな余生を過ごしたいと願う退職者に人気があるが、彼は六四歳になるまで一度もこの街を離れたことがなかった。三〇年働いたゴム工場を退職してからは、息子の店で魚に餌をやったり、水槽の水を替えたり、商品を発送したりする生活を楽しんでいた。

メダン・ブルサトゥー通りで見慣れた店が並ぶ一画に曲がると、クアン熱帯魚店はまだシャッターがおりていた。ところが、バイクからおりて近づくと、シャッターの南京錠がなくなっている。シャッターを持ち上げて、恐る恐る薄暗い店内に入った。狭い空間にずらりと置いた水槽がゴボゴボ音をたて、蛍光灯が淡い光を投げかけている。目が慣れると、異常はないことがわかった。いつもどおり金魚やグッピーが水槽で泳いでいた。

だが、もう一歩奥に進むと、ガラスの破片を踏んだ。足元を見ると、コンクリートの床に赤い筋がついている。血だ。あとをたどっていくと、傷ついた獣がもがいた跡のような血の海に出た。この陰惨な光景が目に焼きつき、チャン・アー・チャイは終生、悪夢に悩まされることになる。最愛の息子が床に倒れていた。めった刺しにされ、すでに息はなかった。斬首されたように首を深く切られていた。

父親はがたがた震えながら外に転がり出て助けを求めた。しかし、すでに遅かった。警察は凶器も指紋も発見できなかった。被害者の財布は手つかずのままポケットに入っていた。なくなっていたのは特定の魚だけ。チャン・コク・クアンの遺体のそばに並んでいたアジアアロワナの水槽は全部からっぽで、二〇匹ほどのドラゴンフィッシュはすべて消えていた。

第一部

快適な環境で暮らすドラゴンたち

1章 違法ペット捜査官

ニューヨーク

二〇〇九年三月の凍えるように寒い金曜日、枕元の目覚まし時計が鳴り響いたのが午前四時。そして、六時四五分には、ジョン・フィッツパトリック警部補とポリスアカデミーを出たばかりの三人の若い警察官とともにサウス・ブロンクスの公営住宅の前にいた。あたりは無彩色の世界だった。穴だらけの道路も、薄汚れた雪も、晩冬の空も、何もかも灰色で、警察官の制服だけが鮮やかだった。ニューヨーク市警察の通常の濃紺の制服ではなく、テレビアニメ「クマゴロー」に登場するレーンジャー・スミスのようなオリーブ色の制服とつば広の帽子だった。雪の残った道を進んでいると、すれちがった若い女の子がめざとく気づいた。「あら、森林警備隊って森にいるんじゃなかったっけ？」

一九九六年からこの地区のパトロールを続けているフィッツパトリックは、女の子には目もくれず、ドミノのように林立している高層住宅の一棟を見つめていた。ブルックリン出身の警官で（ノンキャリアだが）、一族にもブルックリン出身の警官が多いという四一歳の彼は、いかにもそれらしく見えた。ひときわ背が高く、クルーカットで、顎にえくぼがある。小脇にはさんだファイルには追跡中の容疑者の写真が入っていた。おそらく武器を携帯した危険人物だという。

建物の中に入ると、ロビーは薄暗く陰気だった。音を立てて開いたエレベーターに乗り込んで、ガタガタと八階まで上がる。ブーツの音を響かせながら長い廊下を進んで、とある部屋の前で止まった。フィッツパトリックがドアを叩く。少し待ったが、反応がない。もう一度拳を振り上げ、さっきより強く長くノックした。廊下の奥から赤ん坊の泣き声が聞こえる。ようやく、寝起きのくぐもった男の声がした。「誰だ？」

「州環境保護局だ」フィッツジェラルドが告げた。

「なんだ、それ？」明らかに狼狽《ろうばい》した声だった。

ドアが開いて、ずんぐりした若い男が顔を出した。腕一面にタトゥー、厚手のパジャマの下だけ身につけ、まぶしい光に目を細めている。名前はジェイソン・クルツ。警察が来た理由に心当たりはあるかと聞かれて、彼は首を振った。「ぜんぜん」

「教えてやろう」フィッツパトリックが言った。「個人売買サイトにワニを売ると広告を出したからだ」

当時、私はナショナル《N》・パブリック《P》・ラジオ《R》の科学番組のために主として外国産の珍しいエキゾチック・アニマルに関する取材をしており、六ヵ月粘ってようやくニューヨーク州環境保護局の捜査官であるフィッツパトリック警部補から逮捕現場に同行を許されたのだった。前年の夏、初めて電話したとき、この大都会にエキゾチック・アニマル愛好者がどれほどいるか、いろいろ珍しい話を聞かせてもらった。野生動物の違法取引取り締まりに当たっている間に、ゴリラの手でつくった灰皿から、マンハッタンのトライベッカ地区の高級ロフトでカメを一二〇〇匹も飼っていてベッドを置くスペースもないという居住者まで、ありとあらゆる事例に遭遇した。母親が八人の幼い子供を育てているアパートで、ミンと名づけたトラと、アルというワニを飼っていたハーレムの男、ブルックリンの裕福な一家は、希少な霊長類であるアフリカのダイアナモンキーを家族の一員として育てていて、係官が押収しようとすると、バリケードを張ろうとした。ソーホーの人気骨董店の店主が収監されたのは、チンパンジーの骸骨やセイウチの牙だけでなく人間の身体の一部まで売っていたからだ。「なんでも屋」と呼ばれるその世界では有名なディーラーは、生きていようと死んでいようと、生きたエキゾチック・アニマルと称してオンボロ車で売りに来るそうだ。

なんでもあり。それがこの街の野生動物取引の基本だ。その証拠に売りに出したワニはどうやって手に入れたとフィッツパトリックに聞かれて、パジャマ姿のクルッは肩をすくめた。「ここはブロンクスだからな。なんだって手に入るさ」

クルッのアパートは狭いが、きちんとかたづいていた。黒革のソファに薄型テレビ、マンハッタンの風景写真を入れた鏡付き写真立て。バスルームから犬の鳴き声がして、キッチンからは鳥の声がした。フィッツパトリックは三つある水槽に近づいた。ひとつにはヒョウモントカゲモドキ、もうひとつにはティースプーンほどのナイルオオトカゲの赤ちゃんが入っていた。ナイルオオトカゲは黄色い縞模様のあるトカゲで、ぎざぎざの青い舌を持ち、成体になると二メートル近くになって、猫でも呑み込んでしまう。三つ目の水槽はからっぽで、淀んだ水が五センチほど入っていた。フィッツパトリックは近づいて匂いをかいだ。「ワニはどこにいるんだ？」

「返した」クルツが言った。ワニはペルハム・パークウェイのペットショップの前で知らない男から買ったという。体長三〇センチほどだったが、同居人の女性に大きくなるに決まっているから、二人の間にできた二歳の娘のために手放すよう迫られた。最後通牒を突きつけられ、オンラインで売ろうとしたが、サイト側に警告フラグをつけられたので、結局、買ったディーラーに引き取ってもらうことにした。「プエルトリコ人だった」

フィッツパトリックは手帳に書き留めた。「これで容疑者をブロンクスの数百万の住人に絞れたな」と皮肉を言う。

私はがっかりした。フィッツパトリックが一メートルを超えるワニの口をテープでぐるぐる巻きにして車の助手席に投げ込み、ブロンクス動物園に連れていくのを期待していたのに。しかも、クルツはフィッツパトリックから聞いた闘争心が強くマッチョというワニ愛好家の特徴を備えていなかった。ワニをペットにするのは、ギャングや麻薬ディーラーの間で流行しているそうだが、クルツはそのどちらでもなさそうだった。娘が生まれる前には闘犬に用いられるピットブルを飼っていたそうで、金属の鋲《びょう》のついた黒革のハーネスが壁にかかっていたが、バスルームで吠えていた犬はプードルだった。

「ほんとに面倒なことになるのか？　ワニとか飼ってたら」クルツはまだ事情が呑み込めないようだった。

妊娠中の同居人が寝室から出てきて、あくびをしながら関心もなさそうに言った。「ワニを売ってる人はたくさんいるけど」

「犯罪行為になる」ニューヨーク州は生きたワニ類の販売を禁止しているとフィッツパトリックは説明した。ワニだけでなく、サソリやフェレット、ホッキョクグマまでほとんどすべてのエキゾチック・アニマルをペットにするのは禁じられている。ナイルオオトカゲも違法だから押収しなければならない。クルッツは肩を落としたが、同居人が靴箱を探してくると、小さなトカゲをそっと箱に入れ、寒くないように箱をTシャツでくるんだ。

「ここで飼える動物はそんなにいないんだ」フィッツパトリックが言った。「犬、猫、金魚、カナリア――」

「ボタンインコなら二〇羽いる」クルッツが叫んだ。

キッチンに入ると、積み重ねたケージに小さな緑色のインコがいた。胸が黄色で、嘴《くちばし》が赤い。インコなら問題ないとフィッツパトリックは言った。

「子供も誰もいなかったら、コブラとか毒ヘビとか、そういうやつを飼うのにな」クルッツは無念そうに言うと、子供の頃から動物が大好きだったが、ブロンクスから逃げてフロリダの伯母を訪ねたとき、ワニが裏庭で日向ぼっこしたりプールで泳いだりするのを見て病みつきになったと説明した。

警察官が裁判所の召喚状を書いている間に、彼は母親に電話して、テレビの「アニマルプラネット」に出ることになったと知らせた。

「テレビじゃなくてラジオ番組よ、NPRの」そう訂正してから、私ははっと気づいた。番組のプロデューサーはもっとドラマチックな話を求めているはずだ。たとえば、クイーンズでヌーを飼っている人とか。

電話を切ると、クルツは私のほうを向いて諦めた口調で話し出した。

「あんたにわかるかな？　動物が好きでも、ずっとおんなじのを見てると飽きてくるんだ。ペットショップに行ったら、いろいろいるけど、そんなのは誰だって手に入れられる。みんなと違うやつを手に入れたくなるんだよ」

「はっきり言って、それが問題だ」フィッツパトリックは召喚状を渡した。「そのうち絶滅危惧種に手を出すようになるぞ」

だが、五メートル近いアナコンダが売りに出ているらしいと知らされて夢中になったクルツはろくろく聞いていなかった。


アメリカの家庭には動物園より多くのエキゾチック・アニマルが住んでいると言われている。だが、クルツのようにリビングでワニを飼いたいという望みは、一般的なペット飼育の動機——たとえば、無償の愛や、あるいは、あどけないものを保護したくなる「キュート・レスポンス」の欲求に従って自分の子供に向けるような愛情を他の動物を向けるといった動機には当てはまらない。ワニは愛を向けてくれるわけでも愛らしいわけでもない。少なくとも、抱き締めたい対象ではないし、幼児やパグ犬のように大きな目や丸い顔や体と不釣り合いに大きい頭をしているわけでもない。むしろ、ワニの魅力は獰猛《どうもう》さ、野生、人になつかない性格といった正反対のところにあるのだろう。

クルツはブロンクスのアパートで珍しい動物ばかり集めていたが、この種のコレクションには古い歴史がある。外国の動物を捕まえて見世物にする動物園だ。こうした動物園が出現したのは都市化が進んで野生動物と触れ合う機会が少なくなってからのことだが、当初はエキゾチック・アニマルを飼うのは王侯貴族の特権だった。メソポタミアの王たちは貢物として贈られた異国の動物を収容するために贅沢な庭園をつくってパラディーゾイと呼んだ。それがのちにエデンの園のモデルになったと言われている。エジプトのファラオたちはヒヒやカバやゾウをサハラ砂漠以南のアフリカの地域から集め、ミイラにして来世の道連れにした。古代ギリシャ人は軍事遠征の戦利品として野生動物を持ち帰り、彼らを征服した古代ローマ人はその習慣を受け継いで、五〇〇年近くの間、人気のある娯楽として競技場で動物を殺し続けた。ロンドン塔に有名な王立動物園がつくられたのは一二〇四年である。大西洋の向こう側でも、アステカの王モクテスマが、素晴らしい庭園を披露して初期の征服者《コンキスタドール》たちの度肝を抜いている。広大な庭園には無数の水鳥や山猫が暮らしており、専門医がその世話に当たっていた。エキゾチック・アニマル所有熱は新世界発見によってますます高まり、ルネッサンス期には個人の家にも珍しい動物の標本などを陳列する「驚異の部屋」がつくられた。そして、一八世紀に入ると、貴族たちは斬新な娯楽としてサルやオウムを熱心に集めるようになった。

　他の脊椎動物を飼い慣らして飼育したいという願望を抱くのは人類だけだ。文化地理学者のイーフー・トゥアンは、一九八四年に出版した名著『愛と支配の博物誌』（一九八八年、工作舎社刊）の中で、この特徴を権力の行使と位置づけている。予測不能な自然の力をコントロールしたいという欲望に由来する遊び心のある支配欲だというのである。哲学者のジャン・ポール・サルトルはこれを「肉体的で執拗で謙虚で有機的でミルクのような人間の嗜好」と呼び、すべての奢侈《しゃし》品に対する欲望の根底にあるとしている。

現在のようなペットショップがアメリカの都市に出現したのは一八九〇年代。それと同時に大量のエキゾチック・アニマルがアジアや南米から輸入されるようになった。第二次世界大戦後の好況期には一大ペットブームが起こり、一九七〇年代以降、全米のペットの数は三倍以上に増えた。アメリカ史上初めてペットを飼っている家庭が飼っていない家庭を上回り、全米で約八六〇〇万匹の猫と七八〇〇万頭の犬が飼われていた。だが、ペットとして飼われているエキゾチック・アニマルの数は不明だ。そもそも「エキゾチック・アニマル」の定義がはっきりしない。たとえばスカンクのように在来種だが野生動物なら含まれるのだろうか？　だるま豚はどうか？　さらに問題を複雑にしているのは、大半の取引が州法や連邦法を無視して水面下で行われることだ。

一九八〇年代のブラックマーケットの一番人気は野鳥だった。そして、次にブームになったのが、爬虫類やカメ、トカゲ、サンショウウオといった両生類。「とんでもない高値がつくこともあった」とフィッツパトリックが話してくれた。かつて囮《おとり》捜査で爬虫類コレクターになりすまし、甲羅に鮮やかな星形模様のある絶滅危惧種のマダガスカルのホウシャガメを一万八〇〇〇ドルで買うとディーラーに持ちかけたときのことだ。売買交渉をしていたとき、世界に一匹しかいないというカメの写真を見せられた。全身が翡翠《ひすい》色がかった白のアルビノ（先天性白皮症）のリバークーターで、一〇万一〇〇〇ドルでオファーがきたが、もっと要求するつもりだとディーラーは言ったそうだ。

フィッツパトリックはボディチェックを警戒して、銃を別室の机の引き出しにしまっていたので、応援部隊の到着が遅れたときは冷や汗をかいた。幸い、ディーラーは抵抗せずに逮捕されたが、こうしたリスクの高い取引には、危険な行動がからむ可能性がある。インターポールによると、組織犯罪ネットワークは武器や麻薬の密輸や人身売買と同じルートを使って動物を密輸しており、環境犯罪には汚職やマネーロンダリングがつきもので、殺人事件が起こる場合もあるそうだ。

アジアアロワナのことを初めて私に教えてくれたのもフィッツパトリックだった。当時の私は魚を飼うのは鉢植えの植物を育てるのとたいした違いはないと思っていた。エキゾチック・アニマルの大半は魚で、一億匹以上の魚が全米の家庭の水槽で泳いでいると聞いても、ぴんとこなかった。観賞魚と聞いて思い浮かんだのは、子供の頃に飼っていた魚に対する的外れの関心くらいだった。

幼い頃、両親が猫や犬は飼えないからと言って金魚を買ってくれた。六歳くらいのときだったと思う。ある日、口をパクパクさせて泡を吐いているのを見て、金魚たちがおしゃべりしているのだろうと思った。それで、フィッシャー・プライス社のおもちゃの聴診器を取ってきて、水槽に椅子を寄せ、よじのぼって水面にのぼってくる小さな声を聴こうとした。なにも聴こえなかった。その後は金魚に関心を失い、金魚も私を無視し続けた。

しかし、世の中は魚に無関心な人ばかりではないようだ。「この街でよく捜査対象になる魚がいる」とフィッツパトリックは言った。「アロワナだ」最初にその名前を聞いたとき、「マリファナ」と聞き間違ったのだが、これはなかなか的を射た連想だったとのちに気づいた。絶滅危惧種保護法によって、アジアアロワナをアメリカに持ち込むことは禁止されている。しかし、実際には全米で盛んに売買されている。フィッツパトリックはブルックリンの薄汚い町工場に踏み込んだときのことを話してくれた。女性たちがミシンの上にかがみこみ、床には布切れがちらばっていたが、縫製工場は表看板で、アジアアロワナの違法取引の拠点だった。内報を受けてＪＦＫ空港に駆けつけ、アロワナを水の入った袋に入れてスーツケースに隠して密輸しようとしたマレーシア生まれのクイーンズの男を逮捕したこともあったという。フィッツパトリックによると、いちばん安いアロワナでも数千ドルの値がつき、色によってさまざまだが、もっとも好まれるのは赤だそうだ。「アジアの一部の地域では、アロワナは幸運や繁栄やステータス・シンボルと見なされている。それも一因で、乱獲が続いている」

だが、アロワナに執着するのは一部のアジア人だけではない。アロワナ所持で逮捕されたウォールストリートの銀行家は、「妖しげな魅力に抵抗できなかった」と泣きくずれた。「最近では、アジア人以外、とりわけ白人がからんだ事件が増えている」とフィッツパトリックは言う。前年の夏には、ＳＵＶのスペアタイヤ入れに四匹のアロワナを入れてモントリオールから戻ろうとしていたロングアイランドの男二人が、カナダ国境近くで捕まっている。郊外にある親族の家をアロワナ取引の拠点にしていた若い男が逮捕されたこともあった。フィッツパトリックによれば、魚の闇取引は麻薬や銃といった高価な密輸品売買より安全と考えられており、とりわけニューヨークでは、環境保護局の捜査官二〇人で、三万四〇〇〇人の市警察捜査官と同じ地域を担当しているから、捜査が手薄になるのはやむを得ないのだという。

彼の見るところ、野生動物売買に携わる動機は金銭欲で、やがて、実入りのいい不法取引に手を染めるようになる。一方、コレクターの動機は情熱で、それは理解できなくもないという。「野生動物を飼う人の多くは自然に関心を抱いていて、それ自体は悪いことじゃない。ただ関心の向け方が間違っている」

フィッツパトリックは大学院で生物学を研究していた頃、ベネズエラのジャングルで一ヵ月過ごしたことがある。一〇キロ以上痩せ、髭ぼうぼうになり、ありとあらゆる気味の悪い皮膚感染症にかかって、自分が都会人だと思い知らされた。今でも熱帯動物は大好きだが、遠くから眺めるだけで満足している。ペットはごく小さなマルチーズだけ。名前はどうしても教えてくれなかった。

「スノーボールとか？」

「まあ、そんなとこかな」

「マシュマロクリーム？」

「いい線いってる」

その夜、家に帰ってから、私はアジアアロワナのことを調べた。フィッツパトリックから正式名は「アジアン・ボニータン」と教えられていた。舌の骨が長いからだが、ぱっとしない名前だ。びっしり生えた針のように尖った歯で獲物を捕らえて噛み砕く。

調べてみると、ボニータンは現存するもっとも古い古代魚のひとつだった。最古の化石は、ジュラ紀末期もしくは白亜紀初期にさかのぼり、獰猛な牙をもつ巨大な魚が、先史時代の海を泳ぎまわっていて、魚竜や首長竜を捕食していた。現在、オステオグロッサム科（ギリシャ語でオステオは骨、グロッスは舌の意）は、海ではなく熱帯の中央部の川や湖に生息している。世界最大の淡水魚、アマゾンピラルクーもその仲間で、体長四・五メートル、体重二〇〇キロ近くなることもある。だが、これは例外で、それ以外のオステオグロッサム科は、モザイクのような大きな厚い鱗に覆われた細長い魚で、一般にアロワナと呼ばれている。

なかでも獰猛なのが（少なくともアクロバティックなのは）南米のシルバーアロワナで、水面から二メートル近く跳びあがって、張り出した枝にとまった昆虫や鳥やヘビ、蝙蝠《こうもり》を捕らえるところから「ウォーターモンキー」と呼ばれている（グーグルで「子ガモを食べるアロワナ（arowana eats duckling）」を検索しないで）。二〇〇八年、ニュージャージーの男性が、カムデン・アドベンチャー・アクアリウムで水槽に手を入れ、シルバーアロワナに手を食われそうになった。その後、この男性は「痛みを伴う身体的障害」をこうむったと提訴し、それを目撃した三歳の息子が「重度の精神的苦痛を受け、頭痛、吐き気、長期にわたる精神障害、ヒステリー発作の再発」に苦しんでいると訴えた。

この獰猛さにもかかわらず、あるいは、そのせいで、シルバーアロワナはアメリカで人気のある観賞魚になっている。売買は合法的に行われ、稚魚は一四三〇ドルないし五〇ドルで手に入る。アロワナには全部で七つの種が確認されており（さらに三種は専門家の間で議論が続いている）、南米、アフリカ、東南アジア、ニューギニア、オーストラリアで見つかっている。そのうちアメリカに持ち込めないのはアジアアロワナだけだ。

しかし、海外ではアジアアロワナは合法的に売買され、高級品市場で需要の高い商品となっている。「石油やダイヤはもう古い。東南アジアの次の目玉は魚だ」と熱帯魚愛好家向けの雑誌『プラクティカル・フィッシュキーピング』は提唱する。そして、インドネシアのジャカルタでは、総額一〇〇万ドルの五〇匹のアジアアロワナが二四時間監視体制下で飼育されていて、「野生のアロワナは消えつつあるのに、アジアの富裕階級の間ではその人気は高まる一方だ」と書いている。

アロワナは養魚場で人工的に育てられる場合もあり、周囲を塀で囲まれ、監視塔があって、夜は大型犬ロットワイラーを敷地に放している養魚場は、まるで監獄のようだ。なぜここまで重装備なのかは、東南アジアのアロワナ盗難事件を記録したアーカイブを調べていくうちに明らかになった。マレーシアでは、ある女性の家から五匹のアロワナが盗まれたが、その総額は彼女の他の所有品すべての総額を上回っていた。世界一犯罪率の低いシンガポールでも、週に四件はこの種の窃盗事件が発生しているという報告もあった。年配の女性の大切なアロワナを盗んで、バケツの水をこぼしながら逃走している最中に追ってきた女性を殴った泥棒もいて、禁固三年ならびに一二回の鞭打ち刑を宣告されていた。

アロワナ泥棒は、天文学的な値段のアロワナを通常手段では手に入れられない愛好家の仕業だという説もあった。犯罪組織が背後にいるという説もある。「フィッシュ・マフィア」が裏で糸を引いているというのだ。それを裏づけるような痛ましい事件がインドネシアで起こっている。アロワナ・ディーラーと武装した手下が、日本人バイヤーを誘拐して身代金を要求したというのである。

この種の事件は後を絶たないが、アロワナ養殖はアジアだけでなく、カナダやヨーロッパも含めて世界中のほとんどの国で合法であり、主な例外は（アメリカを別にすれば）オーストラリアだけで、熱帯の動物相の保護のためにアロワナ取引が禁止されている。数年前、四五歳の主婦がアロワナを含む五一匹の魚を膨らんだスカートの下に隠して入国しようとしてメルボルン空港で逮捕された。「バシャバシャ水音みたいな音がしたんで怪しいと思った」と税関職員はマスコミに語っている。

プリントアウトした一〇〇件以上の密輸事件を読んではリビングの床にばらまいているうちに深夜になってしまった。やがて頭に浮かんできた構図は、麻薬の違法取引ではなく、マンハッタンの過熱したアート市場だった。空前の高値、匿名のバイヤー、怪しげなディーラー、巧妙につくられた偽物。この連想が当たっているかどうかはともかく、アジアアロワナは昔から人間を両極端に走らせてきたようだった。

大学生の夏にジェーン・グドールの『森の隣人──チンパンジーと私』（邦訳は一九九六年、朝日新聞社刊）を読んで以来、私はいつかジャングルに足を踏み入れて野生動物のことを書いてみたいと思っていた。たまたまアロワナに興味を引かれた頃、海外で調査研究するための奨学金を受給していた。使うなら今だ。密輸されたアロワナはもともとどこにいたのか、なぜアロワナはそれほど人を引きつけるのか、自分の目で確かめたい。グドールの研究対象は道具を使う気高い霊長類だったが、私の場合は舌の骨の長い気性の荒い魚だ。

何から始めるかに関して迷いはなかった。東南アジアの養殖業界に君臨するシンガポールの有名な仕掛け人ケニー・ザ・フィッシュからだ。本名ケニー・ヤップ。チェーンスモーカーの億万長者、魚に囲まれたヌード写真で有名だ。シンガポールの証券取引所に上場するほど収益を上げている観賞魚養殖会社の取締役会長である。最近、シンガポールのマスコミは彼を「シンガポールでいちばん理想的なシングル男性」と呼び、ドナルド・トランプのリアリティ番組「アプレンティス」のシンガポール版のホスト役を打診したそうだ。ケニー・ザ・フィッシュのウェブサイトにアクセスするには、画面の彼の臍《ベリーボタン》をクリックする必要があった。

あとで気づくことになるのだが、このボタンは私にとって不思議の国のアリスが落ちたウサギの巣穴であり、それ以来三年半そこから這い上がれなかった。

2章　ザ・フィッシュ

シンガポール

「ようこそ、わが島国へ」ケニーからメールが届いたのは、シンガポールに着いた土曜日だった。アジア大陸の最南端に位置するシンガポールは、感嘆符のような形のマレー半島の先端にある。「月曜日に会いましょう。羽を伸ばして楽しい週末を！　ザ・フィッシュ」

五月のことで、あの違法ペットのワニ捜査から二ヵ月経っていたが、あの時点ではサウス・ブロンクスより遠くまで調査に出かけるとは思ってもいなかった。シンガポールは不自然なほど清潔で衛生的な都市で、巨大な迷路のようなモールをつなぐ空調のきいたトンネルを通って市内のほとんどの場所に行くことができる。その週末、まばゆいショッピングセンターを通ってウォーターフロントに出ると、上半身がライオンで下半身が魚の巨大な白い像がマリーナ湾に向かって水を吐いていた。観光局が一九六〇年代につくったシンガポールの国家的シンボル、「マーライオン」である。一九七九年にシンガポール生まれの詩人エドウィン・タンブーは、ギリシャ神話の英雄オデュッセウスがこのランドマークを見たと想定して、「よもや私の時代に／予兆した人間がいただろうか？／この半獣半魚の出現を」と、詩の一節に書いている。

シンガポールのもうひとつの半魚的存在とも言えるケニー・ザ・フィッシュは、ここではマーライオンに負けずおとらず有名らしかった。月曜日に私が乗ったタクシーの運転手は、市内から離れた島の北西にある農業施設《アグロテクノロジーパーク》までと言うと嫌な顔をしたが、そこでケニーに会うとわかると急に機嫌がよくなった。「一度、街のコーヒーショップで見かけたことがある」と興奮した声で言った。

「家業をあそこまで発展させるなんてたいしたもんだよ」

ケニーが経営する観賞魚会社チェン・フー・コーポレーション（仟湖《チエン・フー》は中国語で千の湖）は曲がりくねった道路際にあり、木々に覆われた門には呑気そうな顔の青と白の魚、イェンツーユイの像が飾られていた。ドライブウェイの突き当たりには、床がコンクリートの倉庫が並び、オープンカフェもあって、スピーカーから中国のポップソングが流れている。案内板によると、コイ科の小型淡水魚ミノーが踵《かかと》の古い角質を除去してくれるフィッシュスパや、子供たちが網釣りできる浅い池もあるという。淡いブルーに塗られた建物はディズニーランド風で、至る所に満面の笑みを浮かべたケニーの写真を添えた新聞の切り抜きが貼ってあった。

取締役会長であるケニーは、奥の目立たない平屋にあるオフィスで、黒とホットピンクとターコイズブルーのデスクについていた。四四歳になるが、ティーンエイジャーのようにほっそりしていて童顔だ。私を見るなり笑顔になった。ジーンズに白い半袖シャツ、シャツには門にあったイェンツーユイのロゴが入っている。デスクの後ろの壁には写真が五枚。いずれも魚に囲まれているケニーのヌード写真だ。

「ハーフヌードだよ」と彼は訂正した。そして、両手両足を大きく広げ、一群のコイを抱きかかえるようにして写っている写真を指差した。「ほらね」

「どうかしら」私は納得できなかった。「そう言えなくもないけれど」

「ちゃんと下着はつけていたよ。それからコイの池に入ったんだ」パスポート用の写真を撮っていたときに思いついて、これはいけると紐状のGストリングショーツだけになったと説明した。「僕は遊び心のある人間でね、ふざけるのが好きなんだ」そう言うと、水のボトルを私に差し出し、椅子の背にもたれかかると自分でもキャップを開けた。「水を補給しなくては。昨夜飲みすぎたから」

ケニーがこの国で偶像視されるようになったのは決して偶然ではない。優れたマーケティングセンスの持ち主である彼は、ケニー・ザ・フィッシュというニックネームをみずから考案して、自社の魚を売り込むための*警句を入れたカレンダーを発売し始めた。だが、絶大な人気の秘密は、巧みにつくられたイメージではなく、九人兄弟の末っ子として養豚業を営む家に生まれ、貧しい境遇から身を起こした生い立ちにある。一九八〇年代初めに衛生観念にとりつかれたシンガポール政府が養豚業の漸次廃止を決定したあと、彼の生家は養豚場をコンクリートの池に替えてグッピーの飼育を手がけた。だが、一九八九年、ケニーがオハイオ州立大学でマーケティングを学んでいたとき、豪雨で池のグッピーが全部流されたと兄から知らせがあった。翌年、ケニーは帰国して家業の再建に加わった。

＊一例をあげると、「世間に顔を知られないでいたいなどという非現実的な考え方は、木に登って魚を捕ろうとするようなものだ」

兄たちは手元に残ったお金をつぎこんで、四〇〇〇匹のイェンツーユイを買い入れた。揚子江に生息する底生魚の一種で、当時、人気のある観賞魚だった（成長するとワニくらいの大きさになるから家庭で飼うには不向きだ。この魚はフィッツパトリック警部補の最重要指名手配リストにも載っていた）。だが、二、三週間で全部死んでしまった。養魚場建設の振動が原因だったらしい。そのときケニーはこの魚を会社のロゴにすることに決めた。門の上の像やシャツのロゴになっている愛らしい顔の魚がこれで、養魚場のポートフォリオ分散の重要性を忘れないためだという。

「一種類の魚に頼ってはいけない」とケニーは強調する。現在、彼の会社では一〇〇〇種類以上の魚を八〇ヵ国に輸出している。その中で、アジアアロワナは売上の二〇パーセント以上を占めているが、それは数ではなく価格の高さのせいだそうだ。アメリカに密輸されるアロワナとは関わりがないと断言し、「どうせたいした市場じゃない」と言ってのけた。

「これまで売ったいちばん高価なアロワナは？」私は聞いた。

「大きいやつを一匹七万米ドルで売ったことがある」ケニーはこともなげに答えた。数年前のことだが、「優良品のレッドアロワナ」を三匹、日本のバイヤーに売った。いずれも七、八歳だったが、アロワナにしては若いほうだ。アロワナの寿命は数十年だが、水槽で飼育すると早死にする場合が多いそうだ。

「誤解がないように言っておくと、そんなに高いものばっかりじゃない」ケニーの説明によると、一般にアロワナは生後約六ヵ月で、まだ鉛筆くらいの大きさの時に、一〇〇〇ドルから二〇〇〇ドルくらいの価格で売買されるという。「愛好者は小さいときから育てて、なつかせたがるからね」

アロワナは犬や猫のようにしつけることができ、「飼い主が悲しがっていると、そばにいてくれる（もちろん水槽の中だが）」と、過去にケニーはマスコミに語ったことがある。愛情深い反面、癇癪《かんしゃく》を起こして「駄々っ子のように」暴れることもあるそうだ。

観賞魚の流行が一時的なものだということも彼はよく承知していた。一例をあげると、二〇〇一年頃、アジアの観賞魚業界では、フラワーホーン（花羅漢）という人口交配種が大流行したことがある。ティラピアに似た魚だが、脳がはみ出したみたいに頭の上に大きな瘤《こぶ》がある。体側の模様から宝くじの当選番号を予測できるという噂が広がった。たちまち価格が高騰し、最高のフラワーホーンに数十万ドルという法外な高値がつくようになった。最盛期には、シンガポール市内の熱帯魚店が三倍以上に増えた。水槽が飛ぶように売れ、餌は品薄になった。そして、二〇〇五年頃、突然、バブルがはじけた。水槽は道端に捨てられ、店は閉店に追い込まれた。一八四一年に出版されたチャールズ・マッケイの『狂気とバブル――なぜ人は集団になると愚行に走るのか』（邦訳は二〇〇四年、パンローリング刊）に出てきそうなエピソードである。

だが、フラワーホーンがたどった道はアジアアロワナには当てはまらないとケニーは主張する。そして、その理由を二つ挙げた。第一は、龍魚《ドラゴンフィッシュ》という名前。中国では、伝説の龍は恐ろしい怪物ではなく、人間に益をもたらす生物として敬愛されている。「東洋のドラゴンは幸運と繁栄のシンボルで縁起のいい動物なんだ」ケニーは体を乗り出して両手をデスクに置いた。「西洋のドラゴンは邪悪で、火を噴いて人を殺すが、東洋のドラゴンは違う」そう言って平手でドンとデスクを叩くと、次の瞬間には笑い出した。「第二の理由は」落ち着いた表情に戻って続けた。「希少価値だ。数が少ないから需要を上回ることはぜったいない」

しかし、正確な数は不明だ。アジアアロワナは学界では一つの種とされており、学名はスクレロパゲス・フォルモサス。東南アジアの川や湖に広く分布する。野生で生息できる範囲は、ベトナム南部、カンボジア、タイ、可能性としてはミャンマーからマレー半島、そしてスマトラ島やボルネオ島に及ぶ。

さまざまな色のバリエーションがあり、重複した名前で呼ばれることもある。ブラッドレッド、チリレッド、ゴールデン、クロスバック、イエローテールシルバー、グレイテールシルバー、ブルーマレーヤン、レッドテールゴールデン等々。希少なものほど需要が高い。愛好家が何より欲しがるのは――少なくとも、伝統的に人気が高いのは――伝説のスーパーレッドだ。ボルネオ奥地のただひとつの湖沼系にしか生息しない野生種である。一方、単にグリーンと呼ばれるアロワナはもっとも一般的だ。コンサベーション・インターナショナルが二〇〇八年に行った調査では、カンボジアの一部の地域では、乱獲で激減しているグリーンを今でも食用にしていることが明らかになった。

実際、つい最近まで、アジアアロワナは観賞魚というより食用魚だったのである。一九六四年、国際自然保護連合（ＩＵＣＮ）は特別チームを立ち上げて淡水魚の生息調査をしているが、その時点でアジアアロワナはまだ「湖沼地帯の住民の重要な食料源」であり、マレーシアでは釣り人の間で人気が高かった。数が減少しているという報告を受けて、ＩＵＣＮはアジアアロワナを絶滅のおそれのある野生生物を記したレッドデータブックに追加した。それを受けて、絶滅のおそれのある野生動植物の種の国際取引に関する条約（ワシントン条約《CITES》）は附属書Ⅰにアジアアロワナを載せた。ワシントン条約は世界最大の保護協定であり、一八二カ国及びEUの加盟国の間で絶滅のおそれのある動植物の移動を規制している。附属書Ⅰに記載された動植物は絶滅危惧種の中でももっとも希少で、原則として国際取引が禁止されている。一九七五年にこの条約が発効すると、アジアアロワナにもそれが適用された。

　しかし、この禁止はあまり意味がなかった。当時アジアアロワナは国際取引されていなかったからだ。少なくとも大規模な取引は行われていなかった。それでも、地元の観賞魚業界では知られ始めていた。一九六七年、マレーシア北部で熱帯魚店を営んでいるチュウ・セン・ヤンは、小型魚を探してジャングルを移動していたとき、道路際の店に並べられていたゴールデンアロワナに目を留めた。死んだアロワナだったが、その美しさに感嘆した。光沢のある鱗も、下顎からのびた一対の髭もみごとだった。ヤンは地元の釣り師たちに生きたものがほしいと注文し、手に入れたアロワナをペナン島にある店に飾った。金龍と名づけ、まもなく幼魚を一匹六リンギット（約二米ドル）で六匹売った。

　当時、熱帯魚業界で知られていたアジアアロワナは金色と緑色だけだったが、一九七〇年代末にボルネオ奥地の原生林に入ったインドネシアの伐採業者が、スーパーレッドを発見した。そして、一九八〇年代初めにインドネシアから台湾に密輸され、爆発的な人気を博した。赤が中国人に好まれる色だっただけでなく、アロワナそのものが風水で縁起のいい魚とされたからだ。ケニーが説明してくれたところでは、魚を意味する中国語「ユィ」は余剰の「余」と同じ発音で、「水《スイ》」は広東語の俗語で富を意味するそうだ。

アロワナが幸運を呼ぶ魚だと信じているのかと聞くと、ケニーは慎重な言い方をした。「魚を飼うと、ある種の心の安らぎが生まれる。心が穏やかになって幸せになると、いい判断ができるかもしれない。家族関係もよくなる。そういうことで幸運を呼ぶ場合はあるだろう」

「でも、それはアロワナに限ったことじゃないでしょう」私は反論した。

「いや、いろいろ話があるんだ。この魚は、なんといっても、飼い主になつくからね。人間にはわからないことを察知するらしくて……」

アロワナは飛翔力が高く、宙に跳び上がって獲物を捕るくらいだから、蓋をしていない水槽から飛び出して死ぬこともある。床で死んでいるアロワナを発見した飼い主は、大金をかけた魚だからなにか理屈をつけたかったのだろう。キリスト教的オーラを添えて、持ち主のために命を差し出したと思い込むようになった。ケニーの養魚場にも、そうした逸話を載せた記事の切り抜きが何枚も貼られていた。たとえば、「幸運のアロワナ」は、インドネシアの裕福なビジネスマンのアロワナが水槽から飛び出して、飼い主を経済的損失から救った（そのビジネスマンは多額の金を同僚に貸す契約をしていたが、アロワナの死を凶兆と考えて、契約を破棄したそうだ）。こうした「犠牲的自殺」はアロワナをめぐる逸話に繰り返し登場するモチーフである。これ以外にも、火事や泥棒から家を守ったアロワナ、夫の留守中に妻にいやがらせをして離婚に追い込んだアロワナ、人を殺したアロワナの話まであった。ろくろく餌を与えなかった飼い主が運河に浮かんでいるのを発見されたというのである。

一九八〇年代半ばになると闇取引が盛んになり、ドラゴンフィッシュ熱は台湾から日本にまで広がって、アジアアロワナはウイスキーの瓶に隠して密輸された。その一方で、野生種激減に伴って、東南アジアのあちこちで繁殖が行われるようになった。一九二〇年代に食用魚としての養殖が頓挫して以来、不可能と言われていた人工繁殖に成功したのである。価格が高騰するにつれて養殖業者たちは知恵を絞り、地面を掘って直接池をつくってタンニンを含んだ水を入れ、幼魚に食べられないように稚魚だけを集めた。一九九〇年、ワシントン条約はインドネシアのすべてのアジアアロワナを規制の緩い附属書IIに移し、養殖されたものに限って国際取引を認めた。合法取引を認めることで違法取引を防止しようとしたのである。

だが、うまくいかなかった。野生種の密漁は後を絶たず、結局、一九九五年にはすべてのアロワナが附属書Iに戻されている。それでも、ある種の実験的措置が認められた。二世代繁殖に成功すれば、つまり、野生ではない両親から生まれた魚なら、合法的に輸出できることになったのである。認可された稚魚には追跡用マイクロチップが埋め込まれ、美術品のように鑑定証明書がつけられた。

この実験的稚魚第一号は、一九九四年一二月にシンガポールから日本に輸出されている。一五センチほどの稚魚三〇〇匹で、総額一〇〇万ドルだった。一九九七年初めには、ワシントン条約はシンガポール、マレーシア、インドネシアにある九ヵ所の養魚場にアジアアロワナを合法的に輸出する許可を与えている。ケニーの会社チェン・フー・コーポレーションは二〇〇〇年にそのリストに加えられ、同年、シンガポール証券取引所に上場した。養魚場としては初めてだった。

ケニーはオフィスで会ったとき、「シンガポールの養魚場に関する有名な話」と題した螺旋《らせん》とじの分厚い冊子をくれた。台頭著しい熱帯魚業界の顔として彼の活動をたどった新聞の切り抜きを集めたものだ。家業を多国籍企業に発展させた孝行息子、大富豪の養魚家、一時は斜陽産業と言われた伝統的業種のカリスマと讃えられていた。現在、シンガポールは世界のどの国よりも多くの観賞魚を輸出している。グッピーに代わってアロワナをナンバーワン・フィッシュにすることで、ケニーは養魚産業を華麗に変身させたのである。

そして、今、彼はまた大きな第一歩を踏み出そうとしていた。私が訪ねる直前に四〇〇〇万ドルかけて「血統書つきドラゴンフィッシュ」をつくりだすための研究センターを立ち上げると発表したのだ。このプロジェクトの責任者はアレックス・チャンという科学者で、まもなくシンガポール国立大学で魚類分子遺伝学の博士号を取得するという。

丸顔で陽気な三〇代後半のアレックスは、ケニーのオフィスで研究目標を語ってくれた。「特定の色や性質を決める遺伝子を突き止めたい。最終的な目標は、オーダーメイドのアロワナをつくることです」

より大きな鰭をもち、より色鮮やかな個体をつくりたいと意気込み、アロワナが泳ぐ姿はまさに空を舞う龍だと語る彼の口調からは、ケニーには感じられなかったアロワナに対する熱い思いが伝わってきた。アロワナが幸運を呼ぶ魚だと信じているかという私の問いに対して、アレックスは観賞魚としての効用という点ではケニーと同じ意見だったが、アロワナは特別だとつけ加えた。

「カリスマとしての特徴を備えている。見ればわかりますよ」

アレックスが養魚場を案内してくれることになった。ケニーは二、三時間後には重要な会議に出席するために広州に向かう予定だったからだ。最近、中国は日本を抜いてドラゴンフィッシュの最大の市場となり、急成長しつつある中産階級の上昇志向のシンボルとなっているという。ケニーは最後に、七、八歳ごろ飼っていた金魚の話をしてくれた。尾が切れた金魚を五〇セントで買ってきて兄たちに馬鹿にされた。「だが、ぜんぜん気にならなかった」彼は真剣な表情になった。「僕は今でも自分の魚が好きだ。今でも自分で世話している」いい魚とは、値段や流行とは関係なく、自分がいちばん気に入った魚だ。「何事も楽しむためには自分の意見を持っていなくては。何が美しいかは自分が決めることだよ」


戸外に出ると、正午の太陽が強い日差しを降り注ぎ、無料のシャトルバスでやってきた観光客がオープンカフェに集まっていた。大半の倉庫は立ち入り禁止だが、カフェのある倉庫だけは一般公開されていて、魚を買うこともできる。ずらりと並んだ水槽には金魚やグッピーといった私の知っている魚もいたが、知らない魚のほうが多かった。アレックスは小さな丸い魚を指さして、背骨を変形させて風船のような形にしてあると教えてくれた。タトゥーを施されて口紅をつけているように見える魚もいた。

こうした水槽の前を通り過ぎると、ピンクのネオンとアロワナの像が見えてきた。チェン・フー・コーポレーションの目玉アトラクション「金龍殿《ハウス・オブ・ドラゴン》」――アロワナ・ギャラリーの入口だ。色ガラスのドアを開けると、ひんやりとした洞窟のような空間にダークブルーの展示ケースがずらりと並んでいて、上から照明を当てた水槽がおさまっていた。ロンドン塔の王冠展示室に似ているが、違うのは排水設備のある床がところどころ濡れていてペンキが剝げかけていること、そして、展示されている宝石が泳ぎながらこちらをにらんでいることだ。通常アロワナの展示には最低限の装飾しかしないので、どの水槽にもアロワナが一匹入っているだけで、岩も水草も背景もない。

いちばん近くの展示ケースには、「プレミアム・ハイ・ゴールド・クロスバック」という表示が出ていた。ケニーの言葉を思い出しながら、私なりにこの魚を観賞した。大きさも形もチョッピングナイフに似ていて、背中はすっきりとした直線。水面近くで獲物を狙う捕食動物の特徴だ。体はメタリックな大きい鱗に覆われている。「金の延べ棒が泳いでいるようだ」アレックスが感嘆の声をあげる。

私には金の延べ棒というより金メッキに見えた。金色の鱗がところどころ剝がれて、背中から頭にかけて沼地のような暗褐色の地肌があらわになっている。アレックスの説明によると、この沼地のような体一面に金色の斑点のような鱗のあるものはクロスバックと呼ばれるそうだ。人気の高いアロワナだが、私には美しいとは思えなかった。自転車の補助輪のように張り出した二枚の胸鰭でバランスをとりながら、狭い水槽の中をゆっくり泳いでいる。動きをコントロールしているのは波打つ体の後部と扇形の尾鰭だ。顔はというと——この魚の最高の特徴とは言えなかった。アレックスが「弾丸のような頭」と称する頭は体にくらべてやけに小さい。口は機嫌の悪いブルドッグのようだ。後日写真を見た友人はひとこと感想をもらした。「不細工な魚！」

「ほら、じっとこっちを見てるでしょう?」アレックスが熱っぽく語った。たしかに、アロワナの大きな目は、美術館の肖像画の目のように動くことなく私を追っている。この魚には独特の風格がある。それは認めざるをえなかった。

魅力的な名前がいろいろつけられているが、アジアアロワナは三種類だけだ。レッド、ゴールド、グリーンである。白い照明を当てた水槽にはゴールドが入っていた。ピンクの照明の黒い水槽にはレッド。グリーンは一匹しか展示されていなかったが、水槽の上の表示によると、香港の映画俳優チョウ・ユンファが所有していたそうだ。

「二年前なら誰もがレッドをほしがったが、今はゴールドに人気が移っています」アレックスが言った。「流行がくるくる変わるんで」最近では、鰭の大きな魚が好まれる傾向があるという。

よく見ると、水槽にいるのはアロワナだけではなかった。どの水槽にも小さなプレコが一匹いて、吸盤状の口でガラスに貼りついたコケを食べて水槽を掃除している。「プレコは食べないんですか?」私は聞いた。

「あんまりおいしくないらしい」ここに展示されている特別なアロワナには毎日生きたクルマエビを与えているが、基本的にアロワナは動くものはなんでも食べる。「人間は別ですよ。というか、自分より大きなものは食べられない」

神聖さすら感じさせる独特の静寂が、どやどやとなだれこんできた子供たちの声に破られた。子供たちは大喜びで通路を走り回っていたが、関心は魚より値札にあるようだった。「すごい!」女の子が叫んだ。「これ、五一八八ドルもするんだって!」(価格はすべて縁起のいい八で終わってい

る）

「特別大きいものには値段がつけられない」男の子は表示を読み上げたが、女の子が気づいてくれないので、何度も繰り返した。「特別大きいものには値段がつけられないんだってば」

明るい戸外に出ると、アレックスは子供の頃から「魚にかかわる仕事につきたかった」と話し始めた。シンガポール国立大学で生物学を学ぶうちに大好きな魚、アジアアロワナの謎を生物学的に解明したいと思うようになった。だが、周囲は時間を無駄にするなと反対した。アロワナの繁殖周期は三年ないし六年だが、博士号を取得するには少なくとも二周期追跡調査しなければならないからだ。以前からケニーの名前はよく知っていた。それで、ついに意を決して会いに行った。

ケニーはアレックスのアロワナ研究に関心を示したが、ここで働くにはその前に越えなければならないハードルがあると言った。ケニーの三番目の兄、ヤップ・キム・チュンを説得できない限り共同作業は無理だというのである。ヤップ・キム・チュンは「教養のない男で、英語はしゃべれず、くだらないと思ったら大声で罵る」アレックスもこの兄のことは知っていた。アロワナ業界の人間なら誰でも知っている。「学のある人間を毛嫌いしている」とアレックスは私に打ち明けた。「理論を振り回したりすれば、とっととうせろとどなりつける。『舐《な》めた塩の量は食べた米の量にまさる』というのが口癖だ」

話しながらアレックスは、敷地の奥にある輸出用のアロワナを育てている一画に案内してくれた。アロワナがうじゃうじゃいる巨大な水槽にゴマ塩頭の男が鼻が触れそうになるくらい近づいていた。

アロワナは縄張り意識の強い魚で、同じ水槽に二匹入れると死闘を繰り広げるが（つがいは別）、停戦協定でも結んでいるのか、たくさんのアロワナをいっしょにしてもだいじょうぶな時期があるそうだ。

ケニーを年取らせて無愛想にしたような男だったから、これが三番目の兄のヤップ・キム・チュンにちがいない。周囲からはアー・チュンと（くしゃみみたいな名前で）呼ばれている。アロワナの繁殖を管理しているのはアー・チュンで、ケニーがまだオハイオ州立大学の学生だった一九八〇年代からアロワナを育て続けている。手塩にかけるという表現がぴったりで、家に孵卵《ふらん》器を置いて生まれたばかりの稚魚を育てているそうだ。中国ではケニーより有名だという。

アー・チュンは振り向いて私たちにそっけなく会釈すると、また視線を水槽に戻した。「ぴったりくる色合いの金色を探してるんだ――企業秘密だけど」アレックスがささやいた。

アー・チュンに直接アロワナの遺伝学的研究をもちかけるかわりに、丸二年間、アレックスは彼とひたすら魚の話をした。アー・チュンがよく知っている魚の治療薬を話題にしたこともあった。気が遠くなるような繁殖の難しさも話し合った。アロワナは雌雄で形の異なる魚ではなく、外見からは性別がわからない。ようやくアー・チュンからどうやったら状況を改善できるかと聞かれたので、アレックスは自分の計画を話した。「ケニーが僕のところに来てこう言ったんだ。『どうやったのか知らないが、兄を説得できたようだな。奇跡だよ』」アレックスは誇らしそうに言うと、真新しい彼の研究室に連れて行ってくれた。

彼にならって私も靴を脱いで、涼しい青い部屋に入った。「すごい」と声をあげたものの、褒めるものは何もないことに気づいた。コンクリートの床があるだけだ。まだ建設中で、がらんとした空間にあるのは区域表示だけだった。微生物学、病理学、顕微鏡検査、凍結保存。だが、もうすぐすべての部署が活動を始めるという。最終的な目標は、ドラゴンフィッシュの人工授精に成功することだという。

私にはそれがなぜそんなに大変なのかわからなかった。言葉で説明するかわりに、アレックスは外に出るよう合図すると、また靴を履いて戸外に置いてあった青いプラスチック製の大型水槽の前に案内した。オレンジと白の魚が泳いでいる。「これはコイだ」アレックスは身をくねらせる雄を一匹つかみ出した。コイは宙でむなしく口をぱくぱくしている。彼は魚を裏返すと、ギュッと絞った。すると、精液が出てきた。

「いつもその気になってるんだよ」アレックスが感心したように言った。だが、アジアアロワナはそうではないという。「肉食の獰猛な魚で、鋭い歯を持っている。それに、精液が少ないから、こんなふうに絞り出せない。何度も何度も繰り返すしかない」苦い思い出がよみがえったのか、顔を曇らせた。

つまり、ある意味では、ドラゴンフィッシュの繁殖は単純作業だ。池に投げ込んで、その気になるのを待つだけ。ひたすら待つしかない。ケニーも言っていたが、「彼らはいつもやる気満々というわけじゃない」からだ。

しかも、アロワナは相手をより好みすることで知られている。近づいてきた異性を簡単に受け入れるわけではない。いったんつがいになると、ほとんどの場合、生涯連れ添うが、生まれる稚魚の数は多くはない。雄には精巣がひとつしかなく、雌も卵巣はひとつで、ビー玉くらいの大きさの卵を数十個産む。そもそも、この繁殖力の低さが野生種の減少の一因なのだ。

「急いで。雨が降る前に池を見せたいから」アレックスが急かした。太陽が急に隠れて、空は厚い雲に覆われている。彼のあとから土道を進んで、長方形の泥池が何列も続いている場所に出た。池には黒いネットがかけられていて、両側はモモタマナの木立だ。

「平穏そのものに見えるが、繁殖の真っ最中なんです」アレックスが不透明な水をのぞき込みながら言った。アロワナの求愛行動はモンスーン期に始まり、数週間、長ければ数ヵ月続く。その間、とりわけ明け方に、つがいは縦に並んで水面近くを泳ぐ。放卵の二週間ほど前になると、今度はぴったり寄り添って泳ぎ始める。やがて、雌がオレンジ色の卵を産むと、雄は卵を授精させてから口に入れ、一ヵ月半ほどかけて孵化させる。その間は何も食べない。

繁殖に励むアロワナ。私は複雑な気持ちになった。ここにいるアロワナたちは他に何をしているのだろう。「野生のアロワナを研究している人はいないの?」私は自然の中の生息地でアロワナを見てみたいと言った。

カンボジアで食用のグリーンアロワナを研究していた女性を知っているが、今はオーストラリアでカエルの研究をしているとアレックスは答えた。彼女以外には聞いたことがない。野生のアジアアロワナのことはほとんど知られていないという。「激減しているから」、野生種を見つけること自体が難しくなっている。

「悲しむべきことだと思う?」私は聞いてみた。

「いや、商業的価値があるから、今後も人工繁殖させて宝物のように扱われるだろう」だから、絶滅したタスマニアタイガーのようにはならないとアレックスは主張した。

観賞魚として飼育されているかぎり、アロワナが絶滅することはぜったいにない。しかも、少なくとも理論上では「リセットボタン」がある。養殖した魚を自然に帰せる可能性もなくはない。

それに、アジアアロワナは数こそ少ないが、まだ野生の状態で存在しているとアレックスは言った。垂涎の的のスーパーレッドですら、ボルネオ島のカプアス川——とりわけダナウ・センタラムと呼ばれる内陸湖——に今でも生息していると教えてくれた。「ひとつ確かなのは、その湖には今でもそこにしかいない特有のアロワナがいることだ」

「そこに行けるかしら?」私は行ってみたいと思った。

「とんでもない。そこまで行く船もあるかどうかわからない」

淀んだ池の水の底に潜んでいるアロワナを探しながら、はるか遠くの暗い沼地に棲んでいる彼らの祖先を想像してみた。だが、目の前にいる魚たちは、最高級のコレクションとして永遠に水槽の中を泳ぎ回る運命なのだ。

アレックスは否定したが、私には悲しむべきことに思えてきた。

3章　アロワナ・カルテル

シンガポール→マレーシア→インドネシア

ドラゴンフィッシュは現代のパラドックスの最たる例――量産されている絶滅危惧種――である。一九九〇年代に養殖計画が実施され始めて以来、ワシントン条約事務局は合法的に輸出されたアジアアロワナは約一五〇万匹にのぼると追跡調査しているが、養殖している地域の巨大な国内市場で売買された数は含まれていない。

いくらでもいる魚の輸入を禁止するなんてアメリカ人はおかしい、と思っているマレーシア人は少なくないようだ。「ここに来るまで、パンダみたいに一、二匹しかいないと思っていただろう?」フィッシュクラブ・シンガポールの事務局長マーティン・トウは私に言った。マーティンを紹介してくれたのは、ケニーの養魚場から街まで乗ったタクシーの運転手だった。アロワナ愛好家で、英語は話せなかったが、アロワナへの熱い思いをなんとか伝えようとした。市内に近づいたとき、急に私に携帯電話を差し出したので、電話に出てみると、マーティンから夕食をとりながらアロワナの話をしようと誘われた。その夜、えくぼのあるスーツ姿の男性が、私が宿泊していたホテルまでバンで迎えに来てくれた。車には魚をかたどったアクセサリーがいっぱいぶらさがっていたので、連続殺人犯の誘いに乗ったわけではないだろうと思った。「カエルを食べにいかない？」マーティンが言った。

最高のカエル料理が食べられるのは、街はずれにある公営団地のそばの屋台だった。この公営団地にシンガポールの住民の八割が住んでいるという。助成金はおりるが、部屋は手狭で閉所恐怖症になりそうだとマーティンは言った。しかも、住宅公社の規則で幅一メートル二〇センチ以上の水槽は置けないそうだ。

シンガポールで暮らすのは快適だが、こうした規制がむやみに多い。一例をあげると、五人以上の集会は当局に許可を得る必要があり、フィッシュクラブの集まりも毎回届けなければならない。エクソンの営業課長で、妻と二人の子供がいる三五歳のマーティンは、現実逃避の手段として観賞魚を飼い始めたそうだ。「会員は気のいい連中ばかりだ」と彼は言った。「『僕の魚のほうが君のよりいい』と言い出さないかぎりはね」

ストレスの捌《は》け口が他にあまりないので、魚をめぐる口論はよくあるという。エスカレートして卑劣な行為に発展することもあるようだ。マーティンの友人のコリン・リムは、最近、池で飼っていたアロワナをすべて失った。総額三万ドルにのぼるが、どうやら毒殺されたらしい。後日、私はコリンから話を聞くことができた。眼鏡をかけて世を拗《す》ねたような顔をしたコリンは、クラブハウスの彼の池のそばでからになった粉末塩素の缶を見つけたと打ち明けた。犯人に心当たりはと聞くと、わからないと答えた。「僕の魚たちがもうすぐ産卵するのはみんな知っていたからね」まるでそれが答えだといわんばかりに声を落とした。

アロワナをめぐるいざこざがよくあるせいか、誰もが妙に秘密主義だった。たとえば、マーティンに何匹飼っているのかと聞いても、「数は忘れた」と言われただけだった。しつこく訊ねると、「それはどれだけ財産があるかと聞くのと同じだ。失礼だよ」と言う。彼は自分のアロワナではなく他の会員のアロワナを私に見せて、一〇〇匹は持っていると断言する職業紹介所の経営者を紹介してくれた。その一部はオフィスに置いた水槽に入れてあるそうだ。この街ではありふれた魚で、養魚場もあちこちにあるから、絶滅の危機に瀕しているなんて想像できないとマーティンは言った。

だが、アロワナの生息数にこうした観賞魚は含まれていないと、少なくとも野生生物学者たちは言う。「環境保護の観点からすると、観賞魚は死んだ魚と同じだ」トラフィック・インターナショナル東南アジア地区の責任者であるクリス・シェパードは、その理由として、飼育しているアロワナを自然に帰す愛好者がいないだけでなく、人為選択を続けてつくりだした品種は野生に戻れないからだと説明している。ダックスフントをツンドラに放すようなものだ。絶滅危惧種の商業的養殖をシェパードは「悪夢」と称している。出所を隠す抜け道をつくることになり、密漁された野生種が養殖魚として取引されるからだ。一九九〇年代末にシェパードは一時期アロワナ取引に投資したことがあるが、多くの養魚場が野生種を密輸していたという。

汚職問題に取り組むNGOトランスペアレンシー・インターナショナルによると、シンガポールは世界でもっとも汚職の少ない国のひとつだという。それでも、この国の港を通過する観賞魚の多くは、東南アジアの別の国に生息していた魚だ。全世界に輸出されるアジアアロワナの約九五パーセントは、労働力が安く、汚職がはびこる近隣のマレーシアやインドネシアの養魚場から出荷されている。
シンガポールに到着して一週間後、私はジョホール海峡を渡ってマレーシアに入国し、その国最大のアロワナ生産者であるシーアン・ラン社を訪ねることになった。それがどんなに幸運なことだったか思い知ったのは、その後、マラヤ大学の教授に会ったときだった。その教授はシーアン・ランの養魚場を一目見ようと、バイヤーのふりをして覆面調査をしたことがあるという。会社がシンガポールまでBMWを迎えに寄こしてくれたと私が言うと驚愕していた。

だが、実際には、BMWは私に差し向けられたのではなく、大阪から買い付けに来た日本人バイヤーのためだった。そして、さらに幸運だったのは、その日本人バイヤーが想定していたような人物でなかったことだ。日本のトップコレクターは秘密主義で有名で、その多くがヤクザだと言われている。アロワナのリサーチをしていたとき、『フライド・ドラゴン・フィッシュ』（脚本・監督は岩井俊二、主演は芳本美代子・浅野忠信）という一九九六年の日本映画を観た。盗まれたスーパーレッドの追跡を依頼された事務所の女性が、アロワナ密輸組織の拠点で、ヤクザと恋に落ちるという筋だ。二人はマーラーを聴きながら、偽物だと判明したアロワナをフライにして食べてしまう。「ゲテモノ」という映画評には賛成だが、私の頭には日本人バイヤーに対するイメージができあがっていた。ダークスーツ、タトゥー、そして、小指がない。

しかし、シンガポールのチャンギ空港のロビーに現れたのは、ティーンエイジャーのような男性だった。デザイナーズジーンズをはき、額に垂れた前髪の間から長いまつげがのぞいている。驚いたのは私だけではなかった。シーアン・ランの運転手も度肝を抜かれて笑い出した。

「あんた、いくつだ？」

「三〇です」バイヤーは明らかにむっとした顔で答えた。それから、私を指さした。「誰です、この人は？」

バイヤーはヤマモト・サトルという名前で、高級アロワナの目利きとわかったが、個人コレクターではなかった。日本最大の観賞魚卸売会社、神畑《かみはた》養魚株式会社の社員で、言ってみれば魚版アートディーラーだった。そういうことをシンガポールからマレー半島の最南端に位置するジョホール州までの二時間のドライブ中に知った。ジョホール州は一九五〇年代に最初に観賞魚産業が興ったところで、始まりはジャングルの川からとってきた野生種の売買だった。だが、今ではジャングルの大半は姿を消し、アブラヤシの大規模なプランテーションに変わっている。アブラヤシからとったパーム油は、世界中のスーパーマーケットで売られているパック詰めされた商品の半分近くで使われており、近年、マレーシアとインドネシアで生産量が爆発的に増えている。それでも、ジャングルを見たことのない私の目には、どこまでも続く整然としたアブラヤシの林は熱帯そのもの――整備された原始林に見えた。

バトゥパハの町に着いたのは夕方で、シーアン・ランの創業社長、ウン・ホワン・トンに迎えられた。「マレーシアのケニー・ザ・フィッシュ」と呼ばれている人物である。どちらも養豚業を営む家に生まれ、養魚場として国内で初めて株式を公開した。二〇〇〇年のケニーに続いて、その翌年ウンもクアラルンプール証券取引所に会社を上場している。

だが、共通点はそこまでだ。ケニーが華やかなプレイボーイを演じて「ケニー」あるいは「ザ・

フィッシュ」と呼ばれるのを好むのに対して、ウンは妻と六人の子供とともに熱帯魚店の二階で暮らし、ごく普通に「ミスター・ウン」と呼ばれている。外見もケニーと違って、ずんぐりした低重心の体型で、髪は薄く、日焼けした顔はどう見ても養殖業者だ。一九七一年に一三歳で学校をやめ、養豚からレストラン経営に転じた家族を手伝うことになった。そして、一七歳ごろに裏庭で熱帯魚を飼い始め、ある日、アロワナが繁殖しているのに気づいてシーアン・ランを立ち上げた。

二〇〇二年、上場企業となった翌年には、熱帯魚としては史上最高額の一七〇〇万円（約一五万ドル）で、赤い目のアルビノのアジアアロワナを匿名の日本人バイヤーに売っている。当時は、競争相手がほとんどいなかった。だが、今ではシンガポール、マレーシア、インドネシアに八〇以上の養魚場があり、激しい価格競争のせいで収益が伸び悩んでいる。ケニーはいつも笑顔で、「私たちは楽しさを届けます」という自社のスローガンを具現しているかのようだが、ウンの表情は沈んでいて、笑っていても悲しげに見えた。

その夜、店の隣のレストランで魚の頭の入ったカレーを食べながら、ウンは会社を上場したのは間違いだったと言った。「あの頃はもっと挑戦してみたかった」とビールを鯨飲しながら打ち明けた。だが、今は常に株主からのプレッシャーにさらされている。「ほかのビジネスなら、上場すれば、二倍、三倍と成長する場合もある。だが、養殖業はそうはいかない」

そして、その原因が、アメリカが市場を開放しないことだと訴えた。だから、これまで部外者を立ち入らせなかった養魚場を私に見せる気になったというのだ。アメリカは世界最大の観賞魚輸入国なのに、絶滅危惧種に指定された魚の商取引を断固として許さない。どれほど多くのアロワナが養魚池で繁殖しているか、ぜひ見てもらいたい。

翌朝八時に彼は青いジープでサトルと私を迎えにきた。緑の丘やピンク色の家々を通りすぎ、ジープを見て急いで道路際に寄る、おそろいの茶色いヘッドスカーフをかぶった女学生の集団を追い越して進むと、やがて土道に出た。両側はアブラヤシのプランテーションだ。木々に隠れるようにしてスチールのフェンスに囲まれた養魚場があった。二〇ヘクタールを超える赤土の敷地に九六の養魚池があり、朝日を浴びて琥珀のように輝いている。約五〇〇〇匹の繁殖用のアロワナが、飼育員たちが手づかみで投げる生きたゴキブリを食べようと茶色い水から身を躍らせていた。ウンによると、生きたゴキブリを餌にすることで、トレードマークの光沢が出るという。ここではゴキブリも飼育していて、特有の甘い匂いが漂う小屋に並べた蓋のない木製容器に大量のゴキブリが入っていた。

次に案内されたのは大きな倉庫で、ずらりと並んだ水槽に一匹ずつアロワナが入っていた。魚形のグミキャンディーくらいの大きさだが、色はグミほど鮮やかではない。いずれマレーシアが世界に誇る金色のゴールデンアロワナになるというが、今はシルバーグレイで、鰭は淡い黄色だ。

アロワナの稚魚の難しいところは、どんな成魚になるかわからないことだ。「花開くように」色合いが決まるのは成熟してからで、ゴールデンの場合は三年、スーパーレッドなら六年かかる。

サトルの仕事はどれも同じに見える幼魚の将来を占うことだ。彼は額に汗を浮かべながら、稚魚の難点を探し始めた。「腹鰭が切れている」そう言うと、赤いマーカーで水槽にXを書く。

「頭にコブがある」次の水槽の前で言った。

「これは目がだめだな。左目にムラがある」

「下唇が突き出てる」

「鰭に裂け目がある」

やっと六番目の水槽の前で足を止めた。「この魚は金色が強い」と言ってから、残念そうに首を振った。白い斑点がかすかに見えるのは、尾が一度切れた証拠だ。結局、彼は一〇個の水槽に「購入」と書いた。ウンはがっかりしていた。外に出ると、サトルの会社はふだんなら最低一〇〇匹は注文してくれるのに、とつぶやいた。

のどかな養魚場を見渡しながら、私も落胆を隠しきれなかった。マレーシアでは魚の密輸や窃盗が横行し、犯罪組織もあると聞いていたから、開拓時代のアメリカ西部のような荒々しさを想像していた。だが、ウンが午後いっぱい案内してくれたのは、のどかな田園地帯で、サトルはジープの助手席で居眠りしていた。アロワナだけでなく金魚やグッピーや私には名前もわからない魚をたくさん見せてもらった。浅い池で泳いでいる平べったい黒い小さな魚を指さして、ウンがうれしそうに言ったのが忘れられない。「アカエイの赤ちゃんだ。今朝生まれたばかりでね。世に出ることはないだろうが」

オーナメンタル・フィッシュ・インターナショナルによると、観賞魚取引で扱われる魚は現在およそ七〇〇〇種で、他のどの産業より多い。海水魚の大半は海洋から採取した野生種だが、観賞魚取引の九〇パーセント近くを占めるのは淡水魚だ。そして、その九〇パーセントが主としてアジアの養魚場で生まれている。

大半の観賞魚がもはや野生種でないのは私には無条件によいことに思える。しかし、養殖のせいで自然保護に対する経済的インセンティブが削がれることになると批判する声もある。たとえば、マレーシアは、もともと観賞魚が生息していたジャングルの小さな川の保存にほとんど関心を示してこなかった。

野生のアロワナの生息地である国に来ていたことに気づいて、私はこのあたりの川に今でもいるのかと聞いてみた。「アロワナはもういない」とウンは答えた。「ほとんど見かけなくなった」

養魚場からの帰り道で、ウンは私をレイモンド・チャーに紹介してくれた。マレーシア魚類協会連合会会長で、明るい目をした穏やかなグッピー愛好者だ。そのチャーから、近くの田園地帯に野生の魚や水草を取りに行こうと誘われた。数日後、チャーと落ち合うと、トーア・クルツマンというフィンランド人の水生生物研究者も来ていた。白髪と黒い顎髭のそびえるような大男で、休みの日はいつも珍しい魚を探しているという。

「八〇年代にここに来たときはヒルしかいなかった」舗装道路を走る車の中でトーアは話してくれた。「一〇年ほど前までここは一車線でね」当時は、小さな犬くらいの大きさのネズミジカをよく見かけたという。

「もうほとんどいないよ」運転席のレイモンドが言った。

「食べられてしまったんだ」トーアが教えてくれた。

朝食の席で、このあたりではその気になったら、トラの肉でも、ゾウでもマレーグマでも、あらゆる珍味が手に入るとレイモンドから聞いていた。「法律では禁止されているが、ジャングルにはまだまだいるから」そして、年間少なくとも一人はトラの餌食になるとも言った。数年前にはニシキヘビに呑まれた住民もいたそうだ。

だが、ジャングルはなかなか見つからなかった。ゾウの横断注意という立札はあったが、ゾウはいなかった。サルは道路際の木にたくさんいたし、森の中の細道に群がっている様子はまるで映画のセットのようだった。やがて、車をおりて徒歩でアブラヤシのプランテーションを進んだ。トーアは淀んだドブの中からシャム闘魚として知られるベタという小魚を網ですくいあげた。レイモンドの話では、近くの川にはグリーンアロワナもいたが、今では見られなくなったという。「なにしろ金がからんでいるからね、莫大な金が」

野生種の激減は観賞魚としての人気が高くなったのが一因だが、商業育種によってアジアアロワナ熱はますます高まっている。その結果、二〇〇〇年代になると、アロワナの窃盗事件が多発するようになったが、実際にはもっと以前からこの種の犯罪が起こっていたのではないだろうか。だが、ウンもケニー・ザ・フィッシュも、アロワナ盗難事件など聞いたことがないと断言していた。「魚を盗むのは宝石を盗むような簡単なことじゃないから」とケニーは言った。

しかし、レイモンドがそっと教えてくれたところでは、アロワナ取引の暗黒面は誰も語りたがらないという。「アロワナ・ブリーダーはたいてい徹底した秘密主義だ。半分話したら、そこでやめてしまう」本当にあった話を聞かせるために彼はウー・ロン・アジアン・ドラゴン社の経営者である友人のトニー・タンに会わせてくれた。アブラヤシのプランテーションの中にある彼の養魚場はさながら軍事基地だった。高いコンクリートの塀の上には有刺鉄線が張りめぐらされ、入口には見張り塔がそびえている。私たちの到着を聞きつけて、犬たちがけたたましく吠え始めたが、日中はケージに入れられているので、姿は見えなかった。

門が開く音を聞きつけて、トニーが私たちのトラックに駆け寄ってきた。筋肉質の痩せた男で、日焼けして、葉巻をくわえている。もとは自動車の整備工だったが、彼の言うところでは「中国式」に、つまり、裸一貫からこの仕事を始めた。最初は金魚やコイを育てていたが、たいした金にならないので、アロワナに切り替えた。もっとも、その道のりは平坦ではなかった。

三人の作業員が緑色のワイヤーフェンスの穴を修理しているのを指しながら、二週間前に泥棒が塀をよじのぼって侵入し、フェンスを切って、夜のうちに三〇匹のアロワナを盗んでいったと教えてくれた。だが、三年前、武装した一〇人の男に夜襲われたときとくらべたら物の数ではなかった。押し入ってきた一味はトニーのこめかみに銃をつきつけ、七人の従業員ともども縛り上げた。そして、四時間かけて盗んだアロワナをトラックに乗せた。その間、休憩をとって、トニーが飼っているニワトリの卵を料理して食べた。やっと午前二時に立ち去ったときには、成魚六〇匹と稚魚四〇二匹がなくなっていた。実は、武装グループに襲われたのはそれが二度目だった。アロワナ養殖を始めてから一〇年間に八回窃盗事件に遭ったとトニーは言った。

どんな人間が盗んでいくのかと聞くと、「その方面のプロだ」という答えだった。おそらく、北に運んでタイ国境を越えたんだろうという。これまでに五回警察に被害届を出したが、なんの役にも立たなかった。「俺はざっくばらんな人間だから言うがね。警察はなにもしない。このことしか頭にないから」彼は指をこすりあわせた。金という意味だ。

トニーによると、これまででいちばん恐ろしい思いをしたのは、五ヵ月ほど前のある日の午後、一五人の男に五〇万米ドルを振り込むという銀行手形にサインしないと、誘拐して拷問すると脅されたときだったという。やむなくサインした。そして、男たちが立ち去るとすぐ銀行取引を停止した。地元のギャングの主犯格の若い男が逮捕され、四日間勾留されたあと保釈で出て、今は裁判を待っているそうだ。

その夜、ライギョのから揚げを食べていたとき、街で加害者にばったり会ったりしないかとトニーに聞いてみた。すると、彼は開け放したレストランのドアから見える暗い路地を指さした。

「あいつのトラックがあそこにとまってるよ」

「だから、アロワナは飼いたくないんだ」レイモンドがつぶやいた。「夜もおちおち眠れなくなる」

ドラゴンフィッシュをめぐるこの種の陰惨な話はたくさんあり、度を越した趣味ですませられるような話ではない。だが、私が出会ったコレクターは無害な人ばかりだった。「アロファナティック」（アロワナ狂い）と称して、シール型のアロワナのタトゥーをしてみたり、チャットで絵文字をふんだんに使ってアロワナへの情熱を語ったりしていた。そして、その大半が魚を飼うのは有効なストレス解消法で、気持ちが穏やかになると言っていた。

シンガポールを離れる前日の夜、フィッシュクラブのマーティンが父親のアパートに招待してくれた。壁はスーパーレッドに敬意を表して光沢のある赤だった。私たちは灯りを消したキッチンでオレンジソーダを飲みながら、照明を当てた水槽を眺めた。アロワナをちゃんと眺めて、自分と同じ経験をしてもらいたいのだとマーティンは言った。

「今が午前一時だと想像してごらん」彼はささやいた。「君はストレスがたまっている。上司に叱られて……さあ、何も考えずに眺めてみて」催眠術でもかけるように宙で手を動かす。「尾鰭の動きをじっと見て」

たしかに、ゆったりしたしなやかな動きに不思議なほど釘づけになった。でも、多くの愛好家が言うように毎晩何時間も眺めている自分を想像することはできなかった。やはり私は典型的な愛好家ではなく、ましてやアロファナティックには程遠い。もともと観賞魚を飼うのは圧倒的に男性が多いが、ドラゴンフィッシュの場合は特にそうだ。「アロワナは男のものだ」とウン・ホワン・トンも養魚場で言っていた。「女はこういう生き物は好きじゃない」アロワナを無法者《アウトロー》と表現したマレーシア人もいた。「闘争心の強い魚だ。カウボーイなんだよ、ビリー・ザ・キッドみたいに」そう言うと、指をぱちんと鳴らした。「魚のロナルド・レーガンだ」

これはいろんな意味に解釈できる。ロナルド・レーガンにカウボーイのイメージがあったとも、彼が大統領だった一九八〇年代にアジアアロワナ熱が広がったからとも考えられる（ちなみに、レーガンはホワイトハウスに初めて魚を持ち込んだ大統領で、ロンという名の金魚はファースト・フィッシュとして、大統領章のついた水槽で飼われていた）。

八〇年代のもうひとりのヒーローといえば、アクション映画の主人公ランボーだろう。そういえば、養魚地の経営者が——そして、ときには熱心な愛好者が——池のアロワナを誇らしげに見せびらかす様子は、バズーカ砲をかついだランボーに似ていなくもない。名刺に刷り込まれていたり、プロモーション資料で何度も見たことがあるのだが、腰まで水に浸かってアロワナを捕まえ（簡単には捕まえられない。厚手の手袋をはめること）、つかんだ魚を小脇に抱えて、もう一方の手で口を封じ、斜めにしてバズーカ砲のように振り回すところもランボーを連想させる。

だが、タフガイの罪のないジェスチャーにしか見えず、その様子からはアロワナ取引の暗部を想像できない。しかし、この魚に脅威がついて回るのも事実である。マレーシアのある国会議員は、死んだアロワナの写真をメールで送りつけられて「死の脅威」を感じ、「身の安全が脅かされている」とメディアに語っている。

アロワナにからんだ暴力事件の噂は後を絶たない。私の知るかぎり最悪の例は、元溶接工の熱帯魚店経営者、三一歳のチャン・コク・クアンが刺殺された事件である。発生から五年経っても事件は未解決のままだ。首都クアラルンプールからバスで三時間かけて北にあるチャンの故郷タイピン市に行ってみたが、店にはシャッターがおりていた。その後、つてをたどって、父親のチャン・アー・チャイに話を聞くことができた。惨殺された息子を発見したあと店を閉めたそうだ。「この魚の取引は危険でリスクが高すぎる」と彼は言った。

タイピンから三〇キロほど離れたところに伝説のゴールデンアロワナの生息地、ブキメラ湖がある。この三〇〇〇ヘクタールほどの広大な青い湖は、現在でも野生のアロワナがいるマレーシア唯一の場所と言われている。だが、行ってみると、そこは原生林ではなく一大リゾートだった。ウォータースライドや遊園地にあるような乗物があって、明るく照らされた桟橋にファストフードの店が並んでいる。近くの村の漁師が九〇年代にはアロワナがたくさん釣れたが、今は見かけないと言っていた。「もういなくなったんだ」最近、釣り大会の主催者が、撮影用にこっそり養殖のアロワナを湖に放したそうだ。

私が追い求めている幻の魚は、水槽で泳いでいるブランド品のドラゴンフィッシュではなく、野生のアロワナだ。そう思うようになった。ビッグフットやネッシーのように、話題にはなるが誰も見たことのない未確認動物。もちろん、見たという人はいる。フィッシュクラブのマーティンは、休暇でブキメラ湖に出かけたときアロワナを見たと言った。だが、よく聞いてみると、苦笑しながら訂正した。湖面できらりと金色に光るものを見ただけだったのだ。

野生のアロワナがまだいるとしたら、もっと奥地の人の手の入っていないところだろう。風にそよぐガマの草むらでマクドナルドのフライドポテトを食べながら、湖からたちのぼる朝靄《あさもや》を眺めていたとき、私が見たいのは、一時期ここにたくさんいたというゴールデンアロワナではなく、伝説のスーパーレッドだと思った。インドネシアに生息する「魚のフェラーリ」と呼ばれるアロワナである。ある意味で、スーパーレッドこそ、本物のドラゴンフィッシュだ。アロワナ市場を世界に広げ、赤い色ゆえに中国マフィアに好まれた立役者なのだから（「それでペプシはアジアで販路を広げられないんだ」とマーティンは説明してくれたことがある。青い缶は赤い缶に太刀打ちできないから、と）。ケニー・ザ・フィッシュの養魚場の首席研究員アレックス・チャンは、ボルネオ島に行けば、今でもスーパーレッドが水面から跳ね上がるところを見られるかもしれないと言っていた。ボルネオ島――なんと冒険心をそそる地名だろう。見たこともない生物がたくさんいる手つかずの熱帯雨林が目に浮かんだ。最後のポテトを食べてしまうと、私はその伝説の島を次の目的地にしようと決心した――幻の魚を探すために。

ボルネオがこれほど広大な島だとは知らなかった。まさに小さな大陸で、世界で三番目に大きい島だ。東南アジアとオーストラリアの間に位置する二万五〇〇〇以上の群島はマレー多島海の宝石と呼ばれている。一〇〇〇年くらい前までボルネオは世界から隔絶された場所だった。ヨーロッパ人が初めて足を踏み入れたのは一五二一年。史上初の世界一周を成し遂げたマゼラン率いる艦隊だった（マゼラン自身はフィリピンで殺害されたので、ボルネオまで来ていない）。だが、内陸は湿地帯で通行不能だった。オランダやイギリスの帝国主義者たちが領有権争いを繰り広げるのは、一九世紀に入ってからである。

現在、ボルネオはインドネシア、マレーシア、ブルネイの三ヵ国が領有している。石油資源が豊富なブルネイは小さな国で、オーストラリアに自国が所有している広大な放牧場よりも面積が小さい。スーパーレッドがいるのはカリマンタン――インドネシア領ボルネオで、島の南部の約三分の二を占めている。ガイドブックによれば、カリマンタンはこれといった呼び物のないところで、見るとすれば、南端にあるオランウータン保護区だけだという。ポンティアナックには触れられていなかった。人口五〇万ほどの港町で、カプアス川の広大なデルタ地帯にあり、この大河に私はスーパーレッドを探しに行くつもりだった。

カプアス川には武装した海賊が出没し、川沿いにあるアロワナ養魚場を襲うと言われていた。

「あそこには数えきれないほど養魚場があって、なかにはシンガポールの半分くらいの面積をもつものもある」とアレックス・チャンから聞いていた。

養魚業者はもともと野生種を採取してきて繁殖させたのだから、野生のアロワナがどこにいるか知っているはずだ。しかし、地元の養魚業者には接触できなかった。シンガポール国立大学の魚類学者から警告されていたとおりだ。「ボルネオの養魚場は重装備していて、マフィアが経営してるんじゃないかと勘ぐりたくなるぐらいだ」彼は言った。「知っておくべき人間を知っていれば安全だが、そうじゃないと、危険を冒すことになる。命がけだ」

ようやく、シンガポールで知り合った貿易商を通してウィリー・ストポという若い男性を紹介してもらった。父親が町でいちばん古い養魚場の経営者だという。ウィリーが案内してくれることになった。私はマレーシアから南に一五〇〇キロ離れたインドネシアの首都ジャカルタへ飛んだ。ウィリーは一年の半分はジャカルタで暮らしていると聞いていた。空港で出迎えてくれたのは、チェックの短パンにビーチサンダル、赤いナイキのシャツといういでたちの今風の二八歳の中国系インドネシア人だった。アメリカのインディアナ州ウェストラファイエットにあるパデュー大学で二、三年会計学を学んだということで、ボルネオ行きの飛行機を待つ間に、ポンティアナックはウェストラファイエットとたいして変わらないと言った。どちらも映画館もショッピングモールもひとつしかない町だ。そして、どちらの住人も噂好きだ。「誰もが知り合いだからね」彼は言った。「つまらないところだよ」

北東に向かってジャワ海を渡る九〇分のフライト中、ウィリーはずっと眠っていた。眼下に広がるジャワ海には、小さな島がいくつも浮かんでいる。ようやくボルネオ島の西海岸が目に入ると、赤や青の屋根を持つ低い建物が固まっているポンティアナックの町をカプアス川が蛇行しながら貫いているのが見えた。

インドネシアの神話では、ポンティアナックは妊娠中に死んだ女性の吸血幽霊で、復讐のために戻ってきて男性の性器を引き抜くと言われている。一七〇〇年代にこの町を治めた最初のスルタンが、そんな幽霊が王宮をさまよっているのを見て、町をポンティアナックと名づけたという。住人たちは幽霊の話を真に受けていて、色白で髪の長い女性を警戒するが、不運にも私は色白でロングヘアだった。混雑する空港の狭い化粧室で手を洗っていると、ヘッドスカーフをかぶった女性がにこりともせずに至近距離から私の写真を撮ってから、逃げるように出ていった。

一七〇〇年代に町がポンティアナックと名づけられた頃、金鉱が見つかって中国南部から多くの入植者がやってきた。東南アジアの他の地域でもそうだが、彼らはコンシと呼ばれる同業組合をつくった。ある種の秘密結社であり自治体でもあった。今日でも町の住人の大半は中国系で、その多くが入植者の子孫だから、アロワナ業者も伝統的なコンシに属していて、裕福な大物として幅をきかせている。

空港では、窓に色ガラスをはめた黒いＳＵＶが待っていた。オートバイで混雑している裏通りを進んでいると、ときおり大通りが見えた。男たちがカフェの外のプラスチックの低いスツールに腰かけて煙草を吸っている。モスクでかぶる帽子をつくっている工場の前では、帽子の半月が太陽に輝いていた。満面に笑みを浮かべたマレー人男性が、金持ちになる早道はスーパーレッドだと宣伝している大きな看板も見えた。

「このあたりの家に入ったら、十中八九、どこでもアロワナを育てている」ウィリーが教えてくれた。「町の誇りだからね」ある程度の大きさまで育ててから転売するのだという。最初に立ち寄ったのはウィリーの伯父の小さな白い家で、中華鍋が並んだキッチンでアロワナを六匹育てていた。

そのうちの一匹は黒に近い深紅だった。「伯父のお気に入りだよ」私たちはリノリウムの床に座って、その不思議な色の魚を眺めた。「これだけ黒っぽいのは見たことがない」。なぜこういう色になったのかはわからない。黒っぽい魚は普通は目が見えない。闇の中で暮らすうちに周囲に溶け込む色になったのだ。だが、アロワナは目が見える。

アロワナは環境によって色を変えるから、それを利用してさまざまな色合いを作り出すことができる。グリーンを白い水槽に入れると、しばらくすると金色になる。レッドを黒い水槽に入れると、赤みが濃くなる。こうした人口操作を加えられない野生のアロワナはどんな色なのだろう。アメリカを発って二週間のうちに五つの養魚場を見学し、水槽や池の中のアロワナを数えきれないほど見てきたが、すべて生態学的な意味では「数に入らない」ものばかりだった。

養魚場の見学はもうたくさんだったが、ウィリーの父の養魚場はカプアス川を三〇分ほど遡ったところにあると聞いて、アロワナの生息地に近づけると思った。だが、緑地や水田を縫って走る車の中で、ウィリーは川下のこのあたりにはもうアロワナはいないと言った。いるとすれば――その可能性はなくはないが――もっと川上の源流近くで、その一帯には時期によって現れたり消えたりする湖沼系があり、ダナウ・センタラムと呼ばれている（ダナウはインドネシア語で湖）。だが、ウィリーは行ったことはないし、行きたいとも思わないと言った。一度日本人バイヤーを途中まで案内したことがあるが、ひどい目に遭った。道は悪いし、寝る場所はひどいし、食事は食べられた代物ではなかったという。不便な生活に耐えられないタイプらしい。

ウィリーの父は長年かけて養魚場を整備してきたが、最近、自然に任せたほうがいいと考え直したそうだ。私たちが着いたときには、地面に直接掘った養魚池のまわりには雑草が丈高く伸びていた。午前中は長生きのスーパーレッドを——私たちと同じ二〇代後半だそうだ——眺めて過ごした。ウィリーの父が林業に従事していた頃に奥地に入って、センタラムで採取してきた第一世代だ。だが、今ではすっかり人工的な環境に順応している。作業員が生きたカエルを投げ込むと、跳びあがって長い骨を持つ舌で受け取った。輝く脇腹は赤というよりオレンジに近かった。

養魚場には安全確保のため頑丈な塀を四重に張りめぐらせてあり、養魚池は川から三〇〇メートルほど離れた場所につくられていた。イスラム教の礼拝の呼びかけが遠くから聞こえると、私たちは川岸の草地を歩きながら、通りすぎていく平底船を鉄条網越しに眺めた。ウィリーが話してくれたところでは、隣の養魚場はケニー・ザ・フィッシュと専属契約を結んでいるのだが、最近、盗難に遭ったという。「確かな筋から聞いたんだが、確かめられない。ぜったい外に漏らさないから」

私はなんとかして上流に行きたいと頼んでみた。せめて以前アロワナがいたというところまでも。だが、ウィリーは危険すぎると反対した。そのあと外輪船を雇って町を案内してもらった。船は雑然と並んだ高床式の木の家の間を縫って進んだ。老人が水浴びしている。下着姿で泳いでいた小さな男の子が私たちに気づいて何か叫んだ。ピンクの日傘をさした女性が三人乗った船が、私たちの船の前を横切っていく。

赤道直下の強烈な太陽の下を上流に向かいながら、私は目を細めてはるか遠くの源流の方向を眺めた。カプアス川はインドネシア最長の川で全長約一一四〇キロ。これはだいたいニューヨークからシカゴまでの距離に相当する。この川の源流にある暗い湿原――スーパーレッドを生み出した沼地――がまるで磁石のように私を引きつけるのを感じた。自然界の一部として「数に入る」アロワナを見てみたい。

その週の間中、センタラムに近づく方法はないかと調べてみたが、希望は遠のく一方だった。定期船はそんな遠くにまで行かない。奥地の町まで飛ぶ飛行機が週一便あるが、飛ばないこともしょっちゅうあるし、豪雨で戻ってこられない場合もある。だが、それ以上の難題は言葉だった。ポンティアナックには英語を話す人はほとんどいなかった。奥地に行けば、状況はもっと深刻だろう。同行者もいないうえ、現地の人とコミュニケーションがはかれず、湿地帯で生き抜くノウハウも釣りの経験もないとなると、ボルネオ奥地に永遠に取り残されるおそれがある。そんな危険を冒すよりも、六五〇キロほど離れたシンガポールに戻ったほうが賢明だろう。ちょうどシンガポールでは、全世界から観賞魚業界関係者が集結する大規模な催し――世界最大の観賞魚イベント――が開催される。謳《うた》い文句によれば、「その場にいたいと誰もが願う場所」になるはずだ。

4章　アクアラマ

シンガポール

数日後、私はサンテック・シンガポール国際会議展示場の明るい照明の下で雑踏する会場を見回していた。

「どうしてアメリカにはドラゴンフィッシュがいないんだ？」声をかけてきたのは、肩章のついた灰色のシャツに銀縁眼鏡をかけ、クリップボードを持って会場を走りまわっていた小柄な男性だった。名札によると、シンガポール農産物・家畜庁のリン・カイ・ホア博士、アクアラマ国際観賞魚コンテストの首席審査員だ。このコンテストはウェストミンスター・ドッグショーの魚版で、シンガポールで一九八九年から隔年で開催されている四日間の展示会である。この年は二〇ヵ国以上から四五人の審査員が集まり、一〇〇〇以上のチャンピオン観賞魚が最優秀賞をかけて競い合う。

ボコボコ水音を立てる水槽で「ファンシー」金魚が泳いでいた。トランペット奏者のように膨らんだ頬と望遠鏡みたいな目をした金魚、ふくよかすぎて月面におりたった宇宙飛行士みたいなのもいる。波打つ尾鰭を持つシャム闘魚は、小さな水槽に二匹いっしょに入れ、間を仕切ってある厚紙をずらして縄張り争いをさせる仕組みになっていた。ビーズのような目をしたナマズは水槽の底にへばりついているか、グロテスクな吸盤のような口で水槽のガラスに貼りついている。サンゴやクマノミ、細長いウミヘビが、青い海水水槽に入れた岩の間から顔をのぞかせている。そして、ずらりと並んだグッピーの水槽。フラメンコ衣装のような尾鰭はありとあらゆる色や形がある。

展示場の中央には、色分けされたアロワナが一匹ずつ水槽に入れられて下手なシンクロの選手のように泳ぎ回っていた。例によって、目玉展示物は不動の人気を誇るスーパーレッドと、最近大流行しているマレーシアンゴールド。「日本人はゴールド、中国人はレッドが好きだ」とリンは言った。どれを選ぶかは結局のところ個人の好みだそうだ。「女性のファッションと同じだよ」

審査基準は原則として極秘で、一般にもメディアにも公開されないが、リンは特別にアロワナ査定法を教えてくれた。まず色、体型、大きさ、鰭を調べる。長い鰭はもっとも重視される要素で、曲がった脊柱も頭が垂れてスプーンのように見えるので人気がある。次に失格条件を探す。どんなに他がすばらしくても、ＰＬＪ（protruding lower jaw）つまり下唇が突き出ていたら（特に受け口だったら）、それだけで審査対象からはずされる。同様に、「垂れ目」もだめだ。どういうわけか、水槽で飼育されたアロワナは下ばかり向いていて、見上げることができない魚が多いという。

「こういうのはまずだめだ」リンは水槽の底を見つめているアロワナを指さした。「悲しそうに見えるだろう」と、おおげさに眉をひそめて見せた（だが、こういう魚も必ずしも見込みがないわけではない。優秀な機械工から魚の修理工に転身した「ドクター・アロワナ」が、九〇年代初めにダイヤモンドの切削工具を使ってアロワナの眼球の整形を始めた。それから二〇年経った今では、鰭や顎や魚のアイリフトを手がける小規模な工場があるそうだ）。

泳ぐ姿も大きなポイントで、性格はアグレッシブなほどいいという。そして、ユニークであること。優れた芸術作品と同じで、優れた魚はある程度まで伝統的な美を具現し、確立された規格に則っている必要があるが、同時にその時代の美の基準からいくらか逸脱していなければならない。言いかえれば、ぱっと見てわかりやすく、かつ斬新でなければならない。見慣れているのに、どこか違う。どこか新しいのだ。

斬新さの要因のひとつは突然変異である。なんといっても人目を引くのは、鰭がくっついているとか、頭が二つあるといった特徴だが、これまでにいちばん需要が高かったのはアルビノで、これは自然界ではめったに生まれない。アルビノのアロワナが市場に出たときは、長年所在のわからなかったフェルメールの名画が見つかったときのようなセンセーションを巻き起こした。ところが、この年は、なんと一〇匹ものアルビノを出展した人物がいて、業界関係者を驚愕させた。水槽には番号がついているだけで所有者は明らかにされていないが、そのアロワナの所有者は武装した警備員を自費で常駐させていた。純白のアロワナが一〇〇〇年前に死んだ魚の大理石のレプリカのようにゆらゆら泳いでいる水槽の前で足を止めて、私は警備員にどれぐらいの価値があるのかと聞いてみた。男は肩をすくめた。「好きじゃない人間にはなんの価値もないさ」

リンが最後に足を止めたのは、五〇センチたらずのスーパーレッドの前だった。狭い水槽の中をゆったりと泳ぐ姿が堂々としている。典型的なナイフ形で、不機嫌そうな厚い唇は顎のない老人を連想させる。リンはどのアロワナが優勝したか教えてはくれなかったが——審査結果は集計中だった——このアロワナには賛辞を惜しまなかった。ほかのアロワナより健康そうで、つやのある赤色をしているという。

たしかに、このアロワナはひときわ赤く、頬も鱗と同じチェリーピンクだが、実際の色はよくわからない。レッドアロワナの展示はいつもそうだが、水槽にホットピンクのライトが当てられているからだ。魚の目はライトの色を反射していた。黒い大きな目がまばたきもせずにこちらを見つめているのを眺めているうちに、アルゼンチンの作家フリオ・コルタザールの小説を思い出した。パリ植物園に展示されていたメキシコサンショウウオの一種、アホロートル（別名ウーパールーパー）に魅入られた男の話である。男はじっと見つめているうちにアホロートルの意識の中に取り込まれ、自分の体が水槽から離れていくのを感じた。「なによりも、その目に魅入られた」と彼は言う。「私は無言の痛みを感じた。おそらく、彼らは私を見て、彼らの命の踏み込めない領域に踏み込んでいく私の力を引き寄せているのだろう。彼らは人間ではないが、私は他のどんな動物との間にもこれほど深い結びつきを感じたことがない。アホロートルは何かの目撃者であり、ときとして恐ろしい審判者だ」

私はリンに促されるまで、そのスーパーレッドの前に立ちつくしていた。この水槽には今日のうちに「グランドチャンピオン」と書いた深紅のリボンが貼られるのだろう。優勝した魚は、会期中の四日間パパラッチに悩まされることになる。所有者は飼育した魚の値段にゼロを加える。だが、それはまだ序の口だ。最近、ジャカルタで開かれたアロワナのコンテストで、ひとりの男が銃を二丁振り回しながら、自分の魚がなぜ優勝しなかったのかと審査員に詰め寄ったという。あるイギリス人審査員はドラゴンフィッシュの担当にだけはぜったいならないと言っていた。頭を吹っ飛ばされるのはごめんだから。

　翌朝、展示会の開会式に出ると、最初の講演者――あのケニー・ザ・フィッシュが壇上に立って、トレードマークの笑顔を報道陣のフラッシュに燦然《さんぜん》と輝かせていた。「喩《たと》えを使っていいですか？」彼が言うと、聴衆の間から失笑が漏れた。魚を喩えに使うのはケニーの十八番《おはこ》だ。私がなぜそれを知っているかというと、彼の電子本『*The Rise of an Entrepreneur*（未訳：アジア人企業家の台頭）』（二〇三・九五ドルが一九・九五ドルに値引き）をダウンロードしようとしたとき、「魚が教えてくれるビジネス成功の一二の指針」――さまざまな魚から企業家が何を学ぶことができるかというガイドブック――のプレビューチャプターを読んだことがあるからだ（たとえば、アロワナからは強健な臓器系を進化させる方法が学べる）。ケニーはマイクに近づいて言った。「時は素手でつかんだ魚なり。手からするりと抜けてしまう」

　会場のあちこちから笑いがあがった。この年のアクアラマには、アメリカや日本をはじめとしてコンゴ、カザフスタン、パプア・ニューギニアなど八〇ヵ国から四三〇〇人以上の業界関係者が集まった。ケニーはスピーチの中で、最近の世界的経済危機の中でも観賞魚業界は不動の強さを誇っており、廃業して故郷に帰った観賞魚業者ばかりではないと主張した。だが、関係者は信じがたかったにちがいない。最終日に展示場の半分が一般公開され、一万五〇〇〇人がつめかけたが、二〇年ほど前の初開催のときの五万人にははるかに及ばなかった。

　電子機器やビデオゲームに押されて、本格的な観賞魚飼育は、プラモデルやコイン収集のように古めかしい趣味になりつつある。もはや黄金時代は過ぎ去ったと古くからの関係者は嘆く。かつては、熱心な観賞魚業者が採取してきた珍しい品種を裏庭の物置小屋で繁殖させて、日の出の勢いだった業界を牽引してきたという。

だが、本格的な観賞魚飼育が衰退する一方で、もっぱら「大衆魚」を扱う大量消費市場が出現した。たとえば、アメリカではウォルマートのような小売店で、観賞魚が以前より安い値段で売られている。世界の観賞魚輸出は一九七六年には二一〇〇万ドルだったが、国連食糧農業機関によると、現在では三億ドルに達している。輸送費、小売値幅、付属品を加えると、一兆五〇億ドルにのぼるだろう。ただし、この金額には魚だけでなく、水槽、餌、照明器具、フィルター、小石、プラスチック製の城といった付属品が含まれている。観賞魚だけでなく他の愛玩動物にも当てはまることだが、付属品が収益を押し上げているのである。商品であるペットのために私たちはこうした商品を買っているわけだ。

こういう形の消費は古くからあった。最初に魚の付属品に大金を費やしたのは、派手な消費の達人である古代ローマ人だ。ピシーナと呼ばれた養魚池が支配階級の間で流行したのは紀元前一世紀ごろで、海岸の崖を掘削した大きな洞窟に人工的な泉や滝をつくり、彫像を並べた遊歩道や大理石の食堂が建設された。ローマ人が何より好んだ魚は男根を連想させるウナギで、法外な価格で売買された。もちろん、ウナギにつけた宝石の価格は別である。皇帝ネロの母は飼っていたウナギにイアリングをつけさせたと言われている（ウナギには外耳はないが）。やがて、観賞魚は退廃と結びつけられるようになり、偉大な政治家キケロは養魚池の持ち主を意味する「ピシーナリ」を富裕層の蔑称に使っている。「ピシーナリは大ばか者だ。共和国が崩壊しても、自分たちの養魚池は無事だと信じているのだから」と彼は書いた。そして、その主張の正しさが実証された。ローマ帝国が滅び、ピシーナは崩れ、溺愛されたウナギたちは海に帰った。

観賞魚は一〇〇〇年以上前から池などで飼育されていたが、近代的な水槽がつくられたのは、博物学がめざましく発展した一九世紀のイギリスである。一八二九年に医師でアマチュア昆虫研究家だったナサニエル・バグショー・ウォードが蛾のサナギをガラス瓶で飼育しようとした。結局、サナギは羽化しなかったが、二、三ヵ月後に湿った瓶の底からシダが生えていた。一度も水をやらなかったのにとウォードは不思議に思ったが、それが発見につながった。植物は密封した容器の中でも育つ場合がある。植物が発散する水分がガラスの上で凝縮し、露が地面に落ちるように瓶の底に落ちて、ほぼ完全な閉鎖系をつくっていたのである。この「ウォードの箱」と呼ばれた容器の発明とともに空前絶後のシダの大流行が生まれた。一八四〇年代のヴィクトリア朝の上流階級の居間には、「植物の宝石」が不可欠だったとガーデニングの先駆者、ジェイムズ・シャーリー・ヒバードは書いている。「ビーズのような温かい露を宿して輝いているエメラルドグリーンの観葉植物」は、一九世紀半ばの薄型テレビのような存在だったにちがいない。人々は居間に集まってガラス箱の中の植物を眺めていたのだろう。

やがて、ヴィクトリア朝のイギリス人はシダを眺めるのに飽きて、新しいものを欲しがった。タイミングもよかった。化学者のロバート・ウォリントンがウォードの箱を逆さまにして水を張り、水草と魚を入れたのだ。この「ウォリントンの箱」は、まもなく「アクアリウム（養魚槽）」と呼ばれるようになった。それ以前にも魚をガラス鉢で飼うことはあったが、定期的に水を替えないと魚が死んでしまった。だが、一八五〇年にウォリントンが英国化学会で発表した論文によると、密封したガラス容器に植物と魚を入れると、植物が発散する酸素によって魚は生き続けられるという。この一見シンプルな理論は、当初考えられていたよりはるかに革命的だった。呼吸や光合成の仕組みが化学的に解明されたのは一八世紀後半だからである。

だが、二〇〇〇年代初めに宝くじの予想に使えると言われてフラワーホーンがシンガポールで一時的に大流行したように、このイギリスのアクアリウム熱も短命に終わった。その頃、休日を浜辺で過ごす習慣が始まり、イギリス人はバケツとスコップを持って海岸に押し寄せては、潮だまりに棲む生物を採取するようになった。ほどなくイソギンチャクが爆発的にブームとなり、作家のジョージ・ヘンリー・ルイスにカバを飼うよりは楽な趣味と皮肉られた。実際、そのとおりだったのだろう。海洋生物の飼育は簡単なことではない。一八六〇年代には、「九割の水槽が捨てられた」と博物学者のジョン・ジョージ・ウッドが書いている。アクアリウム熱は自然消滅し、多くの伝染病のように二度と復活することはなさそうだった。

ところが、実際には消滅しなかった。アンデス原産のトマトがイタリア人の手で新しい命を与えられたように、イギリスで起こったアクアリウム熱はドイツで息を吹き返すことになったのである。だが、イギリス人がもっぱら海洋生物を観賞したのに対して、ドイツ人は淡水魚を好んだ。一八五六年に教師だったエミール・アドルフ・ロスメッスラーは、「ガラスの中の湖」と題した論文を発表し、観賞魚の飼育が科学知識を広める手段となると提唱した。結局のところ、アクアリウムは現在では生態系と呼ばれている仕組みの基本的知識に基づいていた。魚の呼吸（酸素を取り入れて二酸化炭素を排出する）と植物の光合成（二酸化炭素を取り入れて酸素を排出する）が、自己充足した小宇宙をつくりだす完璧にバランスのとれたミニチュアの世界と考えられていた。

だが、それは幻想の世界だった。二〇世紀の測定法なら、アクアリウムの植物が放出する酸素は、少なくとも空気から急激に水に吸収される酸素の量にくらべれば、ごく微量だと判明したはずで、同様に、アクアリウムの植物が放出する二酸化炭素の量も取るに足りなかった。つまり、一八五〇年代のアクアリウム熱は誤解に基づいていたのである。水槽で魚が生きられたのは、植物と動物の完璧なバランスのためではなく、水槽の形によるものだった。一八四五年にイギリスでガラス税が廃止されたおかげで、大きな板ガラスを使って長方形の水槽がつくられるようになり、その結果、水と空気の接触面が広くなって酸素を急激に水中に取り込めるようになっただけでなく、二酸化炭素の空中への放出が緩やかになった。「完璧なバランス」や定常状態は、アクアリウムの中にも自然界にも存在しない。すべては流動的なのだ。

当初、観賞魚は自宅にいながら自然探検した気分にしてくれたが、やがて人々はもっと珍しい魚を見たいと願うようになった。こうして、未知の国への探検が始まった。一九世紀後半になると、ドイツ企業はアジア、アフリカ、南米に収集基地をつくり、奥地に探検採取隊を送るようになった。そして、船員が持ち帰る新しい種を魚類学者が記載し、自然界に対する知識が飛躍的に拡大した。

こうした探検文化から、二〇世紀の初頭にフランクフルトの富裕階級出身の博物学者、アドルフ・キールが現れた。アクアリウム趣味の先駆者で、「水生植物の父」と呼ばれたキールは、私がまもなく出会うことになる伝説の人物の祖父でもあった。

ケニー・ザ・フィッシュが開会式でスピーチしていたとき、アロハシャツを着たアメリカ人が私の肩を叩いて、「あれがハイコ・ブレハだ」と小声で教えてくれた。振り返ると、会場の隅に、工事現場のカラーコーンみたいに目立つ顎鬚の男が立っていた。つばの広いブッシュハットをかぶり、鮮やかな黄色いパーカーの下の黒いTシャツには真ん丸な魚が描かれていた。たった今飛行機から降り立ったみたいに肩から革鞄をぶらさげている。「ブラジルで生物資源《バイオピラシー》の窃盗で逮捕されたときのことを聞いてみるといいよ」アロハシャツのアメリカ人が冗談めかして言った。

ハイコの名前は知っていた。元魚類トレーダーで、有名な魚類探検家。彼自身は「全世界の生まれ」と好んで言うが、実際には一九四〇年代に廃墟だったフランクフルトで防空壕の中で生まれている。すぐそばには、祖父のアドルフ・キールが建てた当時最大の観賞魚および水生植物園の跡地があった。このとき六四歳だったハイコの住所はミラノ郊外だが、今でも一年の大半は世界中の秘境を旅して新種の魚を探している。本人が主張するところでは、これまでに約五〇〇〇種を発見もしくは再発見したという(「再発見」とは業界用語で、博物館に干からびた標本しか残っていなかった魚を見つけて、自然界での生態を記録し、理想的には趣味としての飼育を推奨するという意)。

ハイコは「熱帯魚界のインディ・ジョーンズ」とよく称されるが、架空の人物にたとえられるのは彼にはうれしいことではないらしい。だが、最近、彼のスーパースターとしてのイメージに傷がつく事件が起こった。前年の二〇〇八年の秋、ホルマリンとアルコールで保存した魚を許可なく国外に持ち出そうとして、三四歳年下の新妻とともにブラジルで逮捕されたのである。ハイコ自身は熱帯雨林の破壊に声高に反対してきたせいで狙われたのだと主張している。エゴイストとして有名な彼が「地上最悪の牢獄」で三日半過ごした体験は、周囲の同情よりも他人の不幸《シャーデンフロイデ》を喜ぶ気持ちの対象となったようだ。

私が初対面の挨拶をして自己紹介すると、彼は今朝シンガポールに着いたばかりだと言った。「一昨日はカナダにいて、週末はポーランド、その前の週末はトルコにいた。七週間週末はずっと採集してた」渡された名刺には口先がチェーンソーのような魚が描かれていた。「ノコギリエイだ」と教えてくれた。一九八二年にオーストラリア北部のワニがうようよいる湖で三メートル以上あるノコギリエイを見つけたことがある。二〇世紀に記録された淡水魚の中で最大だという。

ハイコと話したかったのは、スーパーレッドのいるボルネオ奥地のセンタラムに行ったことがあると聞いていたからだ。そのことを話題にしようとしたとき、ハイコが展示ブースの前のスツールに腰かけている日本人の老人に気づいた。神畑重三《しげぞう》、コイの飼料で定評のある神畑養魚株式会社の八三歳の会長だ。顔に老斑があり、サッカー生地のスーツに濃いサングラス。ハイコに鷹揚な笑顔を向けている。

「神畑さんは世界でナンバーツーの探検家だ」とハイコが私に紹介した。

老人は軽く頭を下げてから私の手を取った。皮膚はライスペーパーのように薄かった。ハイコと同じように、彼も魚類トレーダーの三代目で、祖父は一八七七年にコイの養殖を始めた先駆者だ。

重三氏はのちに野生種の採取を始め、チャーター機でダイバーの一団も引き連れて大規模な探検旅行に出ている。彼はブースの奥に手を伸ばして、『カミハタ探検隊熱帯魚の秘境を行く』（日本版は二〇〇四年、新日本教育図書刊）という本を私にくれた。表紙は、逆巻く川の真ん中で岩の上にたって両手を腰に当てている彼の写真。

ハイコが私の手から本を奪って、誇らしげに第一章の最初の行を見せた。「ドイツの探検家、ハイコ・ブレハ氏がある日電話をくれて、『あなたにぜひとも手つかずのアマゾンの素晴らしい大自然を見せてあげたい』と言った。」同じページに「ハイコには神経を限界まで逆なでされた」という見出しがあるのに気づいたのはあとになってからだ。この章には一九八九年の探検が記されていたが、ハイコは空港まで迎えにこず、ひどいホテルを予約していたうえ、女性連れで、夜更かしで、信じられないほど毛深くて、彼についたダニを探すのは「干し草の中の針を探す」ようだったと記されていた。

だが、私が何より興味を引かれたのは、最後から二番目の章、「ボルネオに野生のアジアアロワナを探す」だった。一九九三年、神畑氏もセンタラムの源泉までスーパーレッドを探しに行っていた。その一帯にはかつて首狩り族として有名だったイバン族が住んでいると説明しながら、彼は凝ったタトゥーを入れた男性と大きなワニの頭蓋骨を掲げている女性を写した写真を見せた。九〇年代初めでさえ、野生のスーパーレッドは見つからなかったという。地元の漁師ももう何ヵ月も見たことがないと言っていた。今頃はもう絶滅したかもしれない。

だが、ハイコは肩をすくめた。「あそこはすごく広いんだ。絶滅したと決まったわけじゃない。

ずっと奥まで行ったら、きっといる。あそこまで捕りに行くやつはめったにいないから」彼はオーストラリア、フィリピン、イランとたて続けに探検旅行の予定が入っていなかったら、私をセンタラムに案内できたのにと残念がった。そして、「コロンビアのアマゾン流域にいっしょに行こう」と言った。彼によれば、そこは地球上で最後の秘境だという。

それから、肩にかけた革鞄から最新の自著を取り出して、神畑氏に見せた。表紙は髪を入念に結い上げた金髪の女性の白黒写真で、アマゾンの動植物のスケッチに縁どられている。「これは五〇年代の母を語った本なんだ」ハイコはページを繰って写真を見せてくれた。垂れた乳房をした部族の女性、しなびた人間の頭を飾った棒を振り回す男性、頭蓋骨や人骨が入った大樽の写真。大樽の写真を指さして言った。「宣教師たちだよ、僕らと暮らしていた連中に食べられたんだ」

神畑氏は興味深そうに身を乗り出した。「どこ?」落ち着いた声で聞いた。

「ブラジルのマト・グロッソ。子供の頃、半年ほど住んでた」

神畑氏が探検家としては遅咲きだとすれば、ハイコは生まれながらの探検家だ。彼の母で、「水生植物の父」アドルフ・キールの娘のアマンダ・フローラ・ヒルダ・ブレハは、第二次世界大戦後、フランクフルトで愛玩動物を扱う通販会社を興し、世界中から珍しい動物を輸入した。当時人気があったのはアマゾン原産の真ん丸な形をしたディスカスで——その後、世界一高級な観賞魚となった——戦禍を受けたフランクフルト動物園のサル舎に展示するために取り寄せた。アマンダは一目見て、ディスカスの幾何学的な美しさや木の葉のような形、尖った可愛い口の虜《とりこ》になった。その後、ロマの占い師から、ブラジルに渡るといいと言われたときに頭に浮かんだのは、たった一度しか見たことのないこのディスカスだった。一九五三年に離婚すると、アマンダは四人の子供を連れて、この魚を探すために当時「緑の地獄」と呼ばれていた地図にも載っていないアマゾンの熱帯雨林に向かった。ハンセン病が猛威をふるう村で足止めを食ったり、逃走中のナチスの残党に捕まったりしたとき、末っ子のハイコは八歳だった。

この最初の探検旅行は二年近く続き、一家はいったんフランクフルトに帰った。だが、一九五八年に再度ブラジルを訪れ、その後は二度と帰国しなかった。アマンダはリオデジャネイロ郊外で魚の養殖と水生植物の栽培を始めた。一九六二年、一八歳だったハイコはアメリカに渡り、タンパにあるサウスフロリダ大学で魚類学を専攻するかたわら、いくつかの地元の養魚場で働いて、野生の魚を手なずけるのがうまいと評判を博した。二年後にリオに戻ると、彼は観賞魚を輸出する会社を立ち上げ、アマゾンのあちこちに採取旅行に出かけるようになった。一九六四年末、二〇歳のときには、発見した新種に初めて彼の名前がつけられた。ラミーノーズテトラ（学名ヘミグラムス・ブレヘリ）は、上顎に特徴のあるテトラで、ハイコによると、熱帯魚では歴代第二のベストセラーだという。最終的に、彼の名前のついた種は、属名も含めて一〇ある。

ハイコといっしょに展示場を回りながら、彼は母親が半世紀以上前に追い求めたアマゾンのディスカスに今でも魅力を感じていることに気づいた。長年観賞魚の王様として君臨したディスカスも今ではアロワナに王座を奪われたが、ハイコにとってはそうではないのだろう。二〇〇六年に出版した著書『*Bleher's Discus : Volume 1*（未訳：ブレハのディスカス第一巻）』で彼はこう書いている。「ディスカスの熱烈な愛好者はとどまるところを知らず、この魚は間違いなく常にナンバーワンだ……一万ドル以上で売買された時期もあった。家を売って特定のディスカスを入手した愛好家もいて、そのために妻子を失った」

ハイコはアクアラマに展示されたディスカスには批判的だった。「ここにいるのは貧弱なやつばかりだ。優勝したディスカスだって、僕ならゴミ箱に捨てる」グランドチャンピオンとなった赤い目のゴールデンのアルビノの水槽の前で足を止めた。審査がいい加減だという。「イギリス人審査員のディスカスに対する知識ときたら、冥王星の生物に対する僕の知識といい勝負だ」

展示会に出品されるディスカスは、かつて母が虜になった繊細な生物――真ん丸で、黒い縞模様が入った薄緑色の魚――ではなくなったとハイコは嘆く。この半世紀のうちに、主としてアジアの養魚家によって、ハイコに言わせれば「さまざまなけばけばしい色」のものがつくられ、レオパードスキン、スネークスキン、チェッカーボード、ブルーダイヤモンド、ピジョンブラッドといった名前がつけられた。ディスカス本来の特徴を見出すのはどんどん難しくなっている。

このハイコの不満は、近年、観賞魚業界を二分しつつあるトレンドを反映していた。選択繁殖されて環境に適応した品種が、特にアジアで人気を博している一方で、たとえば一部のディスカス愛好者、とりわけヨーロッパの愛好者は、野生種にしか関心を示さず、彼らが「赤い魚」と呼ぶ偽物には目もくれない。前者は魚に人為的なものを求めるが、後者は自然を求め、できるだけ手を加えないようにする。

両者の違いは、それぞれが支持するアクアリウムによく表れている。たとえば、ハイコが提唱する「ビオトープ・アクアリウム」は、ただひとつの生態的ニッチを再現しようとする。つまり、ひとつの川や湖の動植物をそっくり持ち込むのである。間違ってもアフリカの魚をアマゾンの植物といっしょにしたりはしない。ビオトープの対極にあるのが、「ネイチャー・アクアリウム」だ。提唱者である日本の天野尚《たかし》は、『ウォールストリート・ジャーナル』が「アクアリウムの聖人」と称した人物だ。ネイチャー・アクアリウムは植物がふんだんに採り入れられ、禅寺の庭のように岩を配置して細部までつくりあげた中で、小さな魚が「脇役」として泳いでいる。その狙いは完璧な自然をつくること。しかし、ハイコに言わせれば、自然そのものが完璧であり、自然に勝るものなどないのだ。

そんな考え方の持ち主だから、ハイコは会場の注目が一〇匹のアルビノのアロワナ――彼から見れば「奇妙な人工的モンスター」――に向けられるのが気に入らず、アロワナと周囲の人間をにらみつけていた。だが、私はこのアロワナたちがどんなふうに生まれてきたのか知りたくて、説明を聞きに行った。

この不思議な純白のアロワナを育てたのは、三四歳の中国系マレーシア人の養魚家、アラン・テオで、得意満面の、しかし、疲れた顔で展示の前に立っていた。金縁眼鏡に金のカフスボタン、オレンジ色のカラーがついたオーダーメイドのシャツのポケットには金のペンがさしてある。きちんと分けた黒い髪もショールームのまぶしい照明を受けて輝いていた。本人によると、この五日間、全部合わせても七時間しか眠っていないという。「心配で、心配で」彼は眉をひそめてアロワナを見た。「ここは水質がすごく悪いし、照明もひどい」

アルビノの搬入には警察隊が警護に当たり、展示場では水槽に毒を盛られないように私費で警備員を雇った。「この世界一高価な魚のブリーダーは僕だけだから、敵も多いんだ」とテオは言った。六年前、アクアラマで優勝したディスカスが夜のうちに消えてしまった事件が忘れられないという。

テオの説明では、アルビノは極秘中の極秘で行った長年の実験の成果だという。マレーシアで小さな養魚場を始めた頃、育てていたアロワナから生まれた稚魚の中に偶然、一匹だけアルビノがいた。それがインドネシアの石炭王の耳に入った。東ボルネオのジャングル奥地にアルビノの動物を集めた私設動物園を持っているほどの富豪だ。ある日、その石炭王がわざわざテオの養魚場を訪ねてきて、その小さなアロワナが泳ぐのを何時間も見つめていた。そして、翌日、繁殖計画の資金を提供すると申し出た。アルビノのアロワナが生殖年齢になるまで三年かかった。生まれてきた稚魚は普通のアロワナばかりだったが、アルビノの劣性遺伝子を持っていた。また三年待って、うまくいけばアルビノが生まれるかもしれないと期待して、アルビノのアロワナと稚魚をかけあわせてみた。その間、スポンサーの厳命で養魚場の魚はいっさい出荷しなかった。

「優先的にセレブや王族に買ってもらうことになる」とテオは言った。今ではアロワナは招待客にしか売らない。これまでに売ったアルビノは一〇匹たらずだが、バイヤーは全員匿名で、国籍もさまざまだ。最近では、中国共産党の大物が三〇万ドルで買ってくれた。ラスベガスのカジノ王にも一匹売ったが、送り先はアメリカではなく、アロワナの輸入が違法ではないカナダにしてほしいと言われた。台湾にも一匹いて、持ち主は歯ブラシの毛で財を成したプラスチック王だという。

「嘘みたいだが、本当の話だ。この魚のおかげで夢にも思わなかったことをたくさん経験した」テオは手をあげて長く細い指を見せながら、ジョホール州のスルタンの居室にアルビノを運んだときは手が震えたと言った。ゴルフ場でパットをはずしたとき忍び笑いをしたという理由でキャディを殺させたと噂されていたスルタンだったからだ。

アルビノの所有者に会えないだろうかと頼むと、テオは考え込んだ。ジョホールのスルタンは死の床についている。息子に頼めばなんとかなるかもしれないが、父親以上に危険な人物だし――ナイトクラブで客を撃ち殺したので有名――魚に興味がない。そう言ってから、急に思いついた。あの人物ならだいじょうぶかもしれない。うまくいったら、喜んで拝謁させてくれるだろう。電話してくると言ってテオはその場を離れた。

いれかわりにハイコ・ブレハが近づいてきた。アルビノのような赤い充血した目で水槽の魚たちを値踏みしている。「三〇万ドルだとさ。僕なら三〇セントも出さないがね」皮肉な口調で言うと、アロワナをめぐる世界では真相を探るのは不可能だと断言した。「この魚に限っては誰もぜったいに本当のことは言わない」

テオが戻ってきたのは、ハイコがクライアントを見つけて離れていったあとだった。アクアラマが閉幕してから数日後、私は南シナ海を渡って三〇〇〇キロ離れた場所に向かった。六桁の値のつくアルビノの所有者に会うために。

5章　ドラゴンのいる場所

台湾→インドネシア領ボルネオ

六月のある木曜日の夕方、私は台湾南西部の嘉義市郊外にある白い柱廊付きの豪邸の前で、人工芝のように整った芝生に立っていた。いつのまにか五月が過ぎて、柔らかい日差しが屋敷を取り囲む蓮《はす》の池を照らしていた。大きな木のそばの鳥かごをのぞき込むと、頭が黒く、尾が長い、ベルベットのような青い色の鳥のつがいが入っていた。タイワンアオカササギ（ヤマムスメ）、台湾の国鳥だ。個人で飼育するのは禁止されているはずなのだが。

実は、アクアラマに行く前にアロワナの日本人コレクターに会いたいと思ってつてをたどってみたが、不発に終わった。二〇〇二年にアルビノを一七〇〇万円で日本人バイヤーに売ったというマレーシアのアロワナ養殖家のウン・ホワン・トンに聞いても、「忘れた」と言われた。「その大物の名前が喉元まで出かかっているとでもいうように首を振りながら、彼が口にしたのは「アロワナ愛好家だ」という言葉だけだった。

そんな謎めいたバイヤーが存在するのだろうかと思ったのは私だけではないようだ。「アロワナをめぐる話は本当かどうかわからない」と、アクアラマの審査員のひとりも言っていた。「法外な値段で取引されるのに、バイヤーも出どころも謎のままだ」

だが、そういう大物コレクターになんとか紹介してもらうことができた。六〇代の長身の男性が芝生を横切って近づいてきた。歓迎の笑みを浮かべると、不自然なほど整った白い歯がこぼれた。スー・ウェン・ハン、「歯ブラシの毛で財を成した」富豪で、来興プラスチック機器製作所の社長、台湾で唯一のアルビノのアロワナ所有者である。

「あの会社はバービー人形の髪の毛も作ってるのよ」若いジャーナリストのステファニー・リーが教えてくれた。台湾の観賞魚雑誌『アクアズー』で働いていて、スーのアロワナを特集したこともあるそうだ。彼女と上司のオズモンド・チャオ（ヘビの愛好家で、ポニーテールの男性）が、前夜、台北の空港まで迎えにきてくれて、そこから車で三時間かけて嘉義市に着いた。その夜はスーが経営するホテルに泊まり、今日は時間潰しをしてから、アルビノのアロワナのために床から天井まで届く水槽をつくっているという建設中の彼の邸宅を訪問したのだ。

台湾を訪ねることになったのは、考えてみれば当然だったかもしれない。アロワナブームが一九八〇年代に始まったのは台湾で、その後アジア全体に広がったからである。ブームのきっかけはよくわからない。中国では昔から愛玩動物は上流階級の特権だった。おそらく、史上もっとも溺愛されたのは宮廷の愛玩犬ペキニーズだろう。紫禁城では人間の乳母の乳を与えられていたと言われている。しかし、一九六〇年代から七〇年代まで続いた文化大革命の間に、愛玩動物は「ブルジョワ的」として禁止された。一九八〇年代に中国共産党が愛玩動物を「病んだ資本主義社会の産物」と批判していた頃、台湾ではアジアアロワナが発見され、一躍ステータス・シンボルとなった。中国共産党に対する反動だったのか、かつての中国文化を継承しただけなのか、あるいは、単にアジア人は魚が好きなだけなのか、そのあたりのことはよくわからない。「魚だけでなく海洋生物に対する態度が我々とまったく違う」と、のちにシンガポールで働いているハンガリー人の魚類生物学者から聞いたことがある。「とにかく、感情移入が激しい」

しかし、このプラスチック王に関するかぎり、それは当てはまらなかった。スーは観賞魚愛好家が二ドルのグッピーについて語るほどにもアルビノのアロワナに触れなかった。東南アジアでは観賞魚を「おもちゃの魚」と呼ぶことがあるが、彼はほかにもいろいろなおもちゃを所有していた。玄関広間にはハーレーダビッドソンのオートバイやヘリコプターのプラモデルが所狭しと並んでいて、陳列ケースにはコンテストで入賞したハトの写真やジャーマンシェパードが獲得したトロフィーが飾ってあった。ハトは屋上で育てているそうだ。犬舎からは金属の柵を揺らす犬たちの鳴き声が聞こえてきた。「飼育している動物には完璧を求めるそうよ」と、ステファニーが通訳してくれた。「珍しくて、貴重で、誰も持っていないものが好きなんですって」

スーはアルビノのアロワナに一五万ドル出したと言った。中国共産党幹部が買い入れたとアクアラマで聞いたアロワナの半値だが、それでも私が聞いたうちでは高価な部類に入る。だが、彼はそれほど大きな買い物ではなかったという。その二倍の値打ちのあるハトがいるし、そのハトの二倍の犬もいる。妻がショッピングバッグを抱えて玄関から入ってくると、彼は話をやめて手を振ってから、妻にはアロワナの値段は一桁少なく言ってあるのだと小声で教えてくれた。

実は、アルビノのアロワナはこの建築中の屋敷にはいなかった。完成するまで街の熱帯魚店に預けてあったのである。熱帯魚店の木の壁にはめ込まれた水槽の中で泳いでいるアロワナを私は前夜見に行ってきた。これなら失礼に当たらないだろうと思える時間をかけて眺めたものの、蠟《ろう》細工の魚のようで、尾鰭の先端だけが曙光のようなオレンジ色だった。本当に一五万ドルの価値があるのだろうかと思わずにいられなかった。

観賞魚の世界で誰がどの魚にいくら払ったかを突き止めるのは、画商が口にする掛け値の妥当性を確かめるようなもので、まず不可能だ。専門誌の記者でも正確な価格は調べられない。それでも、私はこの途方もない価格に納得できなかった。だが、やがて誤解だったことに気づいた。通訳してくれたステファニーは五万ドルと言ったのに、私が一五万ドルと聞き間違っていたのだった。それがわかったとたん、こんな安い魚のためにわざわざこんなに遠くまで来たのかと無性に腹が立った。ベースジャンプからコカインまでスリルを追求するには忍耐が必要だが、高級魚を追い求めるのも同じで、極度の粘り強さがなければ充実感を味わうことはできないのだろう。

アルビノ以上に興味を引かれたのは、その魚を預かっている熱帯魚店の店主、グオ・シャンミンだった。最近、ボルネオにあるアルビノの動物を集めた動物園を見学してきたというのだ。アラン・テオの繁殖計画のスポンサーとなった石炭王の私設動物園である。店の前に置いた木の幹でつくったテーブルについてお茶を飲みながら、グオから写真を見せてもらった。純白のサルや半透明のワニのそばに動物たちの色素を吸収してしまったように真っ黒な炭鉱があった。

ボルネオ奥地に足を踏み入れられなかったのがいまだに心残りだった。台湾に来る前にセンタラムに行く方法はないものかともう一度調べてみたが、実現性はなさそうだった。旅行代理店の社員はこわばった表情で、東南アジアで暗躍するイスラム過激派組織ジェマ・イスラミアのテロリストがジャングルに潜んでいて、近々実施されるインドネシア大統領選挙に乗じて西洋人を誘拐して注目を集めようとしているらしいと言った。「それに、首狩り族もいますから」

土着の部族が現在でも首狩りをしているとは信じられなかったが、テロリストについては真偽のほどは定かではなかった。だが、ジャカルタのアメリカ大使館にメールで問い合わせたところ、「きわめて辺鄙《へんぴ》な土地」だが、アメリカ人にしろ他の国民にしろ、西ボルネオで誘拐されたという話はこれまで聞いたことがないという。

だが、偶然にも、私は誘拐事件があったのを知っていた。ただし、イスラム過激派とも首狩り族とも関係なく、原因はアロワナだ。一九九八年、日本の観賞魚輸入業者の息子であるカワシマヨウイチ、三一歳が、ポンティアナックで鉈《なた》や拳銃や手榴弾で武装した一味に身代金目的で誘拐され、一〇日間拘束された事件を日本の新聞で読んだことがあった。誘拐グループの首謀者の名前は新聞では明らかにされていなかったが、その後、インドネシアの有名なアロワナ繁殖業者だとわかった。台湾では、眉間に皺を寄せたその男の写真がいたるところに貼ってあった。グオの熱帯魚店にも、スーの屋敷の玄関広間にも。彼らはこの男からスーパーレッドを買っていたのである。

そういう話を聞くにつれて私は無力感にとらわれた。フィッシュ・マフィアが暗躍する闇の世界に首を突っ込むのはやめて帰国したほうが賢明かもしれない。アクアラマでフィッシュクラブのマーティンから聞いた言葉がよみがえってきた。「真相を解明しようとしても無駄だ。誰も本当のことを全部話したりしない。だから、何を聞いても断片にすぎないんだ」

たしかに、そのとおりだった。さまざまな噂をどう解釈するか考えるのに疲れ果てた。アロワナにもうんざりだ。節くれだった体、すねたような口、ミミズみたいな髭を見ていると、きれいな魚だとは思えなくなった。どこで見ても、狭い水槽でのっそりとUターンしている。死ぬほど退屈していて、コルタザールの小説に出てくるアホロートルのように「沈黙の奈落に永遠に突き落とされ、希望のない瞑想にふけっている」ように見えた。

台湾の熱帯魚店の水槽の中で泳いでいるアルビノのアロワナを眺めていると、またそんな思いにとらわれた。だが、他にも感じるところがあった。それまで私はアロワナの愛好家は野生的なものや恐ろしさすら感じさせる闘争的なものに惹かれるからだと思っていたが、それだけではないことに気づいた。そうした関心の対極にある支配したいという欲望である。自宅の水槽でアロワナを飼うことで、神秘的な生物を自分の領分である文明の檻《おり》に閉じ込め、やがてその生物をつくり変えようとする。暗い水に潜む原始の捕食魚から獰猛さを奪い、歯ブラシの毛やバービー人形の脱色された髪のように半透明な生物に変えるのである。

目の前にいるアロワナは野生のアロワナとどう違うのだろう？　そして、野生のアロワナは今でもどこかの沼地に生息しているのだろうか？　その疑問が頭を離れなかった。もう一度ボルネオに行こう。そして、野生のアロワナを見つけて自分の目で確かめたい。翌日の夜、アメリカに帰る飛行機をキャンセルし、私は水槽の中のアロワナのようにUターンすることにした。

魚の世界では、すべての道はケニー・ザ・フィッシュに通ずる。だから、ようやくセンタラムに案内してくれることになったのが、ケニーとスーパーレッドの専属契約を結んでいる人物だったのは不思議ではなかった。ヘリー・チェンは二九歳の中国系インドネシア人で、一九八〇年に父親が始めた養魚場をポンティアナック最大級の養魚場に発展させた。台湾からインドネシア領ボルネオに飛んだ翌日、私はヘリーに案内されて、カプアス川沿いにある広大なコンクリートの養魚池を見張り塔から眺めた。五重の塀で隔てられた隣は、最初にボルネオに来たとき案内してくれたウィリー・ストポの養魚場だ。ウィリーから最近隣（つまりヘリー）の養魚場に泥棒が入ったと聞いたのを思い出した。だが、ヘリーにそのことを聞くと、眉をあげて笑いながら、でたらめだと一蹴した。

「そんな噂が流れているのか」

笑い飛ばすところが他の養魚家と違っていた。ウィリーは私がジャーナリストだというだけで身構えていたが、ヘリーは被害妄想的な同業者のなかで泰然としていた。眠そうな顔立ちで、いつも寝癖のついた髪をして、ひっきりなしに煙草をくゆらせている。英語は独学で覚えたそうだ。拍子抜けするくらいあっけなくセンタラム行きを承知してくれたが、野生のスーパーレッドが見つかる可能性はおそらくゼロだと断言した。それでも、行ってみてもいいと言ってくれた。

最初に、ウィリアム・アルバートス・トーメイという日焼けして革のような肌をした養魚家に会いにいった。彼は一九九三年に神畑重三――ハイコが「世界でナンバーツーの探検家」と称した人物――をセンタラムまで案内したことがある。その探検はアクアラマで神畑氏にもらった本で読んでいたし、広大な湖にある小さな島の写真も見たことがある。昔、王様が埋葬されたと言い伝えられている島で、夜になると王の幽霊が出るので地元民は近づかない。だが、神畑氏はこの島をベースキャンプにした。ガイドのひとりは夜中に岩から青い火が立ち昇り、老人の顔が浮かびあがるのを見たそうだ。

　そのときの記憶をもとにトーメイは沼地の地図を描いてくれた。そして、ここで神畑氏とはぐれたと笑いながら言った。彼が丸をつけたのは地図の中央にある小さな島で、そこに行けばイバン族がスーパーレッドの生息地に案内してくれるだろうという。

　神畑氏が著書に記しているところでは、彼の探検隊は地元部族の族長に三晩泊まるよう勧められ、毎晩別の女性を選んでいいと言われたという。「目的は私たちの血――厳密に言うならDNAだったのだろう」と、孤立したコミュニティーが「種馬として」外部の人間を歓迎したと推測している。だが、彼はその申し出を辞退し、「われわれの目的は野生のスーパーレッドの産卵地を訪ねることだ」と族長に言ったそうだ。

　トーメイは手描きの地図を差し出してから、七月に予定されていた地元のアロワナ・コンテストが、インドネシア大統領選挙の影響を懸念して中止になったとヘリーに言った。実際、政情不安定な時期に中国系養魚家が標的にされたことが過去に何度かあった。三〇年続いたスハルト政権が崩壊した一九九八年には、インドネシア全土で中国系住民が攻撃された。中国系住民が人口に占める割合は小さいが、この国の富の大部分を掌握している。ヘリーの家族も多くの中国系住民と同様、しばらくマレーシアに避難していたという。

　そのときには大規模な養魚場を軍の戦車が護衛したが、それがアロワナにいっそう暗い影を投げかけることになったと私も聞いたことがある。トーメイの養魚場を出て、センタラム行きに必要なものをそろえるためにスーパーマーケットに向かいながら、ヘリーがボルネオ住民について説明してくれた。

住民の半数近くはさまざまなイスラム教グループが占め、三分の一ほどがダヤク族だが、これはイバン族など数十の先住民族の総称だ。一九九〇年代末にはダヤク族とマドゥラ族との間で武力闘争が起こった。マドゥラ族は乾燥した貧しいマドゥラ島から政府が三〇年かけてボルネオ島に移住させた。闘争が膠着《こうちゃく》状態に陥るまでに一〇〇〇人以上が殺害され、一八万人が移住を余儀なくされた。「ダヤク族はマドゥラ族の肉を食べるらしい」とヘリーは言った。そして、私の怯えた顔を見て、笑顔になってつけ加えた。「心配しなくていいから」

どう解釈していいか考えているうちにスーパーマーケットに着いた。広大な店内の広い通路は蛍光灯に赤々と照らし出されている。小さな男の子が通路を駆けてきて、ヘリーの腕に飛び込んだ。三人いる彼の子供の末っ子で、たまたまベビーシッターと買い物に来ていたのだ。ヘリーは最近妻と別居したので、子供に会うのは久しぶりだという。そして、子供に会えないつらさを訴えてから、私立学校の月謝の高さを嘆いた。中国系住民の例にもれず、彼も子供たちを私立学校に通わせているる。インドネシアの公立学校ではイスラム教を教えているからだ。当事者にとっては深刻な問題なのだろうが、妙に親しみを感じる衛生的なスーパーマーケットでとシャンプーを選びながら私の頭を占めていたのは人食い部族のことだった。

まさか今でもそんな慣習が残っているとは思えなかった。だが、その後、ヘリーの話が嘘ではないとわかった。部族紛争のさなかにダヤク族の一団が、敵対する部族の首を切り、肝臓を食べて、首狩り族の古い慣習を復活させたというのである。それを目撃したオランダ人の神父が、イギリスのジャーナリスト、リチャード・ロイド・パリーにこう語っている。

ダヤク族が現在どういう地位にあるか理解する必要がある。彼らは政府に無視されている。政治的役割は担っていない。要職についている人間はいないし、軍で影響力を持つ人間もいない……彼らにあるのは土地——何千年もの間、先祖から受け継いできた土地——だけだ。だが、政府は今やその土地を取り上げようとしている……製材会社ができ、商社ができ……それだけのことだが、それがすべてを引き起こした。無力感だ。

翌朝早くヘリーが四輪駆動車で迎えにきて、かつて金鉱採掘のためにつくられたカプアス川沿いの道路を進んだ。思ったほどの悪路ではなかったが、運転手のフセイン氏は猛スピードで急勾配を下り、急カーブを切り、オートバイをすれすれでかわし、溝や小さな子供や、刺《とげ》のある黒いアブラヤシの実を満載したトラックのすぐ前で急ブレーキをかけたりした。

少し前までボルネオ島の大半は通行不能だった。だが、一九八〇年代から九〇年代にかけて、製材業者が驚くべきスピードで熱帯雨林を切り開いて、ラテンアメリカとアフリカを合わせたより大量の材木をアメリカや日本といった主として富裕国に輸出するようになった。その次のブームがアブラヤシだ。一九九〇年から二〇〇五年の間にアブラヤシのプランテーションのために開墾された土地はインドネシア全土で三倍になった。こうした森林破壊と開発のおかげで奥地への通行が可能になったわけだが、それとともに野生動物の違法取引を急増させる結果となった。
現在、ポンティアナックから北東に約四八〇キロ進むと、予定どおりなら一二時間でカプアス川上流に到着する。だが、前輪がパンクしたり、「トル」と呼ばれる男たちが道路の真ん中に丸太を置いて、通行料徴収用の籠とナイフを持って現れたり、立ち往生した車に道路をふさがれたりすると、丸二日かかる。結局、私たちはシンタンという町で一泊するはめになったが、泊まったのは、ヘリーが以前泊まったとき部屋に三〇匹もゴキブリがいたから、できれば避けたいといっていたホテルだった。蚊帳《かや》の吊り方がわからなかったので、私はミイラみたいに蚊帳にくるまって眠った。

シンタンに着くまで、私が期待していた熱帯雨林の原生林を見ることはできなかった。翌朝、上流をめざして進んでいると、傾斜した屋根の凝った造りの建物が見えた。寺院かと思ってヘリーに聞くと、「運転免許を取るためのところ」だという。車両管理局《DMV》だったのだ。

車窓に広がる風景を眺めながら、カプアス川上流に入った最初の西洋人のことを思い出した。オランダ政府の役人だったジョージ・ミュラーは、一八二五年に着いた直後にダヤク族に首を刎《は》ねられた。公平を期するためにつけ加えると、もしマレーのスルタンにオランダの主権を認めるという条約に無理やり署名させた直後にそこを訪れなかったら、事情は変わっていたかもしれない。スルタンが彼の首に賞金を懸けたのである。

センタラムに近いセミタウ村は、最後まで先住民が守った土地で、植民地支配下に入ったのは一九一六年だった。それから一世紀近く、掘立小屋と竹でつくった配管があるだけの貧しい村にアロワナブームが押し寄せた。どっとお金が流れ込み、アスファルト道路や水道設備が整えられた。夕方、セミタウ村に着くと、アロワナ・ボルネオ・ホテルという小さなホテルがあってヘリーも私も度肝を抜かれた。アロワナのトレーダーのためにオープンしたばかりだという。ロビーにはメッカの大きな写真が二枚飾られ、売店では原油のように濃いコーヒーを売っていた。

そこに一泊することにして、その夜はヘリーが一九七〇年代に父親が初めてアロワナを買った相手に会わせてくれた。沼地の高床式の家に住んでいるハジという五〇代後半の男で、先がぴんとはねた細い口髭をたくわえ、青いサロンをはいていた。「野生のアロワナはまだいるが、このあたりにはいない」とヘリーを介して教えてくれた。「野生のほうが大きくて、きれいで、もっと赤い」が、もう四、五年見かけたことがないという。

トーメイが描いてくれた地図を見せると、ハジは中央の点を指さした。「プラウ・ムラユ（ムラユ島）」と言ってから、「イバン」とつけたした。この小さな島でイバン族が見つかると言っているのだろう。神畑氏の本に書いてあったとおりだ。

翌朝、ハジの義理の息子のものだという小さなモーターボートでヘリーと上流に向かった。川岸には低木が密集している。新しい森が生まれつつあるのだ。川岸の土手には何本もの筋がついていて、水位が低くなっているのがわかった。乾期が近づいている。ところどころに漁師の水上住宅が浮かんでいたが、彼らももうすぐ川下に移ってアブラヤシのプランテーションで働くのだろう。

ヘリーは地元の漁師から一匹もスーパーレッドを買えなかったとがっかりしていた。最近では、奥地から野生種を買い入れることが緊急課題となっている。ポンティアナックの養魚場で育てられたアロワナがどんどん小さくなっているからだ。違法な砂金採取によって養魚場が使う水が水銀に汚染されたのが原因だ。今では川底にはほとんど金は残っておらず、アロワナから得られる収入のほうが格段に大きいにもかかわらず、砂金採取は続けられている。つい二日前にも、違法採取を取り締まろうとしない警察に腹を立てて、警察署が焼き払われるという事件が起こったばかりだという。

午後早い時間にボートが川を曲がると、突然、目の前に紅茶のような色をしたセンタラム湖が現れた。北にはカプアスフル山脈の薄青い影も見える。その麓に見える水平線に打ったピリオドのような小島が、神畑氏の本に出てくるプラウ・ムラユだ。

見たときはとてもたどりつけないと思った。水位が思ったより低く、ボートが泥に埋まってしまった。それでも、最後は水の中を歩いて、ようやく岩だらけの険しい岸をのぼることができた。あたりには人の気配はまったくない。スーパーアロワナの生息地に案内してくれるはずのイバン族の姿は見当たらない。

「鼻輪をつけるから、写真を撮るといいよ」ヘリーが励ますように声をかけた。

短い坂道をのぼると、中央の丘の上に出た。島の周囲に広がる湖は青空を映して輝いている。まるで目の中に立って風景を眺めているような奇妙な感覚にとらわれた。

この島自体が生き物のようだ。地元の部族はこの島には魔力があって、枯れ枝を地面に突き刺すと、青い葉が出てくると信じているという。藪《やぶ》の中の空き地に殴り書きをした大きな岩を見つけた。神畑氏の本にあった墓標だとすぐわかった。幽霊になって現れるという王様の墓だ。

そのとき木々の間から笑い声がした。だが、超常現象ではなかった。青いブリーフをはいた日焼けしたマレー人漁師が、坂をのぼってきて、思いがけなく私たちを見つけて大笑いしているのだ。ヘリーがここに来た理由を説明し、私がニューヨークからアロワナを探しに来て、イバン族の所に案内してもらいたがっていると言うと、男は涙を流して笑い転げた。

ようやく笑いがおさまると、男はアリと名乗り、これ以上考えられないほど悪い時期にセンタラムに来たと、にこにこしながら言った。イバン族はここから数時間かかる上流の村で足止めを食っているという。舟を出すには水位が低すぎ、歩くには高すぎるからだ。

アリが指さす川上を眺めたが、それほど遠いとは思えなかった。だが、見た目より遠いのだとアリは言った。一度歩いて行こうとしたことがあるが、死ぬほどひどい目に遭ったという。そして、身振り手振りでそのときの様子を再現した。かがんでゼーゼー言ったかと思うと、目に見えない泥に足をとられ、喘《あえ》ぎながら一歩一歩進む。

何時間かかるかと聞くと、彼は急に真顔になった。冗談じゃない、ワニがいるんだと今度はヘリーに食ってかかる。そして、ワニの繁殖地がある方向を指して、大きいのがうようよ川を渡っていると言った。

たしかに、濁った湖面を見ていると、他にも何が潜んでいるかわからないと思った。アリによると、二、三年前に五〇匹アロワナを捕ったが、もう残っていないそうだ。だが、そういったそばから、毎年一月になると五〇匹捕れると言い出した。

「聞くだけ無駄だ」とヘリーが言った。「本当のことなんか言わない」

坂をくだろうとすると、アリが親しげに私の背中を叩いた。振り向くと、髭の長い魚の干物を差し出していた。全部はもらえないと言うと、ちぎって腹の部分をくれた。

丘をおりたところで、小さな釣り船でやってきたアリの家族に会った。女性が二人に子供が三人。年上の女性はＤＫＮＹのＴシャツを着てビーチサンダルを履いていた。そして、籠から自慢気にワシの足をつかんで取り出した。ワシは逆毛を立ててもがいている。なぜ逃げないのかと聞くと、笑いながら腕を伸ばして肘のところで切るしぐさをしてみせた。翼を切ってあったのだ。

私たちはしばらくその場に立って塩辛い魚を嚙みながら、弱々しく鳴くワシを眺めていた。羽は栗色で、頭は足を結んである糸と同じ白だった。ニューヨークに戻ってからも、元は野生だったこの鳥のことが頭を離れなかった。見つけられなかった野生のアロワナと同じように。

第2部

既知の世界の縁で

6章　野生のアロワナに魅入られて

ニューヨーク

魚崇拝の歴史は古い。一九〇五年、スペイン南部にあるピレタ洞窟で肥料にするためにコウモリの糞を集めていた農夫が、先史時代の壁画に描かれた魚を発見した。一・五メートルほどの「大きな魚」は、一万八〇〇〇年ほど前に描かれたオヒョウと考えられている。文明の黎明期には、シュメールのパンテオンに半神半魚の聖人アダパが祀《まつ》られ、ペルシャ湾から歩いてきたと信じられていた。紀元前二五〇〇年ごろにアッシリア人が勢力を握ると、「上半身は人間、下半身は魚の海の怪物」（後年のジョン・ミルトンの描写）ダゴンが崇拝された。だが、海の生物に対する敬意の物的証拠を後世に大量に残したのは古代エジプト人である。

大英博物館の古代エジプトコーナーには、クレオパトラの像やロゼッタ・ストーンのほかにも数多くの遠い昔の遺物が展示されている。隅のほうにある小さなガラスケースの前で私は釘づけになったことがある。一五センチほどの箱に入っているのは、ぐるぐる巻きにされた親指のようなものだ。こんな表示が出ていた。

彩色された棺に納められた魚のミイラ
プトレマイオス朝もしくは古代ローマ時代、紀元前三〇五年以降

古代エジプト人は大量の魚を防腐保存し、しばしば自分たちと同じ石棺に収めて、海辺の墓地に埋葬させた。大英博物館の洞窟のような広い地下のアーカイブを案内してもらったことがあるが、案内役の考古学者は人間のミイラを大量に納めた倉庫の前を通り過ぎて、引き出しからヘビや魚を取り出して見せてくれた。どれも原形はとどめておらず、剝がれかけた布にくるまれたミイラがガラス瓶に入っているだけだった。古代人にとって、ヘビや魚は神に祈りを届けてくれる大切な仲介者だったのである。

魚を「存在の偉大な連鎖」の中で人間より下位に位置づけたのは、古代ギリシャのアリストテレスである。この偉大な哲学者は、論理学、倫理学、形而上学、政治哲学といった分野で西洋思想に多大な貢献をしたが、魚に関する彼の記述が取り上げられることはあまりない。だが、実際には、魚に関する多くの考察を残しており、史上初の生物学者として、生命科学者として、近代世界に計り知れない影響を与えている。彼の最大の労作、全一〇巻の『動物誌』（邦訳は一九九八年、岩波書店刊）は今日では顧みられることはほとんどないが、その中で、アリストテレスは複雑さを基準にして生物を分類し、「自然の階梯」に位置づけた。

アリストテレスが『動物誌』を著したのは、紀元前三四七年に師のプラトンが死去したあとでレスボス島に移住してからだ。アカデメイアに残れなかったアリストテレスは、アテネの政界を離れ、

この美しい島で自然研究に没頭した。日中は青緑色に輝く砂州の浅瀬で過ごし、ボラ、サメ、ハゼ、メバルを観察して過ごした。さまざまな発達段階にある半透明のイカの胚《はい》を調べて遺伝の謎に驚嘆し、親から子にただ物質が伝えられるのではなく、組織的媒体――今日でいうＤＮＡ――が働いているのだと結論づけた。

アリストテレスの師であるプラトンは創造説支持者で、神が宇宙を創造し、罪人を罰するために動物に替えたと考えていた。軽薄な人間は鳥に、愚か者はヘビに、そして、もっとも無知な人間は魚に替えられた、と。しかし、アリストテレスは創造主の存在を信じず、自然そのものが神聖で不変だと考えた。「生物学への誘い」という一節で、彼は天国を研究するよりも地上のもっとも下等な生物を調べるほうが深遠で重要だと主張している。「すべて自然のものには驚嘆すべきものがあるからである」と書いている。「他の動物の研究を価値のないものと決めつけるための研究だと考える人間がいるとしたら、同じことが自分に当てはまると考えるべきだ」ここには近代生物学の萌芽が見られる。だが、その後二〇〇〇年間、その芽は注目されることがなく、科学は迷信の時代に入っていった。

古典時代が終わると、想像上の怪物や大海ヘビが博物学の本の挿絵に登場する時代が続き、一六世紀に入ってようやくルネッサンスの思想家たちが、文化的覚醒の一環として、百科事典的概論を量産し始めた。だが、アリストテレスが動物を関連したグループに分類しようとしたのに対して、彼らはただ動物の名前を列挙しただけで、しかも、そのリストは短いものだった。一七〇〇年代初めになっても、ヨーロッパの博物学者が知っている動物は数百種にすぎず、そのうち魚はたった一五〇種だった。そのうえ、難解な学名をつけて、同じ種を別の名前で長々と記載したりしたために、その数もはっきりしなかった。

こうした混乱状態に秩序をもたらした啓発指導者が、スウェーデンの博物学者カール・リンネである。彼は自然界（動物、植物、鉱物）をまず綱に分け、さらに目、属、そして種に分類した。最大の功績は二名法――種に二つのラテン語から成る名前をつけたことで、この命名法は現在でも使われている。ひとつめは属名（たとえば、人間の場合では「ヒト」を意味する「ホモ」）、二つ目は種名である（「賢い」を意味する「サピエンス」）。リンネ以前には、やたらに長い覚えにくい名前が付けられることが多かった。一例をあげると、大西洋タラはガドゥス・ドルソ・トリプテリギオ、オーア・キラト、コルポレ・アルビカンテ、マクシラ・スペリオレ・ロンギオーレ、カウダ・パルム・ビフルカ（三枚の背鰭、髭のある口、長い上顎、わずかに二股に分かれた尾を持つタラ、の意）。リンネはこれをガドゥス・モルフアに縮めた。

やがて、リンネは創造物を秩序立てるために神から選ばれた存在と自負するようになった。近代の自然征服に特徴づけられる人類の不遜さの原形と言えるかもしれない。「これ以上優秀な生物学者あるいは動物学者であることを実証した人間はほかにいない」と彼は五冊ある自伝の中で書いている。「科学全体を徹底的に改革し、それによって新時代を拓いた人間はほかにいない」気負った表現をしているのは、この主張ができる別の人物の影を感じていたからかもしれない。

皮肉なことに、私がその別の人物の存在を知ったのは、ロンドン・リンネ協会を訪ねたときだった。一七八八年に創立されて現在も活動しているこの世界最古の生物学の学術機関は、王立美術館の隣の石灰岩でできた立派な建物の中にあり、正面ホールには「リンネが使っていたとされるペンシルケース」といった遺品が飾られている。図書室に鎮座するリンネの小さなブロンズ像が聖堂のような雰囲気を盛り上げ、来館者がその像の足元に花を供えていた。リンネの魚に関する著作を見たいと頼むと、司書の顔から笑みが消えた。「リンネはぬるぬるしたものは嫌いでした。魚が最愛の対象でなかったのは明らかです」

そう言ってから、リンネにはピーテル・アーテディという友人がいたと説明してくれた。二人が出会ったのは一七二九年、どちらもストックホルム郊外にあるウプサラ大学の学生だった。まだ大学のカリキュラムに博物学がない時代に二人は博物学にかける情熱で結ばれていた。競い合わずにすむように二人は生物界を二分した。リンネは植物（彼の最愛の対象）、鳥、昆虫を選び、アーテディはぬるぬるしたもの——魚（アーテディの最愛の対象）、カエル、爬虫類を担当した。毛で覆われた動物（まだ哺乳類という言葉はなかった）は分担することにした。さらに、どちらかが夭折《ようせつ》したら、残ったほうが故人の著作を出版するという約束もした。

アーテディはリンネより二歳年上で、周囲からはリンネより優秀と目されていた。分析力に優れ、労を惜しまないアーテディは、何日も一匹の魚の上にかがみこんで、鰭や鰭条《きじょう》や脊椎を何度も数え直し、頭や体、鱗、目、鼻孔、舌などあらゆる部分を詳細に記述した。こうした徹底した研究から、近代的な魚類学、さらには、動物学の基礎が築かれ、その多くの手法が今日でも使われている。

一七三五年、リンネとアーテディが出会ってから六年半が過ぎ、二人はオランダ人富豪の個人コレクションを分類するためにオランダに移った。九月末のある月のない夜、アムステルダムにある富豪の屋敷で開かれた晩餐会に出たアーテディは、少し離れたアパートまで歩いて帰った。通い慣れた道だった。だが、翌朝、運河にあおむけに浮かんでいる彼の遺体が発見された。コートを着て帽子も鬘《かつら》もつけていたが、片方の靴がなくなっていた。頭に打撲傷があったので、土手で石につまずいて転んだのだろうと推測された。

魚類学者のセオドア・ピエッチはその点について想像をたくましくしているが――以上の話は彼が書いた歴史小説『*The Curious Death of Peter Artedi*（未訳：ピーテル・アーテディの奇妙な死）』で語られている――リンネがアーテディの死に関与した証拠はなかった。しかし、リンネが優れた着想の多くを亡くなった友人から得たのではないかと推察しているのはピエッチだけではない。アーテディは死の直前に労作『魚類学《イシオロジカー》』を脱稿していた。リンネは友人との約束を守って遺作を出版したが、それまでに二年半かかっている。その間に自著を一〇作出版して、あらゆる生物に関する分類学の父という定評を確立したが、彼の分類体系はアーテディが考案した分類構造に酷似している。

七〇歳まで生きたリンネは、敬愛される学者として最後の数年を過ごし、彼が「使徒」と呼ぶ学生たちを世界中に派遣して新しい種を探させた。その一九人の若者のうち六人が探索の旅の途上で亡くなっている。ひとりはセネガルで斬殺され、もうひとりはロシアの大草原で喉をかき切られた。最初に非業の死を遂げた学生はアジアでマラリアに罹《かか》ったのだが、旅の目的は生きた金魚を手に入れることだった。当時、ヨーロッパの王侯貴族の間では金魚は珍しい魚として需要が高かったのである。

魚のために命をかける、少なくとも、魚が大きな誘引となった時代だった。大発見時代は一八世紀から二〇世紀にかけて二〇〇年以上続いたが、その間に探検の目的は未知の国を地図に載せることから、未知の国の動植物を分類することへと変わっていった。みずから実践するというロマン主義精神に影響を受けた博物学者たちは、網やガラス瓶やピンや採集箱を携えて出かけてゆき、その二〇〇年間に既知の動植物種を約一〇〇倍に——一七五八年にリンネが記載した四一六二から、一九世紀後半には四一万五六〇〇まで増やした。

現在の観賞魚の世界にも、まるでこの時代に先祖返りしたような人物がいる。その最たる例が、ドイツの有名な新種探究家ハイコ・ブレハ——私がアクアラマで会った人物だ。ハイコは一九世紀、厳密に言えば一九世紀初頭の科学が専門化する前の時代から抜け出してきたような人物である。当時、アマチュア博物学者は、冒険の旅をする放浪の騎士のような存在だった。

敵が多いところも似ている。好かれるか嫌われるかの両極端で、愛憎半ばする気持ちを抱いている人もいるようだ。そして、なによりもハイコには独特の時代錯誤的な魅力があった。大胆不敵な冒険家にして人当たりのいい異端者だ。彼ならワニの繁殖地があるからといって足を止めたりしないと私は確信していた。野生のアロワナに会わせてくれるのは彼しかいない。

といっても、ハイコに再会する当てがあったわけではない。ボルネオから帰国したあと、私は夏中アロワナのことを頭から追い出そうとした。だが、忘れられなかった。スーパーレッドの生息地にたどりつけなかったという悔いが、途中で罹った赤痢に劣らず私を苦しめた。赤痢は島でもらった干魚の腹が原因だろう。しかも、野生のアロワナを見たい一心で日程を延長したせいで、大回りして帰国することになり、もう少しで結婚披露宴に出られなくなるところだった。私自身の結婚披露宴である。

実は、その六ヵ月前の凍えるような一二月の夜、私はマンハッタンのユニオン・スクエアのレストランで結婚式を挙げた。赤鈍色《あかにび》の厚いカーテンがかかった、凝ったデザートを出す店だ。フィッツパトリック警部補にクイーンズのオフィスで初めて会ったのと同じ週だったから、その時点ではアロワナを追うなどとは夢にも思っていなかった。だから、ジェフ（新郎）は新婦が観賞魚に興味などないと信じていたはずだ。

結婚式は近親者だけの内輪の式だったが、披露宴はそれより大きな集まりだった。六月にはデラウェア州ウィルミントンにある両親の石造りの家の裏庭に球根の花が咲きそろうので、そこで披露宴を開くことにしていた。それなのに、私はぎりぎりまでボルネオにいたから、もし乗り継ぎの飛行機が一便でも遅れたら、ジェフは私の一九人の伯父や伯母に熱帯魚のせいで妻が出席できなくなったと説明するはめになるところだった。

一日の余裕をもってアパートに倒れ込んできた私を見たときの彼の顔に浮かんだ安堵の表情が忘れられない。カウチに寝そべっていた黒髪の男を見たとたん、胸のしこりがほぐれていくのを感じた。アクアラマで優勝したコイの大きなポスターを私の手からひったくって、ジェフが両腕で抱き締めてくれた。それから、体を引いて、驚いたように眉をあげた。「ずいぶん痩せたね」そのとおりだった。私は型破りだが、効果抜群のウエディング・ダイエットをしたのだ。世界一高価な観賞魚を憑かれたように追いかけるという方法で。

家に帰れたのはうれしかったが、やり残した仕事をボルネオに置いてきたような気がしてならなかった。疲れ果てて朦朧とした頭で、私は二五階にある部屋でリスのように体を丸めて寝そべりながら、首狩り族のことや、スーパーレッドの生息地のすぐ近くまで行ったことをとりとめもなく話し続けた。窓の外には、エンパイアステートビルの尖塔がなだめるようにまたたき、街の灯が広がっていた。

目が覚めたときは真っ暗で、ぐっしょり汗をかいていた。心臓がどきどきして、自分がどこにいるのか、何をしているのかわからなかった。落ち着いて考えてから、ここは沼地で、大型ボートに乗って黒い水の上にいるのだと思った。隣にいる男は誰かしら？　掛布団をゆっくり上下に動かしている塊に見当がつかなかった。長い間、私は息を潜めて見つめていた。それから、おずおず手を伸ばして輝く黒い水面に触れてみた。冷たい堅い木が指先に触れた。突然、一滴のインクが水面に広がるようにすべてがよみがえってきた。

「ジャングルで何かあったの？」披露宴の夜、母が眉をひそめながら私を見て言った。実際には、私ではなく、私の髪を見ていたのだろう。その前日の午後、披露宴のために美容院に行ったとき、衝動的に染めてしまったのだ。私は生まれつき金髪だが、そのときは自分の新しい面を見せるために色を変えたほうがいいと思い込んでいた（今になって思うと、私が選んだのはスーパーレッドと同じ鮮やかな赤だった）。だが、鏡を見て、あわてて脱色してもらった。その結果、私の髪はオレンジがかったオランウータン色になった。母はそれを暗にとがめていたのだ。

帰国してから、旅の疲れがどっと出た。ボルネオにいる間はあまり眠れなかった。片方の耳にはゴキブリよけに耳栓をしていたが、もう片方の枕に当たるほうの耳では、眠っている間も周囲を警戒していた。そうしなければならない状況だったのだ。アロワナの生息地にたどりつきたい一心で深く考えないようにしていた脅威は――イスラム教のテロリスト、フィッシュ・マフィア、首狩り族――やはり現実のものだった。帰国してから二週間後、ジャカルタで私が泊まったホテルの近くにあるザ・リッツ・カールトンホテルとマリオットホテルで、アルカイダ系のテロリストグループ、ジェマ・イスラミアによる自爆テロがあり、朝食中だった食堂で七人が死亡し、五〇人が負傷した。マレーシアでは、窃盗団に待ち伏せされた養魚家が二〇〇匹のアロワナを奪われ、頭に五針縫う怪我をした。何より不気味だったのは、首狩り族が人肉を焼いて食べたという事件だった。ボルネオでヘリーから聞いたとおりだ。

ジャングルで何かあったのかという母の問いには、特に何もなかったと答えるしかなかった。魚を見つけられなかっただけ。ポイントZ（アルビノのアロワナ）から、ポイントA（野生のアロワナ）に到達できなかった。人工繁殖されたアロワナから、自然の中で産卵するアロワナにたどりつけなかった。それだけだ。だが、私はもう以前の私ではなくなっていた。酸っぱいものばかり食べ続けて中毒になったみたいに、また食べたいという衝動を抑えられなかった。あと一口、あと一口と諦めきれず、やがて酸っぱい果実を食べ尽くしてしまうのだろう。あの島でイバン族に会うことさえできたら、スーパーレッドの生息地にたどりついて野生のアロワナを見られただろうに。あと一歩というところでチャンスを逃したのだ。

7章　探検家たち

ニューヨーク

翌月の七月には悪夢もやわらぎ、私は気持ちに整理をつけてアロワナから次に進めるはずだった。もし思いがけなくハイコからメールがなかったら。オーストラリアの奥地からイタリア郊外にある自宅に帰った彼は、またすぐテヘランに飛んで、観賞魚に関する一連の講義をすることになっていた。ハイコはイランが大好きだ。誰もが観賞魚に高い関心を寄せているからだが、これはコーランの戒律で犬を飼うことが禁止され、猫も飼いにくいからだろう。中東からロサンゼルスで開かれる魚類の大会に出席する予定だが、ニューヨークで飛行機を乗り継ぐ間が五時間あるという。「エスプレッソをごちそうしてもらえないか」と、待ち合わせにニューヨーク水族館を指定してあった。エスプレッソと聞いてまず思い浮かぶ場所ではなかった。

ニューヨーク水族館はブルックリン南端のコニー・アイランドにあり、私の家からは地下鉄で一時間かかる。ハイコを空港で出迎えて水族館に行き、乗り継ぎに間に合うように戻ってくるには車が必要だ。だが、私は都会ではめったに運転しない。しかたなくハイコが到着する一週間前にカーシェアリングで車を借り、ジェフに同乗してもらって約五〇キロの行程を試運転してみた。そして、当日の木曜日にはレンタカーでグランドセントラル・パークウェイを慎重に走り、ＪＦＫ空港の一時駐車場に車をとめて、国際線到着ロビーにハイコを迎えに行った。

最終的には私はハイコを待つ達人になるのだが、この本を書いている時点までに彼とは四ヵ国で待ち合わせた。ヤンゴンの埃っぽい暑い路上で怪しげな僧侶につきまとわれながら一〇日間待ったことがある。ニュルンベルクで開かれたペットエクスポでは、ハイコがすぐ戻ってくるからとブースの番を私に押しつけ、そのまま別の町に行ってしまった。ボゴタで待っていたとき、やけに体がふらつくと思ったら地震だった。イタリアの田舎町の鉄道の駅で待っていたときには、太陽が昇り、やがて沈むのを見たが、その間ずっと近くにあった公衆電話が鳴り続けていた。親切なアフリカ系の女性がチョコレートアイスクリームをくれたことがあった。私はチョコレートに軽いアレルギーがあるのだが、礼儀に反しないように食べた。手のひらに蕁麻疹《じんましん》が出たのは、チョコレートのせいか、ハイコを待ち続けたストレスのせいかよくわからない。

だが、ＪＦＫ空港でレンタカーのキーをぶらさげて待っていたときは、そんなことになるとは夢にも思わなかった。それに、このとき遅れたのはハイコのせいではなかった。飛行機が一時間遅れたうえ、手荷物検査か税関で足止めを食ったのだ。結局、すぐそばまで来ていたのに、四〇分ほどの間、人混みの中で彼の黒いつば広帽がいらだたしげに揺れているのをガラスドア越しに眺めるはめになった。

幸い、このときは本を持っていた。アクアラマでハイコからもらった彼の母の伝記だ。シンガポールでもらって以来、開くのは初めてだったが、ひたむきな目をした四〇代の金髪の美女の写真に目を奪われた。黒いピルケースハットに飾った白い羽根が頬にかかっている。

「本書は細部に至るまで真実であり、冒険心に富んだアマンダ・フローラ・ヒルダ・ブレハの物語である」とハイコは序文に書いている。彼の説明によると、この本は一九五〇年代のアマンダの探検を描いたもので、当時、彼女は世界一高価だった熱帯魚、ディスカスを探し求めて、八歳（ハイコ）、一〇歳、一二歳、一四歳の四人の子供を連れてアマゾンに渡った。そして、大胆にもマト・グロッソ（深い森という意）の奥地に入った。マト・グロッソはブラジルの州で、フランスとイギリスを合わせたよりもっと広い。アマゾンの熱帯雨林にかつて偉大な文明が栄えていたと信じて一九二五年に探検にいったパーシー・フォーセット大佐を呑み込んだ一帯である。彼の探検を描いたデイヴィット・グランの『ロスト・シティZ』（邦訳は二〇一〇年、NHK出版刊）を読んだばかりだったので、私はその後フォーセットを探すために一三回も探検隊が奥地に入り、推定一〇〇人の隊員が死んだことを知っていた。正気の人間なら、そんなところへ四人も子供を連れて行くだろうか？　アマンダ自身が「毎週のように誰かが跡形もなく消える……荒々しい先住民が住んでいて、マラリアやチフスやハンセン病が猛威をふるい、川にはワニやピラニア、毒針を持つアカエイやデンキウナギがうようよいる」と記しているような場所へ。

一九一〇年にフランクフルトで生まれたアマンダは、幼い頃母を亡くし、父のアドルフ・キールに育てられた。ダチョウの卵のような体つきでチョビ髭を生やしたキールは、一八八〇年代に観賞魚取引を始めた。アマンダは娘時代から父の仕事を手伝って水生植物の栽培を手がけていたが、二八歳のとき、食肉加工業者のルードヴィッヒ・ブレハと結婚した。四人の子供に恵まれ、末っ子のハイコは一九四四年一〇月一八日にフランクフルトの防空壕で生まれている。連合軍がフランクフルトを制覇した年だ。ナチス陸軍に所属していたルードヴィッヒはフランスで捕らえられ、アメリカ軍の捕虜収容所に収容された。一九四六年には帰国できたが、その頃には人が変わったように些細なことで癇癪《かんしやく》を起こす男になっていた。アマンダは離婚を決意し、四人の子供を引き取って、ペットビジネス（ハイコによれば、「世界初の動物の通販会社」）を始めた。ペットといっても珍獣専門で、獰猛なナイルワニを子供たちのために取り寄せたこともあった。一九五〇年には、ミュンヘンで駐車していた車から毒ヘビを八〇匹入れたトランクを盗まれて、一躍有名になった。中身に気づいた泥棒がトランクを路上に捨て、偶然見つけた子供たちがヘビと遊んでいたからだ。その事件のあとマスコミはアマンダを「ターザンの心臓を持つ女」と評し、「彼女の暮らしぶりは扱っている観賞魚のように毒々しいほどカラフルだ」と書いた。

「チャオ」ようやくハイコが税関から急ぎ足で出てきた。タイトなジーンズに先のとがった靴、ゆったりしたボタンダウンのシャツを着て、革鞄を肩にかけている。私の両頬にキスすると――髭がココナッツの殻のようにちくちくした――乗継便が二時間早くなったと言った。ニューヨーク水族館まで行くどころか、空港のカフェでエスプレッソを飲む時間もない。ハイコは手を振って私に駆け足でついてくるように合図すると、空港を横切りながら、ロサンゼルスで出迎えてくれる人にメールして到着時間を知らせてほしいと頼んだ。そして、もう一度「チャオ」と言うなり行ってしまった。大急ぎでセキュリティチェックをすませている。彼の黒い帽子が遠ざかっていくのを眺めながら、私は回転ドアの反対側に取り残された。

焼けつくようなレンタカーに戻り、エンジンをかけてエアコンの熱風を顔に当てた。それから、またアマンダの伝記を読み始めた。

一九五三年、四〇代初めだったアマンダは、ディスカスを求めて二年以上アマゾンを西に移動した。その間にアマンダも子供たちもマラリアや赤痢に罹り、ハイコの頭皮には毒虫に嚙まれた跡が今でも残っているそうだ。ハンセン病が猛威をふるう村で足止めされ、吹き矢を持った裸の先住民たちに追いかけられ、アンデスでバスの転落事故に遭った。そのときの怪我がもとでアマンダは終生杖が手放せなかった。ブラジルの熱帯雨林で素晴らしい野生動物に接することはできたが、残念ながら、追い求めていたディスカスは見つけられなかった。アマンダによると、末っ子のハイコは感受性の強い子供で、捕らえられたピューマを見て泣いたという。「ハイコはピューマを放してやりたかったのだろう」と彼女は語っている。「でも、ピューマの苦しみを私が本当に理解できたのは何年も経ってからだった」

一九五五年にはいったん帰国した。だが、フランクフルトに戻った直後にアマンダは「偽証に基づいてスパイの汚名を着せられ」、東ドイツと観賞魚取引をしていた罪で収監された。

水槽の中の魚のように独房を歩きまわっていたという三年間に関する記述には、どこか不可解なところもある。子供たちは自活を余儀なくされ、収監されていたアマンダに父のアドルフ・キールの死が伝えられた。「父はボイラー室の階段から落ちたのかもしれないし、突き落とされたのかもしれない」とアマンダは語っている。

一九五八年に釈放されると、アマンダは永遠にドイツを離れる決意をした。全員一〇代になっていた子供たちを集めてブラジルに向かい、リオ郊外で観賞魚と水生植物の輸出会社を興した。そして、その後三〇年以上リオで暮らし、八一歳の誕生日を目前にして一九九一年に亡くなった。

空港であわただしく会ってから六ヵ月後、ハイコからメールが届いた。特別会員となっている探検家クラブの年次記念晩餐会が三月にニューヨークで開かれるので出席するという。晩餐会のあとで食事をしようという誘いを私は即座に受けた。アロワナについて彼に聞いてみたいことがたくさんあったからだ。

「実は、八五六回目の探検旅行をすませたばかりなんだ」マンハッタンのミッドタウンで寿司をつまみながら、ハイコは得意そうに顎髭を撫でた。「探検家クラブでも誰も信じなかったがね。これだけの探検をこなしたメンバーはひとりもいない」（あとで計算してみたら、生まれてから毎月二回以上探検に出ていることになる。そんなことが可能だろうか？）

「探検家は今や絶滅危惧種だということ？」

「そのとおり」ハイコは深刻な顔でうなずくと、熱燗《あつかん》を黒い漆塗りのカップに注いだ。この年の探検家クラブの総会のテーマは宇宙だったという。他の星のことを心配する前に自分たちの惑星に注意を向けるべきだと彼は言った。「それはともかく」と、カップを掲げる。「乾杯！　会えてうれしいよ」

今回はコロンビア領アマゾンの奥地から戻ったばかりだった。アクアラマで会ったとき、いっしょに行こうと私を誘ってくれた探検旅行だ。現地にいる間に五〇〇種の魚を記載したが、少なくともその一割は学界に知られていない。その中には新種のディスカスも含まれているという。私はどう判断していいかわからなかった。

噂に聞いたところでは、ハイコは二〇〇八年に生物資源《バイオピラシー》の窃盗で逮捕されて以来――複数の標本を許可なく国外に持ち出そうとしたとされている――ブラジルでは歓迎されず、やむなくゲリラが跋扈《ばっこ》するコロンビア経由でアマゾンに入っているという。コロンビアでは、遭難しても捜索隊を要請しないという旨の誓約書に署名させられたそうだ。「生きて戻れないほど危険な一帯だと軍の連中はいつも言うが、とんでもない大嘘だ」と彼は言った。「あれだけ平和なところは他にない。なにしろ、人間がいないんだから。先住民にも出遭わなかった。原生熱帯雨林に野生動物がいるだけだ。毎晩、野宿した。天国だったよ」

「家に帰ることはあるの?」ミラノ郊外にある一九世紀風のハイコの家を思い浮かべながら聞いてみた。

「今年ほど頻繁に家に帰るのは初めてだよ」そう言うと、彼はサケの刺身を飲み込んだ。「妻が妊娠中でね。もうすぐ初めての子供が生まれる」

ハイコは華やかな女性関係で有名だったが、私と同じ頃に結婚していた。私の父より一歳年上のハイコが六五歳のときで、三〇歳で結婚した私は彼の妻より一歳年下だった。妻のナターシャは、ウズベキスタンでハイコと出会ったときはまだ一〇代の大学生で、彼の通訳をつとめたのがきっかけだった。家庭人としてのハイコを想像しようとしたが、うまくいかなかった。家庭でペットを飼うのも嫌いで、人に馴れた間抜けな生き物には耐えられないと言っていた。子供の頃には野生動物と暮らしていて、可愛がっていたカワウソは毎日アマゾンで魚を捕ってくれたという。だが、ある日、先住民に毒殺されてしまった。そのときの悲しみは一生消えないと言っていた。

「三メートルもあるボア・コンストリクターと毎晩いっしょに寝ていた時期もあった」とも聞いた。「夜はぜったい糞をしないんだ。すごく利口なヘビだった」それでも、知性の点ではオマキザルには及ばないという。「こいつは四ヵ国語が理解できた。指示すると、いつもそのとおりにやった。ハンマーと釘を渡すと、板に釘を打ちつけた。石鹸を渡して服を洗えというと、ちゃんと僕の服を洗った」そういうペットが家にいたら便利だろう。

これまで一年のうちせいぜい六週間しかイタリアの家で過ごさなかったハイコが、家庭に落ち着くという新たな体験をする。夏には子供が生まれるから家にいるつもりだと彼は言った。「探検は秋からになるな、年内に四、五回。そのうち三回はアマゾン流域と決めている。あとはエクアドルと、それから、イランにも。また招かれているから。できればアフリカにも……」

私は箸を握った手を宙に浮かせたまま、次々と飛び出す目的地を聞いていた。いったい、この男は何者だろう？　世界でただひとり血液中にマラリアの四種類の病原体（マラリア原虫、三日熱マラリア原虫、四日熱マラリア原虫、卵形マラリア原虫）を持っていると豪語する男は？　テーブル越しに手を伸ばして、本当にこの世に存在しているのか突いて確かめたくなった。だが、そうするかわりに、ナプキンにボルネオの地図を描いて、スーパーレッドの生息地と思われるところに星印をつけて押しやった。「この湖に行ったことがある？」

「ある」ハイコはあっさり答えた。「八〇年代のことだ。少なくともこの二〇年は行っていない」

「アロワナを見た？」

「ああ」

「大きい？」

ハイコは肩をすくめた。「二、三日いたら見られるさ。水面からジャンプするのが。アマゾンみたいに」

「もういないかもしれないんでしょ」

「そう言われているが、どこを探すか次第だ」

私はペンでテーブルを叩きながら、何から聞こうかと思案した。まずは、誘拐されたという日本の観賞魚輸入業者のこと（ハイコはその男は観賞魚の世界から姿を消したと言った）。アロワナ・コンテストは八百長だと言われていること（「もう気づいたかもしれないが、フィッシュ・マフィアどころか連中は本物のマフィアだよ。僕はまだ信じたくないが」）。最後にひとつ話題が残った。東南アジアで繰り返し聞かされたことだ。ワシントン条約そのものがアジアアロワナの法外な価格の原因ではないかという疑問である。だが、この魚をめぐる強欲な取引や汚職を考えれば、約三万五〇〇〇種の保護を目的とした先駆的な環境保全協定を非難するのは筋違いのような気がする。ハイコは一笑に付すか、あるいは、怒り出すかもしれない。私はそれほど彼の反応を期待していたわけではなかった。

時差ボケと日本酒のせいでどんよりしていた彼の目が険しくなった。「動物保護なんて必要ない」彼は言い切った。

ハイコに言わせると、ある種を贅沢品に仕立て上げ、それによって絶滅に追い込む手っ取り早い方法は、その種の公式保護を宣言することだという。ブラジルに住んでいた少年時代、毎朝目を覚ますと、灰色の頭をした青いインコが何万羽も木に止まって日向ぼっこをしていた。あまりにもたくさんいるので空が暗くなるほどだった。だが、現在は絶滅してしまった。「どうしてだと思う？」ハイコは言った。「一九七五年に保護リストに載せられたからだ」

このインコは「スピックスのコンゴウインコ」（アオコンゴウインコ、学名キアノピシッタ・スピックイ）だ。一八一九年にこのインコを採集したドイツの博物学者、ヨハン・バプチスト・フォン・スピックスにちなんで名づけられた鳥で、彼はブラジル北東部のサン・フランシスコ川岸でこのインコを見つけたあと、さらにアマゾン上流に進んで、それまで知られていなかったアロワナを発見した。一九七五年にこのインコはアロワナとともにワシントン条約附属書Iに載せられ、国際取引停止勧告を受けた。アロワナの市場が爆発的に広がると、裕福なコレクターはスピックスも競って手に入れようとした。その結果、一九九〇年には野生のアオコンゴウインコは世界に一羽しか残っていなかった。二〇〇〇年一〇月五日にブラジルのバイーア州で目撃されたのが最後である。「ヴォーチェ・ヴィウ・エスタ・アラリンハ？（このインコを見ましたか？）」というポスターがブラジル全土に配布され、目のまわりの皮膚が黒っぽいので、まるで怪傑ゾロのように見えるインコの写真が人々の目に触れた。現在、生き残っている一〇〇羽足らずのアオコンゴウインコはすべてが飼育されており、その大半をカタールの首長が所有している。ハイコの目から見れば、この鳥の絶滅はワシントン条約に載せられたせいだ。彼は二〇〇六年に出版された『ブレハのディスカス第一巻』の中でこの鳥の悲しい運命に触れて、「どんなものでも『保護される』と瞬く間に消えてしまう」と結論づけている。

もちろん、これは極論だろう。アオコンゴウインコはすでに一九五〇年代に激減しており、乾季が八ヵ月も続く熱帯乾燥林に棲んでいたことが判明している。無数のアオコンゴウインコを見たというハイコの回想に疑問を抱く専門家は多いが、その一方で、保護されたために絶滅したと結論づけるのはハイコひとりではない。保護主義者の中に同調する人々がいて、「ワシントン条約に記載されたことが裏目に出て需要を押し上げた」として、このインコを例にあげている。

スーパーレッドも同じ運命をたどったのだろうか？　アジアアロワナも自然界から消えてしまったのだろうか？　それとも、保護条約が功を奏したのか？　私はもう一度ボルネオに確かめに行きたいという思いに駆られた。その翌年の三月、ハイコが探検家クラブの二〇一一年記念晩餐会に出席するためにまたニューヨークを訪れる前に私はそのための計画を立てていた。

ハイコから聞くまで探検家クラブのことは知らなかった。調べてみると、一九〇四年にニューヨークで創設された団体だったが、発足当時からもっぱら過去のロマンに囚《とら》われていたようだ。歴代の会員名簿を調べてみると、次第に極端になっていく二〇世紀の探検がどういうものだったかがわかってきた。初期の会員には、ロバート・ピアリーとフレデリック・クック——二人とも自分が最初に北極点に到達したと主張した（実際にはどちらも到達していない可能性もある）——初めて南極点到達に成功したロアール・アムンセンもいる。一九五〇年代には、エドモンド・ヒラリーとチベット人シェルパのテンジン・ノルゲイがエベレスト初登頂に成功している。一九六〇年代には、ニール・アームストロングとバズ・オルドリンが月面を歩き、ジャック・ピカールとドン・ウォルシュが世界で最も深い海、マリアナ海溝の水深約一万一〇〇〇メートルの海底に到達した。この深さになると水圧は一平方センチあたり一〇〇〇キロ以上になるが、二人はバチスカーフ（深海観測用潜水艇）が海底の泥に触れた瞬間、平らな魚の群れを驚かせたことに驚嘆した。

現在、探検家クラブには世界六〇ヵ国、約三〇〇〇人の会員がいる。そして、毎年三月に一三〇〇人ほどがニューヨークのウォルドーフ・アストリアホテルの大宴会場に集まって、盛装の晩餐会が開かれる。一〇七回目に当たる二〇一一年の年次総会では、宇宙をテーマにした講演のあと、二〇一二年一二月二一日に世界が滅びるというマヤの予言が紹介された。私が会場に着いたのはカクテルアワーだったので、豪華な階段をのぼると、談笑する出席者をかきわけてハイコを探しながらバーに向かった。その夜は、シトラスジュースにラム酒とニガヨモギを混ぜた「ゾンビ」が供された。本年度の栄えある探検家クラブ賞を受賞したカナダの人類学者ウェイド・デイビスに敬意を表したカクテルである。デイビスは一九八〇年代に死からよみがえったというハイチのゾンビについて調査している。そして、ブードゥー教の呪術医が干したフグから取った神経毒を使って昏睡《こんすい》状態に陥らせていたと結論づけた。

ジョンと名乗ったバーテンダーは、この晩餐会場で二八年働いていると言った。昔はエキゾチックなオードブルが出せたのにと悔やんだ。「サソリとかゴキブリ、動物の生餌にする幼虫とか。マティーニにはオリーブの代わりに子羊の目玉を使っていたんですよ」なぜ出せなくなったのかと聞くと、動物愛護団体がうるさいのだという。「ゴキブリを殺してもいいが、食べてはいけないと言ってね」と、無念そうに首を振った。

実際には、事情はもう少し込み入っている。探検家クラブでは長年エキゾチック・アニマルを食してきたが、この慣習は少なくとも古代ローマまでさかのぼり、当時は特にキリンが好まれていた。一九世紀に博物学に対する関心が高まると、この慣習が復活した。一九〇四年には探検家クラブの晩餐会のメニューにホッキョクグマのローストが、一九七八年にはゾウのシチューが載っていた。しかし、自然を支配することから「保護」へと時代が移るにつれて、希少動物を食用にするのは問題になってきた。一九八〇年代半ばには、当時世界野生生物基金の総裁だったイギリスのフィリップ殿下が、クラブでは過去にカバやライオンのステーキを食べていたと知って脱会している。

この伝統が完全に消滅しなかったのは、生物学者で農場経営者、猛獣ハンターでもあるジーン・ルルカが一九九〇年代に入会して「エキゾチック会長」を買って出たからだ。彼の差配下でビーバーのマリネ、ヤギの睾丸《こうがん》、カンガルーの脚、仔牛の眼球のフリッター、ワニの肉、アンテロープの燻製《くんせい》、ハトのパテといった特別料理が復活した。絶滅危惧種は提供されなくなったが、ルルカ自身はアフリカゾウを仕留めて食べたこともあり、美味だったと語っている。時代の変化に従って「持続可能な」エキゾチック・アニマルが供されるようになったためにメニューには昆虫が増えた。二〇〇一年には、ルルカの妻マリアンヌを含む多くの出席者が、生焼けのタランチュラの天ぷらを食べて、脚に残っていたクモの毛に過剰反応を示して治療を受けた。こうした事件や、著名人のスピーチとともに蛆虫《うじ》のムースが雑誌で紹介されたという事情もあって、賛否両論はあったようだが、私が出席した年にはエキゾチック・アニマルはメニューから消えていた。

大宴会場に入ると、クリスタルのシャンデリアの照明が薄暗くなった。雷鳴が鳴り響き、青いライトが点滅すると、煙霧機が吐き出す煙の中を顔に彩色を施し、羽飾りを頭につけた腰巻姿のシャーマンが、雄叫びをあげ太鼓を打ち鳴らしながら登場した。偽物のマヤの予言者だ。ハイコが見つからないので、諦めて奥のテーブルに自分の席を見つけて腰をおろした。壇上では、探検家クラブの名誉会長で、テレビ番組『野生の王国』の司会役を務めていたジェームズ・ファウラーが、最初の余興であるエキゾチック・アニマルショーの開始を告げた。これもクラブの長年の伝統行事だが、ウォルドーフ・アストリアホテルにとっては頭痛の種だ。数年前にはシロフクロウがシャンデリアに止まって降りてこなかった。数頭のラクダがエレベーターで排尿して、ちょっとした洪水になったこともあった。今年登場したエキゾチック・アニマルは、すべてマヤ王国にちなんだものだった。朦朧としたクロヒョウ、アカハナグマ、目を覚ましたばかりの夜行性のキンカジューもいた。

ショーが終わると、ワイヤーハンガーにタキシードを着せかけたような痩せた長身の男性が壇上に現われた。八一歳になるハーバード大学の名誉教授、エドワード・オズボーン・ウィルソンである。著名な生物学者にして、現代随一の博物学者であり、アリの世界的権威だ。

ウィルソンはアラバマ州南部に住んでいた少年時代、フロリダ州境に近いメキシコ湾に面した波止場で釣りをしていたとき、海面から飛び出した刺のあるピンフィッシュに目を突かれて右目を失明した。その後、手にのせて目に近づけられる小さい生物を研究するようになったと語っている。

彼が昆虫学を専門にしたおかげで、数十年後の今、私たちは地上の生物の多様性を知ることができる。

一九八〇年代からウィルソンは絶滅の危機が破滅的な勢いで進んでいると警鐘を鳴らし続けてきた。人類が地球上に広がるまで、動物の絶滅率は平均して一〇〇万年に一種だった。しかし、彼によると、現在ではその一〇〇倍から一〇〇〇倍の種が地球上から姿を消している。このままでは、今世紀末までに人間の活動によって動植物の半数が絶滅あるいは絶滅の危機に瀕することになるだろうという。

静まり返った大宴会場で、ウィルソンは演壇によりかかると、上着のポケットからゆっくりと鼈《べっ》甲縁《こうぶち》の眼鏡を取り出した。「私たち人類の神聖な務め――人類だけに課せられた務めがあるとすれば」と彼は出席者に語り始めた。「それは地上の他の生物のことを学び、全身全霊を傾けて存続を助けることです」一九八四年にウィルソンが提唱した「バイオフィリア仮説」によると、人間には「生命や生命的なプロセスに惹かれる生得的な傾向」があり、他の生物に美を見出すようにつくられているという。「私たちは一〇〇パーセント生物学的存在であり、そこにささやかな究極の意義を見つける」と彼は書いている。

この仮説を裏づけるために生物学者グループが、被験者に水槽で泳ぐ熱帯魚を眺めてもらったところ、血圧が大幅に低下していた。歯の治療を受けにきた人が水槽の魚を眺めているとリラックスできたという実験もある。池を泳ぐアヒルや草をはむ牛、光と影を交錯させる空を漂う雲、暖炉の火、岸辺を洗う波といった常に流動しつつ常に一定な「ヘラクレイトス的動き」に惹かれるという仮説もある。対照的なのが、突発的で不安定な動きで、危険を知らせる合図となる場合が多い。跳びかかってくる捕食動物、襲いかかるヘビの動きなどだ。ケニー・ザ・フィッシュが「魚を飼うと、ある種の心の安らぎが生まれる」と言っていたのはこのことだろう。

こうした研究は、人間の美に対する好みが生得的で、二〇〇万年前にアフリカのサバンナでヒトの遺伝子が出現したときから受け継がれてきたという説を裏づけている。ウィルソンによれば、「サバンナへの郷愁」から私たちは木立が点在する草地を好むそうだ。その結果、墓地から郊外のショッピングモールに至るまで、サバンナのような環境をつくりだそうとする。都市部では田園風景や動物の写真を飾る。しかし、こうした生物多様性の模倣にはたいした効力はない。「人工物は本物の生物とくらべものにならないくらい貧弱だ」とウィルソンは書いている。「人工物は私たちの考えていることの反映にすぎない。人工物だけに執着していると、本物の生物を何重にも内に折りたたみながら細部を失い、どんどんちいさくなって、ついには生命のない見かけ倒しのものをつくることになるだろう」

本物の生物を再現する人工物として、水槽の魚はうってつけかもしれない。水槽に閉じ込められた観賞魚は、もはや本物の生物というより人工物に近いのではないだろうか。

「ずっと探していたのに」という声に顔をあげると、スマートなイタリア製スーツ姿の男性が、眉を寄せて私を見ていた。非難がましい口調、間隔の狭い目、もじゃもじゃの顎髭に見覚えがあったが、とっさにぴんとこなかった。ハイコだった。例のつば広帽はかぶっていない。額が禿げ上がっているとは知らなかった。「こっちだ!」私を促して会場を横切った。めざすテーブルには、白髪交じりの短髪に大きな色つき眼鏡、花柄のショールを巻いた女性が座っていた。伝説の「シャーク・レディ」、サメと毒魚の研究で有名なユージェニー・クラークだった。波乱に富んだ人生を送り、五回結婚して四人と離婚、五番目の夫とは死別している。五年前に肺がんと診断され、六ヵ月の余命宣告を受けたが、八九歳になった今も定期的にスキューバダイビングをしているそうだ。

「ユージェニー、素晴らしい若い女性を紹介するよ!」ハイコは騒々しい大宴会場で声を張り上げて私を紹介してくれた。「彼女も魚の研究をしてる、アロワナの研究を!」

一九二〇年代にクラークがまだ子供だったある日、海に出た父親がそれきり戻ってこなかった。その後まもなく彼女は魚に興味を抱くようになり、当時はバッテリー・パークにあったニューヨーク水族館に通うようになった。「去年行ってみたけど」と彼女は寂しそうに言った。「建物の跡が残っていただけ。サメの水槽の残骸もあった」

一九五〇年代には女性海洋生物学者はほとんどいなかったが、クラークは「海のギャング」と呼ばれるサメの研究に没頭した。一九七五年に映画『ジョーズ』が封切られ、サメに注目が集まったのも弾みになったが、サメが憎むべき人食い動物だという誤解を解くために研究を続けてきた。サメに襲われる人間は世界中で年間一〇人くらいだが、人間は二六〇〇万ないし七三〇〇万匹のサメを食べているという。クラークも一度だけサメに襲われたが、鼻面を強く叩くと逃げていったそうだ。

「あなたは実に実にすごい女性だ」ハイコは別れ際にクラークを称賛した。「あなたに会うと、いつも母を思い出す」クラークは父を奪った海に対する関心から海の怪物の謎を解くことに生涯を捧げたが、ハイコも母への愛情から、半世紀前に母をアマゾンに引き寄せたディスカスを追い続けている。一三〇〇ページもある大作『ブレハのディスカス　第二巻』を書き上げたばかりだが、第三巻の執筆を計画しているという。

前年の夏、女の子が生まれ、私の予想どおりハイコは母の名をつけた。ちょうど妻からメールが届いたばかりだと彼が言った。大西洋の向こうのミラノ郊外の家で、生後八ヵ月のアマンダ・フローラ・ブレハが歩き始めたそうだ。

ボルネオ探検の計画を説明すると、ハイコは「明日じっくり話そう」と言ってくれた。翌朝、私はアッパー・イースト・サイドまで地下鉄に乗り、晩冬の雪解け道を歩いて、チューダーリバイバル様式の豪壮な建物を訪ねた。探検家クラブの本部がある建物だ。中に入ると、壁には黒っぽい羽目板が張られ、一一四枚のステンドグラスをはめ込んだ窓から明かりが射し込んでいた。二階の踊り場に展示されたホッキョクグマの剝製の前を通ると、弱々しい機械的なうなり声がした。

アフリカや北極の荒涼とした風景を描いた油絵を眺めながら、ゆっくり階段をのぼった。最上階の六階までたどりつくと、名誉会員専用ラウンジにハイコが天窓から降り注ぐ日差しを浴びながら立っていた。襟のあるシャツの上から黒いセーターを着て、ネクタイを締めたテディベアの模様の入ったネクタイをしている。例の黒いつば広帽をかぶっていたが、彼が眺めている壁の写真の人物もさまざまな帽子をかぶっていた。厚い毛皮のフードやヘルメット帽、飛行士がつける大きなサングラスをかけた写真や宇宙服姿の写真もある。

「セオドア・ルーズベルトだ」第二六代アメリカ大統領の白黒写真を見ながらハイコが説明してくれた。一九一二年の選挙で屈辱的な敗北を喫したあと、ルーズベルトは地図に載っていないアマゾン川の支流「謎の川」の探検に出かけている。数々の苦難に見舞われて自殺まで考えたが、なんとか生き延び、帰国後、アマゾンの動物に関する本を出版した。その中で、ピラニアを獰猛な肉食魚と称して、世間に悪いイメージを植えつけたとハイコは怒っていた。

女性の写真が少ないのは、一九八一年まで探検家クラブが女性を入会させなかったからだ。ジェーン・グドールの写真を見つけて私は足を止めた。二週間前にニューヨーク大学で彼女の講演を聴いたばかりだ。講演のあと、少し考えてから長い列に並んで、表紙の隅が折れたグドールの著書『森の隣人――チンパンジーと私』にサインしてもらうことにした。流れ作業のサイン会だったのに、彼女の目の前に立ったときは、緊張して「私の愛読書の一冊です」という言葉がなかなか出てこなかった（「愛読書です」ではおおげさだと思って）。

ジェーン・グドールの写真が飾られていたのはなぜか「戦利品保管室」のそばで、ハイコはその部屋に入っていった。動物の頭が壁一面に飾ってあり、ネコ科の大型動物の皮が家具にかかっていて、マンモスの巨大な牙が天井の梁《はり》からぶらさがっている。ハドソン湾の地図を作成中に凍傷にかかった足の爪をハンマーで叩き落としたというデンマークの探検家、ピーター・フロイヘンの等身大の肖像画が部屋を睥睨《へいげい》していた。

「昨日の話の続きだけど」私は切り出した。

ハイコはうなずくと、九〇センチ以上あるクジラの陰茎のそばにあった小さな丸テーブルの前で立ち止まった。私はバッグからボルネオの地図を取り出してテーブルに広げると、青いハート形を指した。センタラムだ。もう一度ここに野生のアロワナがいるか確かめに行って、商品化された影響を解明したいと説明した。私を助けてくれるのはハイコしかいないと信じていた。

「興味はないかしら？」

返事を聞くのが怖かった。というのも、昨夜、人類学者のウェイド・デイビス――ハイチのゾンビ研究で有名な砂色の髪をしたカリスマハンター――を洗面所の前で待ち伏せして、ボルネオでの調査について聞いてみたからだ。二〇〇〇年にスイス人の探検家ブルーノ・マンセルが謎の失踪をとげて以来、ボルネオには行っていないとデイビスは言った。「マンセルは殺されたにちがいない」と言う。スーパーレッドの生息地を支配しているイバン族に出会ったかという質問に対しては会ったことはないという返事で、ボルネオのあの一帯は「インドネシア世界の果て」だと言った。私は考え込んでしまった。ナショナル・ジオグラフィック協会に属する現役の探検家で、世界でも屈指の人類学者のウェイド・デイビスが、あの一帯を到達不能と言うなら、私がたどりつける可能性はまずない。ハイコがいなければ不可能だ。

戦利品保管室に射し込む朝日の中で、ハイコは考え込みながら地図に指を当てて沼沢地のまわりに円を描いていた。それから、島の反対の端にある川まで指を動かした。「マハカム川だ」と彼は言った。「ここにはずっと行ってみたかった」そして、その川には世界でも珍しい淡水に棲むイルカがいるが、まだ見たことがないのだと説明した。

「センタラム探検に関心はないの？」私はもう一度聞いた。

「あの一帯はタイソン・ロバーツがかなり探検してるからな」ハイコは吐き捨てるように言った。

「本も出しているし」

私は知らなかった。タイソン・ロバーツという名前を聞くのも初めてだった。あの沼沢地はすでに探検されていたと聞いたとたん絶望感がこみあげてきた。

「彼はアメリカ人だが、タイに住んでいる。今はパナマにいるがね。アマゾン探検のあとで会う予定だ」ハイコはまたコロンビアに向かう途中だった。パナマでタイソンと会ったあとはイランに飛び、そこからフィリピン、シンガポール、オーストラリア、ニューギニアに行くという。八月にはタジキスタンに行って、メルセデス・ベンツに特注でつくらせた水陸両用車「ハイコモービル」を引き取ってこなければならない。二年前、キルギス国境近くで故障して修理に出していたがやっと直った。タジキスタンからは、許可が下り次第、ハイコモービルでチベットに入る。チベットで、高度一八〇〇メートル以上という世界一高いところに棲んでいるという魚を見つけたいというのだ。

話を聞いているうちに、ハイコとスーパーレッドを探しに行くという私の壮大な計画が、指の間から砂がこぼれ落ちるように消えていった。ハイコはもう一度センタラムに行くつもりはない。いずれにせよ、この旅程では不可能だ。タイソン・ロバーツに連絡をとるしかなさそうだった。

クラブハウスに会員が集まり始めていた。ハイコは革鞄を取って中を探った。「君にお土産を持ってきたんだが、つぶれてしまった」と言って、ぺしゃんこの箱を差し出した。チェリーのついたイタリア製チョコレートで、包み紙に文学作品の引用句がついている。「メッセージをちゃんと読むんだよ」ハイコが念を押した。

帰りの地下鉄の中でひとつ開けてみた。薄紙に四ヵ国語で引用句が印刷されていた。「ありふれたものでも、隠した瞬間、魅力的になる」チェリーからはずして口に入れた。野生のアロワナにぴったりのメッセージだ。二つ目のチョコレートは詩の一節だった。「私は願っていた、ずっと願っていた、ああ、どんなに願っていたことか！」

8章　命名権

ニューヨーク→シンガポール

ようやくタイソン・ロバーツがパナマの賃貸アパートにいるのをつかまえたのは、それから一ヵ月以上経ってからだった。深部静脈血栓症、つまり、脚に血栓ができて、八日間入院を余儀なくされていたという。スミソニアン熱帯研究所の研究員としてパナマに来ているが、それも続けられなくなった。

「この体では厄介者以外のなにものでもないからな」彼は電話でみじめな声を出した。「人生を仕切り直すしかない」もうすぐ七一歳になるタイソンは、この四〇年間、原則としてバンコクを本拠にしてきた。だが、飛行機に乗れないので帰ることができない。加圧で血栓が肺に飛んだら、肺塞栓になって命を落としかねないからだ。要するに、パナマに足止めされたわけである。もっと困ったのは、研究員宿舎となっているアパートを出なければならないことだ。タイソンは途方に暮れていた。

電話をかける前にネットで調べてみたが、タイソンがどういう人物か理解するのに時間がかかった。魚類学の大御所で、おそらく、現存するどの魚類学者よりも多くの種を標本にしてきた。業績を把握しにくいのは、学術団体にほとんど属したことがないからだ。組織に縛られるのが嫌なタイプなのだろう。昔ハーバード大学を辞めたあと、プラトンのアカデメイアを追放されたアリストテレスのように放浪の旅に出ている。だが、アリストテレスと違うのは、それ以来ずっと旅をしていることだ。半世紀以上にわたって、手に負えない一匹狼と評されてきた。「刺のある言い方をする」と、のちに若いアメリカ人魚類学者が言っていた。「いったん怒らせたら、それっきりだ」

だが、そのとき受話器を耳から離しながら気づいたのは、タイソンがメガホンを通したような大声の持ち主だということだけだった。しかも、大きいのは声だけではないようだ。血栓予防に着圧ストッキングをはいているが、二五号でもきついとこぼしていた。しかし、それ以上に桁《けた》外れなのは彼の頭脳だろう。彼の頭の中では渡り廊下や袋小路や隠れた落とし戸が迷路のようにつながっていて、いったん迷い込んだら二度と出られない。

「それで、ドラゴンフィッシュ取引の姑息でケチな秘密が知りたいんだって？」脱線を繰り返しながら二〇分ほど話したあと、タイソンが急に話題を戻した。「アロワナを加工する一大産業があるのを知ってるか？」チェリーソーダやオレンジジュースに使う合成着色料でアジアアロワナを染めるとタイで聞いたことがあるという。それで思い出したのか、一九五〇年代のマーガリンは、ラードのように白くて、混ぜて使うようにオレンジ色の着色料の小袋がついていたと言った。

「切らないでくれ」突然、言った。「ガスをつけっぱなしにしていた。湯を沸かしていたのならいいが」

そうではなかった。ソーセージと豆を煮込んでいた。

話は着色したアロワナ売買から美術史に移った。タイソンがとりわけ興味を持っているのは古代カンボジアの彫像で、その分野ではちょっとしたエキスパートなのだという。気に入っている作品――彼によれば「史上最高の傑作」は、一五世紀のクメールの王たちの「肖像画像」だ。タイソンの見るところ、美術館に展示してある彫像のうち本物は二〇にひとつで、贋作《がんさく》を見抜くのが彼の趣味になったそうだ。

タイソンからボルネオのことを聞き出すのはフェレットを檻に入れるような作業だったが、なんとか断片をつなぎ合わせることができた。一九七六年にハーバード大学を辞めたあと、スミソニアン研究所の研究員としてボルネオを探検した。インドネシア最長のカプアス川流域に関心を持ったのは、アマゾン川流域やコンゴのナイル川流域に匹敵する広大なスンダ盆地の一部だったので、豊かな魚類相が期待できるからだった。インドネシアの科学者から成る探検隊に加わったが、カプアス川を遡上し始めたとき、ジャカルタの当局から探検を中止して戻るようにという通達があった。しかし、タイソンはそれに応じず、英語のしゃべれない現地クルーと探検を続けた。ジャカルタ政府は無許可で単独行動をとったアメリカ人に腹を立てたが、タイソンはセンタラムで六週間過ごして手つかずの自然の中で野生の魚を採集できた。

「今ではカプアス川も変わってしまっただろうな」彼は言った。「いつも思うことだが、〇年後、三〇年後にここに戻ってきたら、もう魚なんかいないんじゃないか、と。これまでに訪ねた場所のほとんど全部がそうだろう」

「アジアアロワナを見たんですか？」私は聞いた。

「見たとも。何匹か採集したよ」

正確な採集場所は覚えていなかった。この探検をもとに書いた『*The Freshwater Fishes of Western Borneo*（未訳：西ボルネオの淡水魚）』はもう何年も開いたこともないそうだ。だが、一九七〇年代半ばにアロワナがたくさんいたのは間違いない。際立った色ではなかったが、鮮やかな色だった。探検に出る少し前にアロワナが初めて国際自然保護連合（ＩＵＣＮ）に絶滅危惧種と認定され、そのあとワシントン条約でも同じ認定をされたことはよく覚えていた。「言わせてもらうなら、連中の情報はきわめて不適切だ」と言って、リストの情報源は何年も実地調査に出ていない水産省の役人だとつけ加えた。ハイコと同様、タイソンも特定の動物を絶滅危惧種に指定するのはいかがなものかという意見だった。「市場価格を押し上げるだけさ、ときには途方もなく」

私はタイソンが探検した行程をたどり、この三〇年間にスーパーレッドがどうなったか、野生種がまだいるか確かめたいと言った。「ハイコに頼んだんですが」

「あいつと行くなら、気をつけたほうがいいぞ」タイソンは警告した。「センタラム湖に置き去りにされかねない」

ハイコは私に言っていたとおり、アマゾンから戻る途中、パナマの病院に入院していたタイソンを訪ねたそうだ。見舞いだと言って新種の小さいウナギを持ってきて、記載するよう勧めた。しかし、採集した場所を正確に言えなかった。

「自分に限って間違いないと言うんだがね」タイソンは不満そうだった。「たとえ一万種見ても勘違いなんかしないって。そんなことできるわけがない。神さまにだって無理だ。考えるだけでもおこがましい」

三時間しゃべり続けてから、ふと思い出したように、実はこんな噂があると言った。整理しないまま積み上がった書類の中から、うっかり置き忘れた一枚の紙幣を見つけたかのように。まだ記載されていない新種のアロワナがミャンマー南部のどこかにいるらしいというのだ。その一帯は軍事政権の鉄壁の支配によって長年外界から遮断されている。未確認写真を見たところ、大きな鱗やドラゴンのような髭はまさしくアロワナだったという。「他のアロワナと違うのは、体全体に手書きの文字みたいな模様があることだ。何か書きつけてあるみたいに。だから、スクレロパゲス・スクリバと命名したくなった。実に素晴らしい魚だ」

「命名するつもりですか？」古代の巻物のようにびっしりと文字が書かれた魚を思い浮かべながら聞いてみた。一瞬、何が書いてあるのだろうと考えてしまった。

「標本がないからな！」タイソンは一段と大きな声で言った。それから、初めて黙り込んだ。何かアイデアがひらめいたらしい。「旦那に頼んで標本を採って来てもらったらどうだ？　そうしたら、君の名前をつけてあげるよ」

私は声をあげて笑った。いるかどうかわからない魚を捕ってこいと言われたからか、夫に頼めと言われたからか、自分でもよくわからなかった。私が結婚しているのをタイソンが知っていたのは、三時間ほど前にメールの送受信がうまくいかないとわめいていたとき、夫がグーグルのエンジニアなので聞いてみましょうかと申し出たからだ。だが、タイソンが知っているのはそれだけだ。たとえば、ジェフがマンハッタンのど真ん中で生まれ、家族は代々ニューヨーカーで都会暮らしがしみついていて、義母は森を見ると気が滅入ると言っていることは知らない。ジェフの兄は幼い頃、草地を見て、その不思議なものを「緑色の水」と呼んだことも。ジェフが九歳のとき、父親がニュージャージー州郊外で仕事を見つけ、一家は引っ越すことになった。道路の行き止まりにある木々に囲まれた五寝室の家の前で車をおりると、ジェフの弟はドアマンはどこと聞いたそうだ。その夜、三人兄弟はマットレスを引きずってきて、いちばん狭い部屋でいっしょに寝た。その一ヵ月後にはニューヨークに戻ってきた。そんなことが頭の中を駆け巡り、プライドを傷つけられたせいもあって、私はつい言ってしまった。「私が採りに行ったほうがよさそうだけど」

「ほんとか？」タイソンは爬虫類のような素早さで応じた。「じゃあ、そうしてくれ」

「まだ準備ができていないので」

「準備なんかどうにでもなる。君ならだいじょうぶだ」

「でも……マンハッタンに住んでいるし……」

タイソンはもう聞いていなかった。

「それに女性だから」彼は声を落とした。「殺されることもないだろう」

ミャンマー（西欧では長くビルマと呼ばれてきた）と聞いてまっさきに思い浮かんだのは、サフラン色の僧衣をまとった僧侶たちを映したきめの粗いニュースフィルムだった。ミャンマー政府が友好的でも融通がきくわけでもないのは漠然と知っていた。だが、『*Burma/Myanmer: What Everyone Needs to Know*（未訳：ビルマ／ミャンマー：知っておくべきこと）』という本を読んで愕然とした。最初にこう書いてあった。「ミャンマーは北朝鮮に次いで、現代世界でもっとも実態のわからない謎の国家である」

「一〇〇年前の世界だった」と、タイソンはかつてタイ国境から反乱軍が支配する丘陵地帯に潜入し、カラシニコフで武装した反乱軍兵士たちを雇って、テナセリム川で魚を探したときのことを語った。日暮れになると、川で水浴びをする少年たちの頭上をミャンマー軍の英国製爆撃機がかすめ飛んでいた。

「怖くなかったんですか？」私は聞いた。

「どこでもやっていける人間なんでね」タイソンは言った。「だが、今は最悪だ。退屈で外にそうだ」

そのとき探検したのはテナセリム川上流だったが、そこにはアロワナはいなかったという。いるとすれば下流だろう。名前は忘れたが、海岸沿いによそ者が立ち入れない村があるから、そこに行くといいとタイソンは私に指示した。そこで村人の信頼を得られるまで待てというのだ。

「何をしに来たか話して信じてもらえたら、あとはなんとかなる。信じてくれなかったら……さあ、どうなるかな」

「考えてみます」私は一応そう言った。新種のアロワナに興味がないわけではないが、ずっとスーパーレッドを追ってきたから、簡単に路線変更はできない。生き抜くための鍵となる適応力――臨機応変に対応し、途中で戦略を変更する力――に関するかぎり、私はまったく進化していなかった。たとえていうなら、木の上に逃げたリスに向かって木の下で吠え続ける犬。暗くなっても木の下にいて、家に引きずり込まれると、リビングの窓に飛んで行ってガラスに鼻を押しつけて吠え続け、みんなが眠れなくなる。まさにそんな犬だ。この二年間、私はオフィスの窓から煙突や給水塔越しにイーストリバーを眺め、ブルックリンを通り越して、その先にある大西洋、サハラ砂漠、アラビア半島、インド洋、南シナ海を通過し、ボルネオの奥地に思いを馳せてきた。ハイコがセンタラムに連れていってくれないなら、他の方法を考えなければ。目標を変えようとは思わなかった。ミャンマーの噂の魚を追うのは、別の機会にするしかない。

しゃべり続けるタイソンの関心を、ボルネオに、センタラムに、イバン族に（彼はイバン族に気づかなかったらしい。魚ではないからだろう）、そして、スーパーレッドに向けようとしてみたが、たいした情報は得られなかった。結局、タイソンとは四時間以上話した。こんなに長い電話をかけたのは初めてだ。病み上がりでひとりぼっちのタイソンを思い浮かべた。焦げたソーセージと豆の匂いがするかび臭い熱帯のアパートももうじき追い出される。「体には気をつけてくださいね」私は言った。

「ああ、わかってる」タイソンはつぶやいた。「これでも楽観的な人間じゃないからな。昔の話をするのは楽しいよ。私のすべてがあるから」

しかし、そう言ったとたん、またミャンマーのアロワナの話を――彼の名前を最後に年代記に記すことになるであろう魚の話を始めた。そのアロワナを記載するまで死ねない。生き延びてみせる。それだけの価値のある魚なのだと断言した。

リンネが近代的分類学を考案して以来、この二五〇〇年ほどの間に、約二〇〇万種が命名され記載されてきた。まだ発見されていない種がどれだけあるかについては、科学者の間でも意見が分かれているが、大半の予測ではこの三倍以上だろうと言われている。E・O・ウィルソンの言葉を借りるなら、「確かなのは、我々が地球上の生命の探検に乗り出したばかりだということである」

二一世紀に新種を発見するのは困難なことなのだろうか？　それは何を探すかによる。現在知られている二〇〇万種のうち、およそ一五万種が動物だ（植物、菌類、バクテリア、ウィルスなどはほとんど知られていない）。動物のうち記載されたものの大半、およそ三分の二が昆虫だが、未知の昆虫が既知種の五倍はあると予測されている。したがって、新しい昆虫を発見するのは比較的簡単だ。

だが、私たちと同じ脊椎動物となると、新種はほとんど魚類となる。アメリカ自然史博物館の魚類学部門の館長、メラニー・スティアスニーによると、「地球上には驚くほどたくさんの魚類がいる。一部に関しては多少わかっているが、大半に関してはまったくわからない」。地球上には他の脊椎動物――哺乳類、鳥類、爬虫類、両生類を合算したより多くの魚類がいる。言い換えれば、世界中のツバメやサンショウウオやワニやハダカデバネズミを合計しても、魚類の総計に達しないわけだ。現在知られている魚類は約三万種で、毎年三五〇種が新たに付け加えられている。

未知の魚が発見されることも多いが、ときには既知の魚が最新の観察によって複数に分類される場合もある。二〇〇三年のアジアアロワナの分類をめぐる論争は、後者の例だ。フランスの学術誌にアジアアロワナはひとつの種ではなく、異なる四つの種があるという論文が掲載された。四つの色――緑、銀、金、赤――は、それぞれが遺伝的にも外見的にも異なるもので、独立した種と見なすことができるというのである。この論文の主執筆者はフランスの若き魚類学者ローラン・プヨーだが、掲載直後に学界で賛否両論が湧き上がった。

大反響の一因は、分類法によって絶滅危惧種に指定されるか否かが決まるからでもあった。アジアアロワナを四つの種に分類するに当たって、プヨーは緑色のものだけをスクレロパゲス・フォルモサスとして残すべきだと主張していたから、他の色のアロワナは――いちばん需要が高いスーパーレッドも含めて――保護の対象からはずれる。新たに命名された魚は、どの公的機関の絶滅危惧種リストにも掲載されていないからだ。

最終的に、学界の大勢はプヨーの研究結果を認めず、従来どおりアジアアロワナを単独の種として扱うことに決めた。しかし、これは学術的意義やアジアアロワナの保護という観点からではなく、もうひとつの有名な古代魚、シーラカンスの命名に関するプヨーのスキャンダルが原因だった。

化石記録に多く残っている古代魚シーラカンスは、恐竜と同じ頃に絶滅したと信じられていたが、一九三八年に南アフリカで、深海トロール船の漁獲物の中に一匹のシーラカンスが発見された。体長一・五メートル、脚のような鰭と「小犬の尻尾のような尾鰭」を持つ青緑色のこの魚は、二〇世紀最大の動物学上の発見のひとつだった。シーラカンスは「生きた化石」（ダーウィンの用語）、すなわち、「かつて優勢だった種の生き残り」であるだけでなく、魚と陸上動物とを繋ぐ「失われた環《ミッシング・リンク》」と考えられた。正確にはそうではないが、シーラカンスが希少な「総鰭類」であり、太く短い芽状突起から生えた鰭を脚のように平行に動かすのは事実だった。そのために、三億数千年前に初めて陸地にあがった魚とされ、ヒトを含むすべての脊椎動物がそこから生まれたと信じられた。今日まで生き残っている総鰭類としては、シーラカンスのほかに淡水肺魚がいる。長年にわたって、ヒトに一番近い現存する魚は肺魚かシーラカンスかをめぐって**熱い議論が続いてきた。

一九九九年——アジアアロワナに関する論文を発表する四年前に、プヨーは新種のシーラカンスがインド洋に生息しているという論文を発表した。一大ニュースとなった。しかし、発見したのはプヨーではなかった。マーク・エルドマンというアメリカの魚類学者が、一九九七年に新婚旅行でスラウェシ島を訪れたとき、市場で売られているのを見つけたのである。だが、あいにくその魚を逃がしてしまい、その年の大半を費やして探し続けた末、ようやく同じ種のシーラカンスを見つけた。その標本はインドネシアの研究所に保管され、アメリカの生物学者チームがDNA解析を行っている間に、その研究所を訪れたプヨーが標本を手に入れた。

そして、インドネシアの五人の科学者とともに記載し、命名したが、標本発見者の名前は挙げなかった。

科学における不正行為という非難が殺到した。それに対して、プヨーはフランスの二人の魚類学者とともに、一九九五年にインドネシアの魚市場で写したと称するシーラカンスの写真を権威ある学術雑誌『ネイチャー』に送った。エルドマンより先に発見したと証明するためである。論文が印

**この議論にようやく決着がついたのは二〇一三年、マサチューセッツ工科大学とハーバード大学が共同で運営するブロード研究所が、シーラカンスのゲノムを配列し、それを専門家から成る国際コンソーシアムが解析したところ、肺魚に軍配が上がった。

刷に回される直前に『ネイチャー』の編集者が写真は偽物だと気づいた。エルドマンが苦労の末に手に入れた魚の写真を木の厚板にのっているように加工してあったのだ。『ネイチャー』は論文ではなく暴露記事を掲載した。それ以来、プヨーにはスキャンダルの汚名がついてまわり、そのせいでアジアアロワナに関する論文も受け入れられなかったのだろう。

こうして、アジアアロワナを複数の種に分類する試みは失敗に終わり、その後、話題にのぼることもなかった。しかし、タイソン・ロバーツから聞いたアロワナは、色が異なるだけでなく体に模様があるという。ユニークな魚にちがいない。タイソンと電話で話してからしばらく経つと、装飾文字を施したような不思議なアロワナの不鮮明な写真がインターネット上に流れるようになった。インドネシア特産の更紗バティックの模様に似ているところから、バティックというニックネームがつけられた。写真の出どころはわからなかった。加工した画像だとも言われた。

だが、実際に新種のアロワナが存在するなら、ミャンマーにいる可能性が高そうだった。中国とバングラデシュにはさまれてサルの尻尾のようにアンダマン海に細長く伸び、東側をタイの緑濃い山脈に囲まれているこの国は、一九六二年の軍事クーデター以来、外界から遮断されている。観賞魚愛好家の友人は、「入り込めたとしても二度と出られないだろう」と言っていた。

どこかの科学者がすでに標本を採集し、記載の準備をしている可能性もあった。タイソンはそれを心配して私に偵察に行かせようとしたのだろう。未知のアロワナのことを「極力目立たないように」聞いて回り、「よけいなことを言うな」と警告した。「シンガポール人に教えるんじゃないぞ。

先回りして手に入れようとするから」

しかし、ミャンマーに偵察に行く必要はなかった。タイソンと電話で話してから三週間ほどあと、私は再度アクアラマに行くためにシンガポールを訪れた。そこで知り合った分子生物学者で、シンガポールのテマセク生命科学研究所に所属するラズロウ・オルバンと昼食をともにしたとき、このアロワナのことが話題になった。体に模様のあるアロワナを知っているどころか、遺伝子解析のために標本が送られてきたというのである。

頭にガツンと一撃食らった感じだった。タイソンと話してから、標本のことはずっと気にかかっていた。

「他の魚とまったく違うんだ――ここで見つかるのよりもっと美しい」温和なハンガリー人のオルバンは、心の底から魚が大好きで、話しながら目を潤ませていた。「鱗にとても変わった模様があって、実に素晴らしい。写真を二枚見ただけだが……」

写真を見ただけ？

くわしく聞いてみると、送られてきた標本は魚そのものではなく、鰭のごく一部だった。遺伝子解析にはそれで充分だという。「爪の垢よりも小さいかもしれない」その鰭の一部を送ってきたのは、ロンドン自然史博物館に所属するドイツ人魚類学者、ラルフ・ブリッツだった。

「彼は魚を見たのかしら？」私は聞いた。

「さあ」オルバンは肩をすくめた。「直接聞いてみるといい」

帰国すると、私はさっそくロンドン自然史博物館のラルフ・ブリッツに電話した。電話に出た彼は愛想のいい声で四五分後にかけ直してほしいと言ったが、そのまま帰宅してしまい、私は何度も留守番電話にメッセージを入れた。腹が立ったが、すっぽかされた理由は思いつかなかった。とにかく、ブリッツに事実を確かめなければ。鰭の一部を標本として送ったのなら、魚を見たはずだと私は思い込んでいた。それに、鰭の一部しかないのに、新種として記載できるのだろうか？　DNAの情報だけで魚のすべてがわかるというのだろうか？

結局、その後二ヵ月以上かけて六回メールを送り、ようやくブリッツと電話で話すことができた。私を避けていたのは、魚が手元になかったからだった。オルバンに送った鰭の一部はミャンマーで調達したと言ったが、提供者の名前は教えてくれなかった。新種として記載したいところだが、そのためには完全な標本、つまり魚そのものを手に入れることが「不可欠だ」。

しかし、望みはないだろうという。「おそらく知っているだろうが、ミャンマーは調査には不向きな国だ」ブリッツはドイツ語訛《なま》りのある冷静な口調で言った。「それに、テナセリム川は――そこに新種がいるはずだが――山の中にあって、たどりつくことはできない」

自分の経験から言っているのだという。この一〇年間に七回ミャンマーに行ったが、一度もアロワナを発見できなかったという。前年にようやくアロワナの生息地まで行けそうだと思ったら、土壇場で政府に通行許可を取り消された。「あれほど規制の厳しい国は他にない」彼は言った。「一挙一動を監視している」

よく考えると期待の持てる情報ではなかったが、そのときは新種が実在するとわかっただけで私は舞い上がっていた。「他のアロワナとは別の種なんですね？」私は念を押した。

「どうかな」ブリッツは慎重な言い方をした。「そうとも言えるし、そうでないかもしれない」

二人の魚類学者が同じ魚を追っているとき、エチケットとしてどうすべきなのかはわからなかったが、私は漠然と共同研究を思い浮かべていた。科学の進歩のためにみんなが力を合わせるのではないかと能天気に思い込んでいたのだ。それで、おずおずとタイソン・ロバーツを知っているかと聞いてみた。

「彼を知らない魚類学者がいるとは思えない。有名な男だ。誰だって知ってる」さらに何か言いかけたが、やめてしまった。

「ハイコ・ブレハは？」

ブリッツは不快そうに笑った。「次はハイコか！　ああ、知っている」またそこでやめた。

「実は、彼にアロワナの生息地に案内してもらおうと思って」私は打ち明けた。「連れて行ってくれるのは彼しか――」

ブリッツは低くうなって、ひとこと「ノー」と言った。

「彼には無理だと言うの？」

「いや、彼ならやってのけるだろうが、合法的に実行するのは無理だ」そう言うと、彼はミャンマーの輸出規制に触れた。「僕が君だったら、あの男と関わりを持たない」

だが、その忠告は遅きに失した。

アクアラマでハイコに会ったとき、文字のような模様のあるミャンマーのアロワナのことをすでに話していたからだ。例によってつば広帽を目深にかぶり、みぞおちのあたりでシャツの前を広げながらエスプレッソを飲んでいた彼にそれとなく言ってみると、かすかに反応を示した。鼻孔がわずかに膨らみ、目つきが少し変わった。それでも、すぐには食いついてこなかった。だが、インターネットで見つけた不鮮明な写真を見せると、身を乗り出して凝視した。「これは別の種だ」と彼は言った。

この噂のアロワナを追うのにハイコが適していると思った理由は二つあった。(1)おそらく、彼ならどこにでも行けるだろう。ラルフ・ブリッツですら「あの男なら、異常な執着心を発揮して、他の誰にも行けない場所へ行く」と認めていた。テナセリム川流域——ミャンマーの南端にある地上最後のフロンティアは、まさに彼の超人的な能力を問う試金石となるはずだ。(2)ハイコなら魚を独り占めしないだろう。主としてフィールドワークを行うヴィクトリア朝時代の博物学者の流れを引いているハイコは、自分で新種を記載せず、専門家に依頼する。パナマでタイソンに見舞いとして届けた小さなウナギもそうだった。偉大な魚類学者のためにメイン《ポワソン・ドゥ・レジスタンス》の魚を捕ってくるのはハイコ以外にいない。

しかし、ハイコには鰭の切れ端の出どころは知らせていなかった。すでに誰かが標本を持っていると知ったら、探しに行きたがらないだろうと思ったからだ。だが、それ以上に大きな問題があった。

「ワシントン条約は邪魔だ」とシンガポール国立大学の「フィッシュマン」ことタン・ヘオク・フ

イは嘆いていた。「国際取引を規制するつもりで、実際には研究を妨げている」ワシントン条約のリストに記載された動植物を扱おうとすると面倒なことが多いので、多くの科学者は研究対象からはずしてしまうという。つまり、希少種に関心が向けられなくなるわけである。

タンもバティックアロワナのことを知っていたが、研究する気はないという。当局と厄介なことになるのが目に見えているからだ。タイソンから標本採取を頼まれたと打ち明けると、即座に反対した。「とんでもない。やめたほうがいい」

「世にも簡単みたいに言ってたけど」

「あの男はいつもそうだ。彼に渡す前に捕まったら、君は運び屋にされるぞ」

だが、タイソンによると、バティックアロワナはまだ誰も知らない新種だから、保護の対象ではないという。もちろん、かなり無理のある考え方だ。バティックアロワナが他のアジアアロワナと異なる新種だと証明するには、正式に記載しなければならないが、記載するには、まず標本を手に入れなければならないからだ。

障壁はワシントン条約だけではなかった。一九九〇年代初めに発効された国際条約「生物の多様性に関する条約」によると、「各国は、自国の天然資源に対して主権的権利を有する」言い換えれば、ミャンマーにいる魚は、鰭一枚でもミャンマーのものなのだ。国内に入って鰭の切れ端を許可なく持ち出せば、国内法に違反してDNAを盗んだことになる。つまり、生物資源《バイオピラシー》の窃盗である。魚の標本をブラジルから持ち出そうとしたとして、ハイコは二〇〇八年にブラジルで収監されている。

だが、ミャンマー政府のことはあとで考えることにした。それよりも、本当にアロワナがいるか確かめるのが先決だ。ロンドンのラルフ・ブリッツが標本を持っていないのを確認したあと、私はハイコにメールを出した。そして、バティックアロワナを探しに行く気はないかと単刀直入に聞いた。「科学に多大な貢献をすることになるでしょう」と書いた。私は本気でそう思っていたのだろうか？　本当に科学のためだったのだろうか？

昔から、新しい魚を発見して命名するのは観賞魚趣味の醍醐味だった。一九三〇年代には新種が次々と紹介され、一九三五年のアメリカの観賞魚ガイドには、二四三種が取り上げられた。さらに、一九五五年に熱帯魚業界のゴッドファーザー、ハーバート・アクセルロッドが出版した『アルフレッド博士の淡水観賞魚大図鑑』（邦訳は一九八五年、T.F.H.出版社刊）では、その数が四一〇に増えた。この本の序章には野生種の捕らえ方から、未確認の魚を魚類学者に送って記載してもらう方法、学名のつけ方が紹介されている。

ニュージャージー州ベイヨンの肉体労働者だったアクセルロッドは、個性の強い野心家で、一九五二年に二五歳で『熱帯魚愛好家マガジン』を創設し、「ペット業界のゼネラルモーターズ」という異名をとったT.F.H.出版社に育て上げ、『現代アメリカのネズミ』や『飼いたい人のためのモルモット』などを出版した。一躍有名になったのは第二次世界大戦後の一〇年間で、ペットが商品として盛んに取引され始めた頃だった。純血種の犬に人気が集まり、大量生産の繁殖施設がつくられた。熱帯魚も例外ではなかった。かつては野生種を捕まえてきて愛好家が小規模に繁殖させせていたのだが、今やフロリダの商業的養魚場で生産されるようになった。アクセルロッドは世界最大の観賞魚ブリーダーとなり、タンパ周辺の五ヵ所の養魚場で約六〇〇〇万種を育てた。その養魚場のひとつで、ブラジルから出てきたばかりの若いドイツ人が働いていた。天才肌の自信家で、ハイコ・ブレハという名だった。

アクセルロッドは大胆不敵な冒険家でもあった。一九六五年、『スポーツ・イラストレイテッド』誌は、彼がすでに四〇回以上探検旅行に出かけており、行き先は南米、アフリカ、オーストラリア、フィジー諸島、インドネシア、タイ、インド、マレー諸島に及ぶと伝えている。本人によれば、そうした探検で七〇〇〇種以上の魚を確認したという。

ハイコを『熱帯魚愛好家マガジン』の特派員に採用して有名にしたのはアクセルロッドだった。しばらくの間、二人は父と息子のようだった。一九七六年には開通したばかりのアマゾン横断道路の旅に出たが、その途中で衝突したようだ（ジャングルの中に食料もなしに置き去りにされたとハイコは主張している）。その後二年間二人は口をきかなかった。それでも、一九八〇年代には和解して、流通している魚を網羅したこれまでにないガイドブックをつくろうと意気投合した。しかし、結局、共同作業はうまくいかず、『スポーツ・イラストレイテッド』誌の言葉を借りると「喧嘩と訴訟が何より好きな」アクセルロッドは、愛弟子のハイコを訴えた。二人をよく知る弁護士は、アクセルロッドの復讐はプライドの問題だという。「ハーバートは『俺はおまえより優秀で、お前よりたくさんの魚を捕った』と言いたい人間だからね。ハイコを破滅させたかったんだろう」

最終的にはアクセルロッドの勝訴に終わった。ハイコによれば、三〇年分の蓄えと当時所有していた七軒の家をすべて失ったという。だが、何より悔いが残るのは、一九九一年に亡くなった母にその前の二年間一度も会いに行けなかったことだった。ニュージャージーで訴訟に追われていたからだ。

一方、アクセルロッドはその後も巨万の富を得て、総額五〇〇〇万ドルのストラディバリ製作の四組の楽器を購入して、一九九八年にスミソニアン研究所に寄贈している。絶妙なタイミングだった。自社のT．F．H．出版社を八〇〇〇万ドルで売却したときに多額の税控除を受けられたからである。しかし、その直後に購入した会社から、粉飾決算で訴えられた。アクセルロッドは葉巻から愛人に至るまで個人的出費を会社に肩代わりさせていたというのだ。国税庁の調査が入った。そして、二〇〇四年四月、七六歳のアクセルロッドは、連邦政府から摘発されてキューバに逃亡。その二ヵ月後、ベルリンで逮捕され、最終的にニュージャージーに送還されて、一六ヵ月の禁固刑を受けている。

晩年は没落したが、アクセルロッドの名は一六の種（絶滅したシーラカンスを含む）と、ひとつの属名として永遠に残っている。いちばん有名なのはカージナルテトラ、学名ケイロドン・アクセルロディで、いつの時代にもベストセラーの野生の熱帯魚である。アクセルロッドはこの腹の赤いネオンのような縞模様のある小さな生物を一九五四年にアマゾン川支流で見つけたと主張している。しかし、その後、動物命名法国際審議会は彼がニュージャージー州のペットショップで購入したことが判明したと発表した。

ハイコもラミーノーズテトラの学名ヘミグラムス・ブレヘリに名を残しており、この熱帯魚はいつの世もナンバーツーのベストセラーだと自慢していた。彼が経歴にさらに箔をつけるチャンスを逃さないでくれるといいのだが。

ミャンマー行きの件でハイコから返事があったのは、メールを出して一ヵ月以上経った二〇一一年の八月三一日だった。「返事が遅れて申し訳ない」とあり、衝突事故――五七年前に母とアンデス山中で遭ったバス事故を思い出させるような大事故を起こしたからだと説明してあった。「昨夜、大冒険旅行から戻った。タジキスタン、ウズベキスタン、トルクメニスタン、イランを回って、驚くべき発見と失望を体験したあと、この前の日曜日にトルコ国境近くでひどい事故を起こした」(タイプミスは訂正してある。まるで足の指で打ったようなメールだった)

タジキスタンには、二年前にそこで故障したハイコモービルの修理がようやく終わったという知らせを受けて取りに行った。だが、メルセデス・ベンツに特注でつくらせた水陸両用車の修理を依頼するにはタジキスタンは理想的な国ではなかったようだ。イラン西方のザグロス山脈を走行中、後輪が丸ごと――車軸もなにもかも――吹っ飛んでしまい、ハイコは「窓から投げ出され」、左脚の骨が砕けて今もギプスで固定している。「体中傷だらけで、頭を何針も縫った」

大変なことになっていたのだ。それでも、私は悲惨な事故の詳細は読み飛ばし、採掘者が砂をふるったあとに残った金を見つめるように、メールの最後の終わりのほうに目を凝らした。「だが、ミャンマーにはぜひ行きたいと願っている」とりわけ、アンダマン海に長くのびた最南部、テナセリムの未知の水域《アクア・インコグニタ》を探検したいと書いてあった。

ただし、一二月までに探検旅行が四回入っているし(ギプスをはめたまま出かけるつもりだろうか?)、「講義やセミナーが何度あったか覚えていない」六ヵ月先の来年の二月なら行けると思う。その頃ミャンマーは乾季だから、浅瀬に魚が集まってきて採集には適している。「これから寝る」と最後に書いてあった。「きっと、うまくいくだろう」

本当にそうだろうか? タイソンは簡単にアロワナを採取できそうなことを言っていたが、その後調べてみると、未知のアロワナが生息していると言われるテナセリム川流域は、世界でも最も長期にわたる内戦の地だった。

二〇一〇年の秋、ミャンマーでは二〇年ぶりに総選挙が実施されたが、国連はこの選挙を不正だとして認めず、オバマ大統領は「自由も公正もない」と非難した。選挙後、また国境付近で暴力事件が頻発するようになった。政府軍と分離派の山岳民族の間での激化する武力衝突の報道を読んでいると、頭文字をつないだ略語がやたらに出てくる。DKBA(民主カレン仏教徒軍)、KNLA(カレン民族解放軍)、KIO(カチン独立機構)、KIA(カチン独立軍)。それに共産主義反乱軍やムジャーヒディーン・イスラム反乱軍が加わって、さまざまな連合を組みながら、さまざまな時期に、タッマドゥと呼ばれるミャンマー軍と戦っている。

さらに、私にはもうひとつ懸念があった。入国を許可されないおそれがあったのである。ミャンマーは、ジャーナリストや作家には、たとえ個人として観光に行く場合でも、ビザを発行しない。グーグルで検索すれば経歴がすぐわかるから、私ははねられる可能性がある。そうなったら、ハイコひとりでアロワナを捕りに行かなければならない。

思い悩んだ末、九月にニューヨーク市民事裁判所に出向いて、夫のジェフの姓コーンを名乗る届出をすることにした。疑惑を抱かれずにミャンマーに入国するためである。ところが、ひとつ問題があることがわかった。改名届には住所を書く必要があるのだ。それでは身元を隠すという目的を達成できない。

唯一の方法は情報非開示の嘆願を裁判所に提出することだが、これはもっぱらDVの被害者を保護するための方法だ。裁判所の硬いベンチに腰かけて、非開示の改名が認められるのを待っていると、周囲の人がやけにやさしいのに気づいた。みんな遠慮がちに小声で話しかけてくるが、目を合わせようとせず私の耳のあたりを見ている。そのとき――それまでも薄々感じていたのだが――アロワナに対する私の思い入れは健全ではないのかもしれないと気づいた。

結局、四週間滞在できるビザを取得し、ハイコとはミャンマーで落ち合って、タイソンのために噂の新種を採集しに行く相談がまとまった。だが、その前にやり残した仕事をすませなければならなかった。ちょうどボルネオでは雨季が始まったばかりだ。地元の漁師の話では、一年のうちでもこの時期ならアロワナが捕れる確率が高いと聞いていた。スーパーレッドがどうなっているか、今度こそ突き止めたかった。

第3部

スーパーレッド

9章　水族館の時代

マレーシア領ボルネオ→サラワク

一八五二年、オーストリアの女性探検家イーダ・ファイファーは、ヴィクトリア朝の長いドレスをまとって、ボルネオの「人食いワニの川」を木製の大型ボートで遡った。ダヤク族の高床式長屋《ロングハウス》に泊まり、暖炉の前で一夜を過ごしたが、すぐそばには二つの髑髏《どくろ》と生首があった。「隙間風が入るたびに髑髏がぶつかってカタカタと乾いた音を立てた」と彼女はのちに書いている。「生首からたちのぼる臭気は息苦しいほどで、時折、風にのって私の顔を直撃した……眠ることなどできず、次第に底知れない恐怖に陥った」

イーダの名前を知ったのはセンタラムの魚類について調べていたときだった。私が初めてボルネオを訪ねたのは二年以上前で、今度はひとりで行く準備を進めていた。「魚類相の踏査（および知識）は、一八五二年にカプアス川一帯を発見したイーダ・ファイファーから始まる」と書いてあった。一瞬、目を疑った。大半の女性が家庭に閉じ込められていた一八五〇年代にヨーロッパ人女性が、二一世紀に生きる私がなかなか到達できない沼沢地に行ったということ？

まもなく、イーダは一連の旅行記で人気を博したオーストリアの作家だったとわかった。少女時代には、通り過ぎる馬車を眺めながら、遠くの見知らぬ土地に思いを馳せていたという。だが、どこにも行かないうちに結婚して二人の子供を育て、気がつくと中年になっていた。子供たちが独立し、夫を見送ったあとは、ピアノを教えながら一人で暮らしていたが、聖地巡礼という名目でパレスチナを訪れたのが最初の旅だった。そのときの旅行記が売れたので、次にアイスランドに探検に出かけた。次いで、ブラジルに行くと成人した息子たちに宣言したが、くわしいことは言わなかった。帰りは遠回りして世界一周してくるとは。

一八五〇年に出版されてベストセラーになった『*Lady's Journey Round the World*（未訳：貴婦人の世界一周旅行）』に私は夢中になった。イーダは必ずしも気立てのいい女性ではなかったようだ。現地住民は醜いと平然と書いているし、現地ガイドは役立たずだと憤慨している（「象皮病の下僕を見ると、食欲がなくなる」）。皮肉なことに、やっと自由に世界を見ることができるようになったのに、どの国も物足りなかったようだ。リオデジャネイロは不潔で、アマゾンのインディオは原始的な野蛮人と評し、タヒチ人のフリーセックスに憤っている。広東に着いたときには男装して街をさまよったが、中国人もあまり好きではなかったようで卑劣で嘘つきだと書いている。数ヵ月間中東を旅して「不信心な異教徒の国々」を手厳しく批判したあと、ようやくキリスト教のロシアにたどりついて、ほっと一息ついている。だが、入国した直後にスパイ容疑をかけられて投獄された。のちに彼女は、ロシア人は間の抜けた下卑た顔をしていて、彼らの行動も外見に釣り合っていると書いた。この本もベストセラーになった。

おかげで一年と経たないうちにまた世界一周に出発し、続編『*A Lady's Second Journey Round the*

World（未訳：貴婦人の二度目の世界一周旅行）』を書くことになる。今回は喜望峰に向かう貨物船に乗ってロンドンから出発し、東回りで世界一周することにした。最後に、東インド諸島――現在のインドネシア――に到達し、スマトラの食人族バタック族と交流した最初のヨーロッパ人となった。イーダは著書の中で、私は年寄りで肉が硬いから食べられなかったと書いている。ボルネオ島では、北西のサラワク州に上陸した。当時、その一帯は「白人王《ホワイト・ラジャ》」と呼ばれたジェームズ・ブルックが支配していた。貿易商で探検家のブルックは、イギリス領だった土地に政府の許可を得ずに「サラワク国」を建国し、海賊や奥地の首狩り族を弾圧した。イーダが到着したときには、先住民に対する残虐行為を問われてロンドンに召喚されたあとだった。イーダは残念がったが、代わりに出迎えた甥のキャプテン・ジョン・ブルックは、バタン・ルーパー川、別名「人食いワニの川」を遡上するというイーダを思いとどまらせようとした。

しかし、イーダは計画を変えなかった。一八五二年一月、ダヤクの首狩り族が住む野生の地をめざして出発した。瘴気《しょうき》の立ちのぼる沼の周囲に広がる原生林は、アマゾンのジャングルを思わせるが、湿度はここのほうが高い。密林には小型のピグミーゾウ、毛の生えたサイ、ウサギくらいの大きさのネズミジカ、赤錆色のオランウータン、髭のあるブタ、長い鼻をしたダルマテングザルといった珍しい生き物が潜んでいた。

大型ボートの船頭を別にすれば、同行者は海岸で雇い入れたマレー人のガイドだけだったが、怠け者で生意気だとイーダは手厳しく評している。毎日、夕闇が落ちると、少し腰の曲がった小柄なイーダは、ペチコートを腰までたくしあげ、梯子《はしご》をのぼって近くの民家の戸口に立った。ガラス玉や貝殻や人間の歯でつくった首飾りをかけ、腕と脚には銅の輪をはめ、クジャクの羽根を頭に飾ったダヤク族の目には、裾の広がった長いスカートをはいたイーダはさぞ異様に見えたことだろう。色白で、黒い目は鋭く、口元は非難がましく一文字に結ばれている。熱帯の太陽と豪雨から身を守るために、バリ島で買った笠のうえに大きなバナナの葉をかぶっていた。

内陸に入ってから一七日目、イーダは山脈の麓に出た。そこからは靴もストッキングも脱いで裸足で小川と沼沢地がどこまでも続くぬかるみを歩いた。植物の蔓が脚にからみ、胴に巻きついた。木陰があると一休みしながら進んだ。最終的には小型船で幅の狭い小川を遡上したのだが、やがて太陽の光が届かないほど深い密林に入った頃、小川はひときわ大きな湖に流れ込んだ。色も温度も温めたオニオンスープのような湖で、それまで見たことのない光景だった。水面から突き出た枯れ木の幹がトーテムポールのように見えた。ときおり犬や鶏の声が聞こえてこなかったら、無人の地だと思ったにちがいない。

イーダは偶然、センタラム湖に到達したのである。この湖は複数の湖の氾濫原で、乾季には消えてしまう。一九七六年にタイソン・ロバーツはこの湖を探検している。そして、二〇〇九年に私はこの湖にスーパーレッドを探しに行くつもりだったが、手前のムラユ島までしか到達できなかった。厳密には、イーダはセンタラムを「発見した」わけではない。その数千年前からこの一帯には先住民がいた。オランダ政府の役人だったL・C・ハルトマンは、イーダより三〇年前にこの湖を横断している。しかし、その後二人のオランダ人が訪ねようとしたが、その暗い湖は跡形もなく消えていた。乾季だったのである。

イーダはそんなことは知らなかっただろうが、目の前の光景に釘づけになった。迷路のように入り組んだ湖に心を奪われて、その夜は先住民の家に泊めてもらおうと思った。しかし、マレー人のガイド、「ろくでもない使用人」が猛反対した。首狩り族に怖れをなしたのだ。

それから約一六〇年後の二〇一一年一二月、私はイーダが探検を開始した地点に立って、「人食いワニの川」の濁った河口を見つめていた。「人食い《マン・イーター》というからには男しか食わないだろう」と弟からメールがあった。もちろん、冗談だ。海水に耐性の強いイリエワニ、学名クロコディロス・ポロサスは、現生の爬虫類で最大級であるだけでなく、地上最強の捕食動物でもある。リンガという寂れた漁村のカフェで、「ハッピーバチェラー（陽気な独り者）」と呼ばれた背の白いイリエワニ――モービーディックのワニ版――の写真を見たことがある。一〇年にわたって村人たちを震え上がらせ、多くの犠牲者を出しながら、狙撃兵の一斉射撃にもシャーマンの祈禱にも手榴弾の攻撃にも屈しなかった。ようやく一九九三年にダヤク族のハンターたちが、ライフル銃を撃ち込んで水面から吹っ飛ばしたのだ。体長六〇メートル、体重一トンを超えるイリエワニの死体は、不敵な笑みを浮かべた倒木のようだった。

だが、バケツの水をひっくり返したような豪雨の中で、ワニの姿はどこにも見えなかった。すでに雨季が始まり、水位が高くなったセンタラム湖にアロワナが産卵のために集まってくる時期だった。沼沢地のからんだ木の根の間にスーパーレッドを見つけることができるだろうか？　それとも、もう絶滅してしまったのか？

雨季だけに出現する湖が現れるのを待つ間、私はボルネオ島北西のマレーシア領サラワク州の州都クチンに行って、アロワナ養魚業者の会議に出席した。そこで、親切な漁業取締官から、部下が二人「人食いワニの川」の上流まで行くから、同行させてもらえるよう頼んであげようと言われて、そのチャンスに飛びついたのだ。だが、一八五〇年代にイーダ・ファイファーが進んだ道をたどれるとは思っていなかった。

この前挑戦したときのように南西からセンタラムに向かえば、今回のように北側から入るより一五〇〇キロ以上近い。さらに、北側から入るには障害が二つあった。ひとつはイーダが裸足で進まなければならなかった山脈。そして、もっと大きな難題は、マレーシアとインドネシアの国境地帯が一九六〇年代に両国の間で領有争が勃発して以来、封鎖されていることだ。国境検問所が設けられるという話だったが、まだ実現していない。

実は、サラワク州を訪ねたのはもうひとつ理由があった。かつてその地を訪れた人物に興味を抱いたからだ。この人物もアロワナのことを調べていくうちに知った。ボルネオ北西の海岸地帯は、一八五〇年代には多くの船が集まる商業の中心地だった。東インド諸島の自然界の秘密が次々と解き明かされ、イギリス本国で水族館がつくられ始めた頃である。ボルネオを訪れた探検家はイーダ・ファイファーだけではなかった。一九世紀最大の博物学者で、私が出会った現代の探検家の元祖のような人物もそこを訪れていたのである。

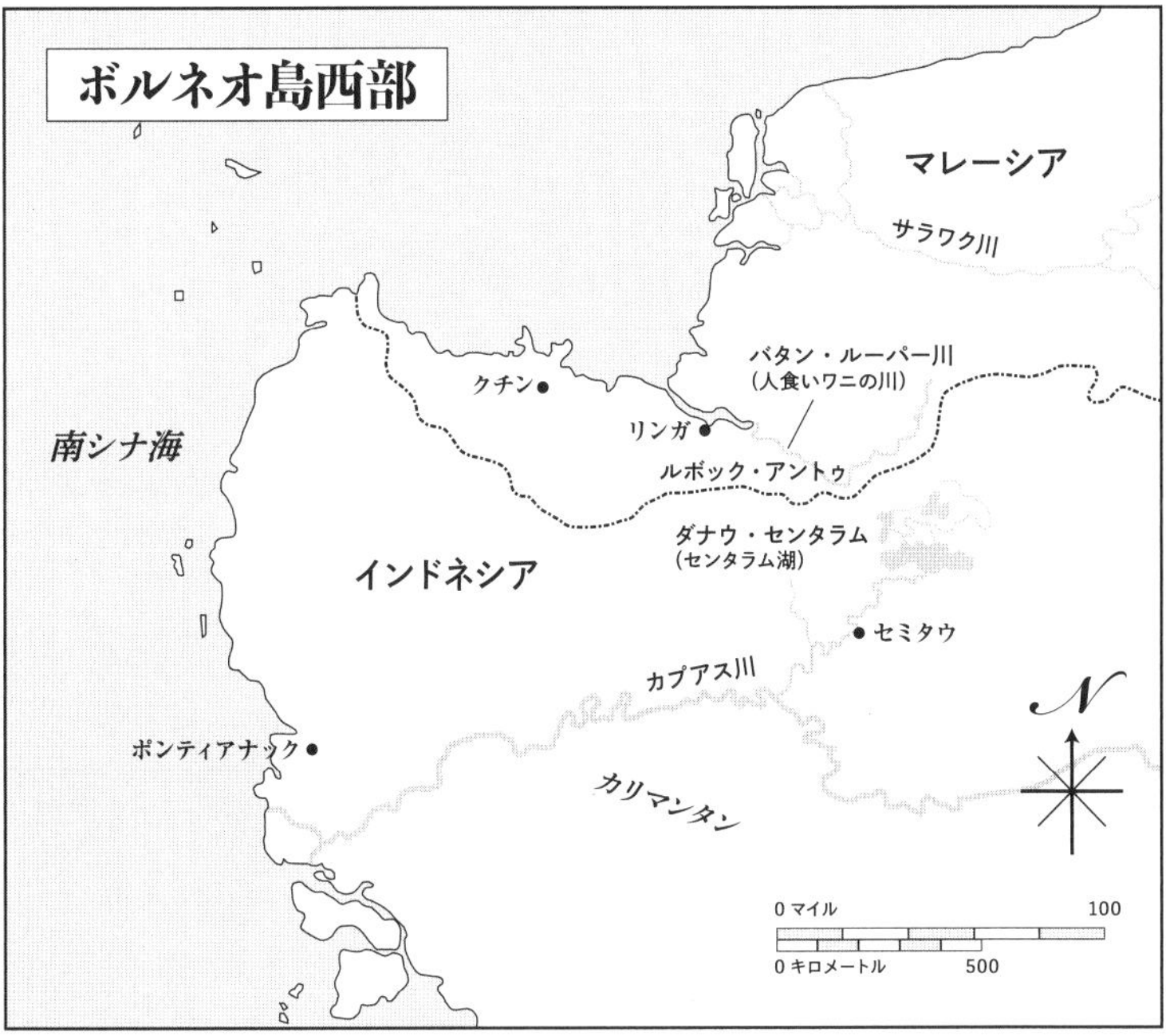

一八五二年、イーダがセンタラムにたどりついた年に、大西洋の真ん中で、眼鏡をかけた痩せた若者が、浸水しかけた救命ボートからせっせと水を掻き出していた。二九歳のアルフレッド・ラッセル・ウォレスである。ブラジルのアマゾンから乗ったロンドン行きの船で火災が発生し、彼の四年間の努力の成果が文字通り灰燼《かいじん》に帰した。炎は帆に燃え移り、すべてのメモと、命がけで採集した数千の標本（そのうち数百は新種）を保管していた貨物倉も燃えた。残ったのはインコ一羽だった。

一〇日間、救命ボートで漂流したあと、ウォレスと乗組員は通りがかった船に救助された。ロンドンに帰りついたときには、二度と採集旅行には行かないと決心していた。だが、しばらくすると、未知の生物が見たいという好奇心を抑えられなくなった。ウォレスが次の目的地に選んだのは、貴重な動物が豊富なことで知られていた東インド諸島——現在のマレー諸島だった。当時の博物学者は富裕階級出身者が多かったが、ウォレスは中産階級の出身だったので、ロンドンの仲介業者を通して標本を博物館や個人コレクターに売って生計を立てていた。

一八五四年の春、ウォレスはシンガポールに上陸し、そこで「白人王《ホワイト・ラジャ》」ジェームズ・ブルックに出会った。イーダ・ファイファーが会い損ねた当時のサラワクの支配者である。ブルックが保護すると約束してくれたので、ウォレスはボルネオに向かう決心をし、その年の一一月には雨季が始まったばかりのサラワクに着いた。そして、クチン郊外にベースキャンプを置いて、昆虫や動物の採集を始めたが、とりわけ「ボルネオの類人猿」と呼ばれたオランウータンに興味を引かれた。乳を飲ませていたオランウータンの母親を剝製にしたあと、残された子を手ずから育てているうちに、その「小さなペット」に強い愛着を覚えるようになり、人間と非常に似たところがあると書いている。

この時期に——ダーウィンの『種の起源』が出版される五年ほど前——ウォレスは「サラワク法則」を考えつき、「すべての種はそれ以前に存在していた類縁の種と時間的にも空間的にも重なり合って出現してきた」と書いた。進化という概念を思いついたのである。しかし、進化を引き起こす仕組み、その現象がどのように起こるかはまだ理解できなかった。

その三年後、まだ東インド諸島滞在中で、テルナテ島という小島に本拠を置いていたとき、ウォレスはマラリアに罹った。発熱と悪寒を繰り返しながら、朦朧とした頭で彼は考え続けた。新しい種はどのように出現するのだろう？　そもそも、種とは何か？　そして、何年も前に読んだトマス・マルサスの『人口論』を思い出した。疫病や飢饉といった要因が恒常的に人口増加を抑制しているのなら、同じような力が動物にも働いているのではないか？　そして、しばしば速いサイクルで作用しているのではないかと思いついた。どの種にも、他の個体と少し異なるものがいて、その些細な違いが有利に働いている場合が多いことも知っていた。たとえば、獲物を捕らえるのに有利な鋭い爪を持つハヤブサ、高い枝葉に届く首の長いキリンなどだ。

ある考えがひらめいた。こうした微妙な差異、マルサスが言う要因が、徐々に生物形態をつくりあげるのだ。環境にもっとも適した動物が生き残り、そうでない個体は消滅する。こうして、新しい種が生まれるのである。熱がさがると、ウォレスはすぐに「元の種と決定的に異なる変種の傾向について」と題する論文を書きあげ、崇拝するチャールズ・ダーウィンに「ご高覧いただきたい」と手紙を添えて送った。

ウォレスより一四歳年上で裕福な貴族だったダーウィンは、果たしてウォレスの着想を盗んだのだろうか？　細かい部分を盗用したという説もあるが、否定的な見解が圧倒的に多い。不思議な偶然から、二人はそれぞれ独自に自然淘汰による進化説にたどりついたようだ。ウォレスが熱に浮かされながら思いついたことを、ダーウィンは二〇年も温めながら、進化説が引き起こす宗教界からの反発を恐れていたのである。

当然ながら、ダーウィンはライフワークを横取りされるのを恐れた。そして、「私のすべての独創性が――どれほどのものかは疑問ですが――打ち砕かれることになるでしょう」と、友人で著名な地質学者のチャールズ・ライエルに手紙で訴えた。ライエルは急遽、リンネ協会で緊急会議を開く手はずを整えた。一八五八年七月一日、その会議でダーウィンの進化説が初めて発表され、ウォレスの論文も最後に紹介された。

地球の半分ほど離れた島々を旅していたウォレスは、そのことを手紙で知らされた。恨みを抱いても不思議ではないはずだが、ウォレスは名前を加えてもらったことを名誉に感じた。その後も四年東インド諸島にとどまり、通算八年過ごすことになった。ひとつ謎を解くと、またすぐ次の謎が出てきて、帰ることができなかったのだ。そして、今回の謎はアジアアロワナだった。

東インド諸島で過ごすうちに、ウォレスは動物の分布を調べることで、地球の歴史が明らかにできると考えた。たとえば、バリ島とロンボク島は四〇キロと離れていないのに、それぞれの島に棲む動物は、イギリスと日本の動物ほど異なっている。やがて、マレー諸島には二つの異なる動物相が生息しているという結論に達した。西側には主にトラ、サイ、霊長類などが棲み、東側にはカンガルー、コアラ、色鮮やかなゴクラクチョウなどが暮らしている。一八六八年、彼はバリ島とロンボク島の間の狭い海峡を北東に走る境界線「ウォレス線」を提唱した。この線より西側にある島々、バリやスマトラはかつてアジアの一部であり、東側のロンボク、スラウェシ、ニューギニアはオーストラリアとつながっていたのではないかと考えた。

のちに、ウォレスが正しかったことが、海底ソナーマッピングによって証明されている。ウォレス線はスンダ棚の縁から延びているが、この大陸棚はアジア大陸とつながっていた陸地が水没した

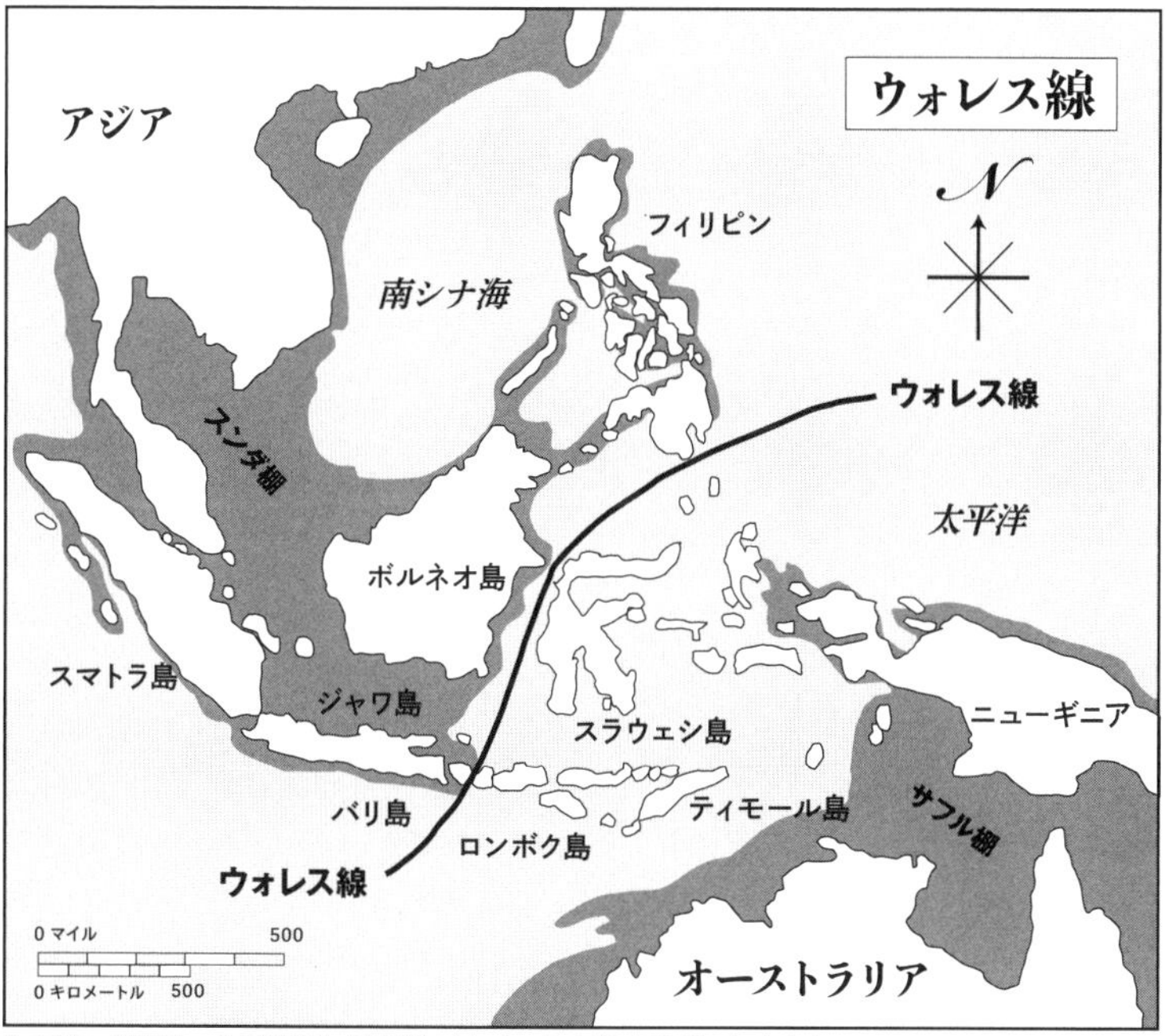

色の濃い部分は、氷河時代に海面が200メートル近く下がったときに大陸とつながっていたとされている。

ものだ。氷河時代に海面が下がると、アジア大陸やオーストラリア大陸とつながっている海底の一部が海上に現れて、周辺の島々とつながった。だが、氷河時代が終わってから五〇〇〇万年の間、この二つの大陸棚の間の深海が障壁となって、それぞれ異なる植物相と動物相が生まれたのである。

こうして、ウォレスは生物地理学という新たな学問分野をつくった。空間と時間を通した種の分布の研究である。最終的に、彼は地球全体を八つの動物地理区に分け、この区分は現在も使われている。

だが、ウォレス線をめぐるある謎が、一世紀以上にわたって科学者たちを悩ませてきた。境界線のもっとも有力な証拠は魚の分布だ。たとえば、淡水魚の場合、ボルネオと約一六〇〇キロ離れたオーストラリアでは、両方で見られる魚はいない。ただ例外がひとつあった。アロワナである。アロワナは境界線の両側に生息しているのだ。

オーストラリアに生息しているのは不思議ではなかった。アロワナは超大陸ゴンドワナ（地球上にただひとつ存在していたとされるパンゲア大陸の下半分）で進化したと言われているが、オーストラリアはゴンドワナの一部で、現在の南アメリカ大陸やアフリカ大陸、南極大陸、さらにはマダガスカル島とつながっていたからだ。ゴンドワナが崩壊すると、アロワナの祖先は南半球のいくつかの大陸に流れていった。しかし、ゴンドワナの一部ではなかった東南アジアになぜアロワナがいるのだろう？　長年有力だったのはオーストラリアから泳いできたという説だ。だが、淡水に高度に適応したアロワナが、塩水の海を渡ってきたという説は説得力に欠ける。

二〇〇〇年に二人の日本人研究者がついにこの難問を解明した。分子時計、すなわち、ＤＮＡは比較的一定した速度で進化しているから、種の間で変化量を比較すれば、進化過程でいつ分岐したのか推定できるという仮説に従って調べたところ、アジアアロワナとオーストラリアアロワナは、一億四〇〇〇万年前の白亜紀初めに共通の祖先から分岐したことが判明した。見た目があまり違わないので、***そんな遠い昔に分岐したとは誰も想像もしていなかった。だが、それ以上に驚愕の発見は、二つの種が分岐した時点で地表に起こった変化だった。その頃、インド亜大陸がアフリカ大陸から離れ、一億年をかけてアジア大陸に接近し、最終的に衝突した結果、ヒマラヤ山脈ができたというのである。

その間、アジアアロワナはゆっくりと現在のアラビア海に移動し、先史時代の東南アジアの水路をくだって現在のボルネオ島に入り、まだ陸地だったスンダ棚に到達したようである。つまり、アジアアロワナは地球の歴史――私たちの足元の陸地形成の目撃者なのだ。

先人たちの探検旅行にくらべると、センタラムをめざす私の旅は楽なものだった。「人食いワニの川」を遡上し始めた最初の夜は、木製の小屋の床に横たわって、胸板の厚い二人の漁業取締官のいびきを聞いていた。チョン・テッド・キンとアムリ・ビン・スレイは、もう一〇年もいっしょにサラワクの辺境を回って、漁業許可証の手続きをしている。二人とも横になるとすぐ熟睡したので、私は足音を忍ばせて灯を消しにいった。じっとりとした闇の中で横たわっていると、天井からヤモ

***アロワナはヤツメウナギやサメにくらべると、古代魚としてそれほど古くからいる魚ではないが、独特の特徴を備えている。二億一五〇〇万年ほど前の三畳紀後半、硬骨魚類と呼ばれる一群の魚類が出現し、やがて地球上でもっとも繁栄した脊椎動物となった。今日でも現生魚類の約九六パーセントは硬骨魚類である。原始の海を泳ぎ回っていた初期の硬骨魚類は、オステオグロサム科の魚である可能性が高く、アロワナもこの科に属している。しなやかな体と短剣のように鋭い舌を持つアロワナは、生き延びるのに適していたのは明らかで、地球上に現れて以来、ほとんど変化していない。

りの大きな鳴き声が聞こえてきた。ヤモリが鳴くなんて知らなかった。

眠れないのはイーダ・ファイファーと同じだったが、人食いワニの川を遡った私の経験は、彼女とずいぶん違っていた。一世紀半の隔たりがあるとはいえ、この一帯がボルネオの他の地域よりはるかに開発が進んでいることにまず驚いた。一例をあげるなら、船で川を遡ると思い込んでいたが、もうそんな時代ではなかった。漁業省は一隻の船も所有していなかった。取締官によると、「この川はワニだらけ」だからだそうだ。陸路を使えば、イーダが三週間かけて進んだ距離を一日で通過できた。

翌朝、車で南に向かいながら、チョンとアムリは私のために「ゲロンバン、ゲロンバン」と歌ってくれた。ゲロンバンは波というマレー語だ。深い轍《わだち》のある泥道ではなく、三角波の立つ川を遡っている気分になれるようにという心遣いだった。窓の外には水田が広がっていたが、やがて見慣れた光景——果てしなくつづくアブラヤシのプランテーションになった。森林伐採とともにプランテーションは、ボルネオの生物多様性にとって最大の脅威だ。「今は収穫期だ」チョンはそう言って、開発は地元のためになると主張した。「たしかに、森林がなくなると、野生動物は遠くにいったり、姿を消したり、絶滅したりするだろう。環境保護主義者はそう言ってる。だが、俺には大騒ぎするほどのこととは思えない。人間、金がなくてはやっていけないからな」

私は北米東部にあった樹齢一〇〇〇年を超える古木の森を思い出した。新世界の入植が始まってまもなく、その大半が伐採された。それと同じことが今ボルネオで起こりつつある。しかも、急激に。一九八〇年代半ばから現在までに、ジャングルの少なくとも二五パーセントが開墾された。アルフレッド・ラッセル・ウォレスが「そびえたつ処女林」と称賛した原生林も今では半分も残っていない。

しかも、ボルネオと北米では事情が違う。ボルネオにあるような熱帯雨林が地球上で占める割合は六パーセントにすぎないが、そこに既知の生命体の半数以上が生息しており、とりわけマレー諸島の動物相や植物相は他に類を見ないほど多様だ。外界から孤立した島は種分化の温床だからだろう。ウォレスがマレー諸島で、ダーウィンがガラパゴス諸島で、それぞれ動物を研究していたとき、いずれも天啓のように進化という概念を思いついたのは決して偶然ではない。

魚の世界も同じだ。淡水は地球上のすべての水のわずか二・五パーセントで、その大半が氷河や地下水となっており、残る一〇〇分の一パーセントが川や湖や湿地を形成している。そして、このわずかな地上の淡水が魚類の半数近くの生命を維持している。湖は孤立した島と同様、徹底した進化の実験が行われている自然界の研究所なのだ。

不運なことに、島の種、つまり淡水魚は、他の生物より絶滅の危機にさらされやすい。比較的狭い地域で、捕食動物や競争相手や病気の少ない環境で進化してきたからである。一九六七年、ウォレスが樹立した生物地理学に新たな分野が生まれた。生態学者のロバート・マッカーサーとE・O・ウィルソンが、島および島が育む生物の研究を「島の生物地理学」と名づけた。マッカーサーとウィルソンは、島の生態系の半分が破壊されると約一〇パーセントの種が消滅し、生息地の九〇パーセントが失われると半数の種が消滅すると主張している。典型的な例がシンガポールで、この二世紀の間に九五パーセント以上の原生林が伐採された結果、七〇パーセント近くの動植物の種が消滅したという。実際には、七三パーセントにのぼるという研究もある。

アジアアロワナはもともとシンガポールに生息していたわけではない。だが、一九八〇年代にシンガポールがワシントン条約に加盟すると、政府は地方の養魚場からアジアアロワナを押収して、あちこちの貯水池に放流した。その結果、多くの雑種が生まれるようになった。「きわめて興味深いジレンマだ」とシンガポール国立大学の淡水生物学者ピーター・ウンは言った。在来種は保護の対象だが、外来種は根絶あるいは規制しなければならないという。「私は古いタイプの生物学者だ。異質なものは始末すべきだと信じている」

「本気で殺してしまうつもりですか？」私は聞いた。

「困惑している」ウンは絶滅の危機に瀕した外来種の先例がほとんどないのだと言った。思いつくのは、原産地オーストラリアでは保護されているポッサムが、ニュージーランドでは害獣と見なされて組織的に駆逐された例くらいだ。アジアアロワナをどう見なすか誰にもわからなくなっている。貴重な伝説の魚か、大量生産された商品か、危険な外来種なのか？　ひとつ明らかなのは、アジアアロワナがもはやただの魚ではないということだ。


車で三時間ほどかけて、「人食いワニの川」の上流にあるルボック・アントゥという小さな町に着いた。チョンとアムリはこの町のティラピア養魚場を調査することになっていた。ルボック・アントゥとは「幻の潟」という意味だとチョンが教えてくれた。「カウボーイの町」だと言って、インドネシアからマレーシアに流れてくる労働者のフロンティアなのだと説明した。材木だけでなく、オランウータンの赤ん坊やアロワナといったエキゾチック・アニマルの密輸拠点でもある。このあたりにはアロワナはいないから、国境のすぐ向こう側のセンタラムから捕ってくるのだという。二、三日前、まだクチンにいて、密輸されたアロワナの保護を鳴り物入りで宣伝している保護センターを訪ねたとき、私は奇妙な光景を目にした。アロワナ保護センターなのに一匹もアロワナがいない。一八ヵ月前に漁業省がセンターを開設して以来、アロワナは一匹も押収されていなかったのである。今、密輸拠点の町に来て、本当にこの近くにアロワナがいるのだろうかと不安になった。

源流の近くまで行くと、イーダが描写した風景とは似ても似つかない光景が広がっていた。一九八〇年代に水力発電用の大きなダムが建設されて、ジャングルは青緑色の巨大な湖と化し、岸辺の赤土と奇妙な対比をなしている。骸骨の手のように水面に飛び出ている枯れ木が、かつてそこがジャングルだったことを告げていた。ダム建設にともなって、二六の高床式長屋《ロングハウス》に住んでいた三〇〇〇人ほどのダヤク族が移住を余儀なくされ、移住する前に先祖代々の墓地を掘り起こしたそうだ。今、この人造湖の対岸に建っているのは、しゃれたホテルだけだ。ヒルトンが経営するバタン・アイ・ロングハウス・リゾートは、先住民の暮らしを体験できるのが謳い文句である。

地図の上ではセンタラムは蛇行する川のすぐそばにあるが、国境を越えたインドネシアにあるセンタラムと私との間には山脈が立ちはだかっている。エメラルド色に輝く山頂を眺めながら、徒歩で山を越えたイーダの姿を思い浮かべると、私もあとに続きたいと思った。だが、彼女が見た世界は、少なくとも山脈のマレーシア側には、もはや存在しなかった。

噂に聞いていた国境検問所まで車で行ってみたが、まだ開設していなかった。がらんとした建設地にヘルメットをかぶった作業員がひとりいただけだ。フリーゾーンを通って、物々しく施錠した門の前まで行き、車からおりてインドネシア側を見つめた。その気になったら簡単に門を越えられそうだが、無断で国境を越えたら射殺されると警告された。しかたなく、コンクリートの台にのぼって、鉄柵の間からオランウータンのように手を伸ばして、指を動かしてみた。スーパーレッドの生息地は目と鼻の先。五〇キロと離れていないのに、この先には進めないのだ。

10章 幽霊のような魚

インドネシア領ボルネオ――カリマンタン

結局、私は南のカリマンタン（インドネシア領ボルネオ）に飛んだ。二年前、野生のアロワナを探しに行って頓挫した地域である。一二月の第二週に港町ポンティアナックを再度訪れた私は、空港で出迎えてくれた人物を見て胸が熱くなった。二〇〇九年にセンタラムまで同行してくれたヘリー・チェン――ケニー・ザ・フィッシュにアロワナを提供している地元の養魚家だ。熱帯の一二月は蒸し暑いが、カーラジオから「レット・イット・スノー」が流れていた。

「ボルネオにもサンタクロースは来るの？」彼の車で町を横断しながら聞いてみた。

「サンタクロースは俺かもしれないよ」ヘリーはウィンクした。この前会ったとき別居中だった妻と仲直りして、クリスマスには三人の子供を連れて中国へ旅行するという。ということは、私とセンタラムに行けないわけだ。だが、ちょうど私のほうでもヘリーに案内を頼むのをためらっていたところだった。中国系の彼を先住民が警戒してセンタラムに近づけないかもしれないし、スーパーレッドを見つけたら、ヘリーが写真を撮っただけで湖に戻すとは考えられないからだ。案の定、ショッピングモールで喉を潤しながら、彼はアロワナが見つかったら届けてほしいと言った。「俺のところなら、いい暮らしができるからね」と冗談めかして続けた。「マンション（彼の養魚池）に住んで、ゴキブリやカエルという豪勢な食事ができる」

ヘリーには頼めないので、ここに来る前にポンティアナックに本拠をおくＮＧＯリアク・ブミ（大地の波）に連絡してセンタラムまでの案内を頼んでおいた。このＮＧＯはセンタラム一帯の保護と先住民支援という二つの対立する問題に取り組んでいる。ポンティアナックに到着した四日後には、緑色の大型ボートで、二〇〇九年に足止めされたムラユ島を通り過ぎた。今回の同行者はリアク・ブミの三人の会員。ポンティアナックから付き添ってくれた生真面目な冒険家ヘルマントと二人の地元住人だ。ＮＥＷ ＹＯＲＫとロゴの入ったグレイのトレーナーを着ていたパ・イタムは六〇歳で独身、痩せたジム・サンビは三〇代で、子供の頃はスーパーレッドがごちそうだったと言った。いずれもセンタラムで生まれ育った人たちである。

パ・イタムが巧みな舵さばきで湖を横切って湿地林に入った。低木が絡み合って黒い水に沈んでいる。しばらくすると、水面から突き出た木の幹や、垂れ下がった蔓に視界を遮られた。どちらを向いても同じ光景が広がっている。一九八〇年代半ばにこの一帯を調査したオランダの生態学者ウィム・ギーゼンは、世界野生生物基金に提出した報告書に次のように書いている。「一年の大半を通じて、数多くの湖沼が複雑な迷路を形成しており、航行はきわめて危険である。地図はほとんど役に立たない」それでも、パ・イタムは平然とボートを操っていく。一九七〇年からこの一帯を航行しているベテランの船頭なのだ。

ダナウ・センタラム国立公園と呼ばれている一帯には、湿地林に囲まれた八三の黒い湖があり、

郵便はがき

料金受取人払郵便

新宿局承認

5338

差出有効期限
平成31年9月
30日まで

切手をはらずにお出し下さい

160-8791

343

東京都新宿区
新宿一－二五－一三

（受取人）

原書房

読者係 行

1608791343 7

図書注文書（当社刊行物のご注文にご利用下さい）

書名	本体価格	申込数
		部
		部
		部

お名前　　注文日　　年　　月　　日

ご連絡先電話番号　□自宅　（　　）
（必ずご記入ください）　□勤務先　（　　）

ご指定書店（地区　　）（お買つけの書店名をご記入下さい）　帳合

書店名　　書店（　　店）

5466
絶滅危惧種ビジネス
エミリー・ボイト 著

愛読者カード

＊より良い出版の参考のために、以下のアンケートにご協力をお願いします。＊但し、今後あなたの個人情報(住所・氏名・電話・メールなど)を使って、原書房のご案内などを送って欲しくないという方は、右の□に×印を付けてください。 □

お名前《フリガナ》　　男・女(　歳)

ご住所　〒　-

市　　町
郡　　村
TEL　(　)
e-mail　@

ご職業　1会社員　2自営業　3公務員　4教育関係
5学生　6主婦　7その他(　)

お買い求めのポイント
1テーマに興味があった　2内容がおもしろそうだった
3タイトル　4表紙デザイン　5著者　6帯の文句
7広告を見て(新聞名・雑誌名　)
8書評を読んで(新聞名・雑誌名　)
9その他(　)

お好きな本のジャンル
1ミステリー・エンターテインメント
2その他の小説・エッセイ　3ノンフィクション
4人文・歴史　その他(5天声人語　6軍事　7　)

ご購読新聞雑誌

本書への感想、また読んでみたい作家、テーマなどございましたらお聞かせください。

世界でもっとも多くの種が生息する湖沼系である。頭上には優雅な水鳥が飛び、浸水した密林には、ボルネオを代表する二つの霊長類、オランウータンとテングザル、そして、三種のワニが潜んでいる。しかし、あたりは不思議なほど静まり返っていて、生命の気配は感じられない。黒い湖面は鏡のように静かだ。

夏になると無数の小川の水がカプアス川に注ぎ込み、水位が二〇メートル近く下がって、湖が干上がるので、露出した湖底をオートバイで横断できる。だが、雨季には――私が到着した一二月は雨季の真っ最中だった――小川が逆流してカプアス川の水が一気に流れ込み、センタラムの九〇パーセント以上が浸水して、まるで内海のように見える。

こんなところに人間が住めるとは思えないが、実際には、太古から住人がいた。泥炭の炭素濃度を測定すると、三万年以上前から気候変動では説明がつかない頻度で火災が発生していたことが判明している。現在、センタラムの住人は主として二つに分かれる。数が多いのはマレー人で、一七世紀にやってきたイスラム教徒の貿易商の子孫だ。次いで、彼らがイスラム教に改宗させた先住民のダヤク族である。イスラム教に改宗しなかったイバン族は、一九七〇年代以降にキリスト教徒になった。私を案内してくれた三人のうち、パ・イタムはマレー人で、ジムとヘルマントはイバン族だ。

一九八二年にセンタラムは野生動物保護区に指定されている。アロワナの重要な生息地であることが主な理由だった。ウィム・ギーゼンが調査したのはその四年後だ。現在はオランダで研究生活を送っているギーゼンは、当時この一帯は「地図の上では空白だった」と電話で話してくれた。

「野宿しようとしても乾いた場所がどこにもなかった」やむなくハウスボートで寝たが、夜中に転覆して、泳ぎながらボートを牽引したこともあったという。「水の中で汗をかくという不思議な体験をしたよ」

ギーゼンを驚愕させたのはそれだけではなかった。とうてい人が住めるとは思えない一帯に、三〇〇〇人ほどの住人がいて、しかも、何世代も前から暮らしていることだった。その後、違法な伐採道路がこのあたりにまで延びると、人口は三倍になった。さらに、出漁期になると、川下の町からハウスボートが集まってきた。人口と反比例して魚の数が激減し、二〇〇〇年代半ばの漁獲量は一九九〇年代末とくらべると約四〇パーセント減少している。

湿地林を進んでいくと、時折、高床式の家が数軒かたまっているのが見えた。小さな村に着いたのは日没前だった。白と緑のモスクのトタン屋根が夕日に輝いている。今夜はここで姪の家に泊まろうとパ・イタムが言った。赤道直下では夕暮れはなく、日が沈んだとたんにスイッチを切ったように闇に包まれる。滑りやすい浮桟橋をのぼって家にたどり着く前にすっかり暗くなっていた。一年前まで村には電気はなかったそうだが、今では発電機が大きな音をたて、笠のない蛍光灯が渡り板に不気味な光を投げかけている。

とんがり屋根の小さな木の家に入ると、パ・イタムはテレビの前の床に座って、帽子を膝にのせ、煙草に火をつけた。甥のアディ・ムハマド・アクバルがそばを通ると、ぐいと抱き寄せた。テレビは、スマトラでアブラヤシのプランテーション建設に抗議するデモ隊の四人が射殺されたと報じていた。

エプロン姿のパ・イタムの姪が夕食に用意してくれたのは、魚のフライ、魚のシチュー、豚の皮を揚げたポークラインズのような噛み応えの魚のクラッカー、そして、フィッシュ・ファーンという野草で、みんなで床に車座になって食べた。いつのまにか、村中総出ではないかと思うほど近くの住人が集まってきた。よそ者の私が珍しいのだろう。皺だらけのおばあさんが赤ちゃんに香の煙をかけていた。

「蚊よけ？」私は聞いた。

「いや、幽霊よけだ」ジムが答えた。そして、肩をすくめてつけたした。「蚊よけにもなるが」

パ・イタムは、初めて村によそ者がスーパーレッドを探しに来たときも案内したという。一九八二年に中国系の養魚家たちがやってきた。湖から戻ると、大型ボートから発電機と映写機を運んできて、村人たちに映画をみせてあげようと言った。この一大イベントに村中が集まってきた。その間に男たちはこっそり湖に出かけて捕れるかぎりのアロワナを捕った。その影響は三〇年後の今も残っているという。

「なんという映画？」私は聞いた。

「『ランボー』」村人たちが声を合わせて言った。

びっくりしたような目をした男が、悔しそうに首を振りながらマレー語で何か言った。「ここにはたくさん、たくさんアロワナがいた」ジムが通訳してくれた。「一〇〇〇なんてもんじゃない、一〇〇万はいた」。だが、数年のうちに乱獲された。ウィム・ギーゼンが一九八六年に調査したときには、アロワナを見つけるのは「金塊を探すようなものだった」。近くの村では住人が新しい家や船を指さしてアロワナを捕まえて買ったと教えてくれたが、ギーゼン自身は一匹も見つけられなかった。

一九九〇年代になると、アロワナは一匹一二〇万から一三〇万ルピアの値がつくようになった。米ドルに換算すると五〇〇ドル以上だ。今はその五倍はするだろうが、めったに捕まえられないと村人たちは言った。二〇〇七年に一匹、二〇〇八年に一匹、二〇〇九年に一匹捕まえた。だが、それからもう三年近く一匹も見ていないそうだ。


翌朝、パ・イタムの姪に別れを告げて黒い川を遡りながら、私は穏やかな流れをのぞき込んだ。三年も誰もスーパーレッドを見ていないのなら、もう絶滅してしまったのだろうか？

それを確かめるために、もう一ヵ所寄っていきたいところがあった。センタラム随一のアロワナ養魚場を管理しているイバン族のメリアウ・ロングハウスである。

真昼の太陽が照りつける頃、湾曲した川の先に目的地を見つけた。灰色の板や波形金属板を雑然と組み合わせた車両二つくらいの長さの高床式長屋《ロングハウス》だ。洗濯物が旗のように揺れている。

浮桟橋に船をつけて、ぐらぐら揺れる梯子をのぼると、広いベランダに面して一〇くらいドアが並んでいる。それぞれ別の家族が住んでいるのだ。銀髪を後ろで束ねた女性がジムに気づいてイバン語で陽気に声をかけてきた。「老けたわね！」それから、私を値踏みするように眺めた。「この人、釣りをしにきたの？」

野生のアロワナを探しに来たとジムが説明すると、思いがけない話をしてくれた。二ヵ月前、ロバートというアメリカ人がライギョを釣りに来たという。ライギョは獰猛な魚で、筒状の長い体に大きな口と鋭い歯を持っている。アジアとアフリカ原産だが、それ以外の地域でも外来種として生息している。陸にあがっても四日間は生きることができ、五〇〇メートル離れた水際まで移動した例もあるという。二〇〇二年にメリーランド州クロフトンの池に突然ライギョが現れたことがある。おそらく、生きた魚を扱うアジアンマーケットから逃げてきたのだろう。付近の住民はパニックに陥り、この事件をもとにしてB級映画が三本もつくられた。『ライギョの恐怖』、『フランケンフィッシュ』、そして『ライギョの群れ』。

ロバートはこの悪名高き魚を釣りにわざわざボルネオまで来たわけだ。ところが、三日目に雪靴ほどの大きさのスーパーレッドを釣り上げた。鱗を輝かせてのたうちまわる魚がアロワナだと彼は知らなかったが、湖に放す前に若いガイドが写真を撮っていた。キャディ帽をかぶった白い無精髭の大柄な釣り人が、きらきら光るオレンジがかった赤い魚を掲げている写真を私は穴が空くほど見つめた。アロワナは口をこじあけられて鰓を見せ、片目でカメラをにらんでいる。

スーパーレッドはまだいた。この湖から消えたわけではなかったのだ。長年、人間たちが手を替え品を替え追い続けても、このモンスターは追及の手をかいくぐりながら、より大きく、より赤くなってきた。だが、私は素直に喜べなかった。

先を越された。その思いのほうが強かった。

しかも、「休暇で来たアメリカ人」に負けたのだ。無言で写真を見つめているうちに、魚がスプーンをくわえているのに気づいた。「ロバートはスプーンを使うんだ」とジムが説明してくれた。

「魚を捕るのに」

「魚がスプーンに食いつくの？」私は不思議だった。

「魚はみんなスプーンに食いつくよ」

「食べられないのに」

この際、白状するが、私はこれまでの人生で一度も釣りをしたことがない。多くの魚が太陽にきらりと光る擬餌針《ルアー》、たとえば、フックに金属製のスプーンをつけたルアーに食いつくのは、釣りの常識らしい。アロワナもルアーに食いつくのだ。私はこの知識をどう活用すればいいかわからなかった。

それまでずっと、アロワナを捕まえる最善の方法は、夜間に懐中電灯を使って水面で光るアロワナの目を探すことだと教えられてきたからだ。迷ったあげく、ロバートを案内した若いガイドに頼むのが一番だという結論に達した。だが、背中に歯をむき出したヤマネコのタトゥーを施したソデイクというガイドは困った顔をして、今夜はクリスマスイブだからと言った。

私は当惑した。今日は一二月一四日だ。

よく聞いてみると、センタラムではクリスマスが早いのだとわかった。メリアウ・ロングハウスのイバン族はキリスト教徒だが、この湖沼地帯には牧師はひとりしかおらず、クリスマスには、船で数時間かかるほど離れた二四の村々を順番に回ってくるそうだ。毎年、一〇月から始めて各ロングハウスを訪ねてくるが、明日はメリアウの番で、マレーシアの製材所や建設会社で働いている家族も集まっていた。

ソディクがだめなら他のガイドをと思っても、夜、懐中電灯を使ってアロワナを探したことのある村人などいなかった。捕まえられる確率はほぼゼロに近いという。昔、そんな方法で釣ったことがあるという老人は、今は目が不自由だった。

ようやく、バドンという男が案内してくれることになったが、アロワナが見つからなくても時間になったら帰るという条件つきだった。彼もここ一〇年一匹も見ていないという。ジムとヘルマントがつき合ってくれたので、四人で大型ボートに乗り、弱い雨が降ってきたので、青いポンチョにラタンの帽子をかぶって出発した。バドンが垂れ下がった蔓のトンネルをヘッドライトで照らしながら、モーター音に負けない大声を出した。灯りに引かれてヘビが木からおりてくることがあるから、もしそうなったら、船からとびおりろと言っているという。

反射的に、本で読んだ六〇メートル以上ある世界最長のヘビ、アジア・アミネニシキヘビが頭に浮かんだ。落雷に打たれたりワニに襲われたりして命を落とした探検家や、オランウータンにレイプされたという女性のことも。医者からはボルネオで水に浸かったりしたら、カタツムリの寄生虫のせいで一生麻痺が残るおそれがあると警告されていた。そんな危険を冒してまで、きれいだとも思わない魚を追い求める必要があるのだろうか？　今の私は、イーダ・ファイファーが自分に脅威を及ぼすものを軽蔑したように、アロワナに不合理な憤りしか感じなかった。私は保安官が無法者を追うようにスーパーレッドを追っていた。

そんな思いにふけっていたうえ、一メートル先も見えなかったから、湖に着いたのに気づかなかった。バドンがエンジンを切って、ボートをマングローブに入れる。ヘッドライトが投げかける淡い光の輪の中で、扇のような葉をした植物が見えた。「世界でナンバーツーの探検家」神畑氏が著書で紹介していたキャッサバだ。イバン族の女性たちはキャッサバを織って敷物をつくり、男たちはペニスケースにするという（少なくとも本にはそう書いてあった）。アロワナが繁殖期に好んで集まる植物でもある。枝分かれした太い根が格好の隠れ場になるらしい。

バドンが懐中電灯で湖を照らした。雨水が帽子から滴るほどのどしゃぶりになったが、それでも羽虫が灯りに引き寄せられて群がってくる。泡立つ不透明な湖面に目を凝らしていると、ハイコが言っていたのを思い出した。夜この湖に潜ったことがあると言っていたのを思い出した。ハイコなら、こんなときどうすればいいか知っているだろうに。

一時間ほどマングローブを懐中電灯で調べているうちに、ボートの底に水がたまってきた。ジムもヘルマントもずぶ濡れになって悄然としている。ギブアップ宣言はしたくなかったが、バドンにもういいかと聞かれると、内心ほっとした。「水位が上がっているから大変なんだ」バドンがジムを介して言った。「乾季だったら楽だったのに」ショックだった。この前ボルネオを訪れたのは乾季で、そのときは雨季に出直したほうがいいと言われた。それで、水位がいちばん高くなる時期に合わせて日程を調整したのに。おそらく、スーパーレッドを見つける最適な時期などないのだろう。

その夜、濡れた服を着替え、コンタクトレンズをはずしてみんなをぎょっとさせてから、花柄のマットレスに横になった。その日の出来事を思い返しているうちに、ふとイーダ・ファイファーが見たという髑髏が天井の梁からぶらさがっていないかと思った。ジムは子供の頃には部屋にいっぱい髑髏があったと言っていた。ガイドブックには「ボルネオの首狩り族の習慣は廃れつつある」と書いてあったが、もしまだ残っているなら見てみたい。ジムが住人に聞いてくれた。だが、見ることはできなかった。火事で焼けてしまっていたり、夫の留守中に家宝を見せられないと断られたりした。人間ではなくナーガ（イバン語でドラゴン）の頭蓋骨だそうだが、大きさを聞くと、しばらく考えてから両手を合わせて「犬の髑髏ぐらい」と言った。最後に訪ねた家では、年配の女性が父が祖父から受け継いだ髑髏があるが、封をした箱におさめてあって、祖父も開けたことはなかったという。

うつらうつらしていると、誰かが近づいてきた。一瞬、ぎくりとして身構えた。だが、そんな必要はなかった。この家のおばあさんが私がくるまっているピンク色の蚊帳を直しに来てくれたのだった。

イーダ・ファイファーは一八五二年にセンタラムを離れてカプアス川をくだる帰路についたとき、初めて別れのつらさを感じたという。それまで一〇年間、世界をまわって異文化の大半に難癖をつけてきた彼女が、ボルネオの首狩り族であるダヤク族を好きになったのだ。ダヤク族は誠実で気立てがよく謙虚で、子供に愛情深く、年配者に敬意を払う。「私が見てきたどの人種よりも彼らを上位につけたいほどだ」と書いている。

敵の首を落として保存するという慣習については、その点ではヨーロッパ人も同様で、むしろ、もっと残虐だと評している。「私たちの歴史のすべてのページは、裏切りや殺人といった忌まわしい行為に満ちている」と断言し、ナポレオンはベルサイユ宮殿を数百万の髑髏で飾れただろうと書いた。

たぶん、イーダはダヤク族ともっといたかったのだろう。そして、もっと滞在していたら、スーパーレッドを見たにちがいない。だが、アロワナの「発見者」にはなれなかった。その一六年前の一八三六年、ドイツの博物学者サロモン・ミュラーが南部のバリト川で、グリーンアロワナを発見していたからだ。ミュラーの東インド探検は悲惨だった。同行した科学者四人のうち三人は病死し、ひとりはジャワ島で暴動に巻き込まれて亡くなった。オランダ領東インド博物協会は、三〇年にわたってこの地域に一八人の研究者を派遣しているが、そのうち生きてヨーロッパに帰れたのは七人だけだ。ミュラーはその幸運なひとりで、無事にオランダに戻ると、少なくとも六体のアジアアロワナの標本をライデン自然史博物館に所属する知人の動物学者ヘルマン・シュレーゲルに届けた。一八四〇年、ミュラーとシュレーゲルは、この魚をオステオグロッサム・フォルモサムと命名して記載した。南米アロワナの属名に「美しい」という意味のラテン語「フォルモサム」を種名としてつけたのである（その後、この種はスクレロパゲス・フォルモサムとして再分類されることになる。オーストラリアアロワナが二匹発見され、南米のアロワナよりそちらに似ていることがわかったからだ）。「現地ではありふれた魚だ」と二人は報告している。「肉は美味とはいえず、どちらかというと硬い」。ボルネオの魚類が正式に記載されたのはそれが初めてだった。

イーダはスーパーレッドがペチコートの下を通り過ぎるのは見逃したかもしれないが、探検中に採集した魚のコレクションを、当時バタビア（現在のジャカルタ）に駐在していたオランダ軍の軍医で著名な魚類学者ピーター・ブリーカーに届けている。ブリーカーは感謝の意を表するために、カタクチイワシの一種に彼女の名をつけて、エングラリウス・ファイファリと命名した。ところが、その後、この魚がすでに記載されていたことが判明し、そのカタクチイワシとともに永遠に残るはずだった名誉はイーダからもぎ取られた。当時でも新種の発見は至難の業だったようである。

だが、はからずもダーウィンのライバルにされたアルフレッド・ラッセル・ウォレスは、新種発見にまつわるこうした問題とは無縁だった。マレー諸島で八年過ごし、一八六二年にようやくロンドンに帰ってきたときには、一二万五六六〇もの標本を携えており、そのうち一〇〇〇以上がそれまで誰も見たことのない新種だった。おそらくウォレスがいちばん感動したのは宝石のようなゴクラクチョウだろう。彼はこの鳥をボルネオから遠く離れたアルー諸島で見つけている。魅惑的なゴクラクチョウの中でも、朱色と純白の胸に深緑の縞が入り、先が螺旋状になった一五センチもある長い尾を持つ鳥に関して、彼はこう書いている。

今私が眺めているこの完璧な小さな生物は、これまでヨーロッパ人の目に触れたことがなく、ヨーロッパではほとんど知られていない……ずっと昔から、この小さな生物は代々、自然の経過をたどってきた。すなわち、毎年毎年、この陰気な暗い密林で生まれ、生き、そして、死んでいった。だが、その美しさを愛でる知的な目はなかった。どう考えても、途方もない美の浪費である。そう思うと、陰鬱な気分になる。これほど美しい生物が、その魅力を荒れ果てた野生の地でしか発揮できず、この先ずっと希望のない未開状態にさらされる運命にあるのだ。しかし、一方で、文明人がこの辺境の地まで押し寄せ、モラルや知性や物理的な光を処女林の奥地まで持ち込んだなら、有機的な自然と無機的な自然の調和は崩されるだろう。その結果、文明人だけが観賞し慈しむのに適した美しい生物たちを減少させ、ついには絶滅という悲しい結末をもたらすだろう。こう考えると、すべての生物が人間のためにつくられたわけでないのは明らかである。

先見の明に富む洞察であり、美しさゆえに地上から姿を消す運命になった多くの生物をもはや誰も思い浮かべなくなる世界がいずれ来ることを予言している。美というテーマは、ウォレスとダーウィンの間で論点にならなかった。異性をめぐる競争を通じて起こる進化の結果、雄のクジャクが美しい羽を持つようになったとするダーウィンの性選択説をウォレスは受け入れなかったからだ。彩色は効用や、主として擬装や警告に関する法則に決定されると彼は考えていた。ウォレスにとって、美は——少なくとも、彼が見てきたレベルの美は——進化だけでは説明がつかなかったのである（ウォレスもダーウィンも、E・O・ウィルソンのバイオフィリア仮説——美は見る者の脳の中で進化し、人間の他の生物に対する愛は、ホモ・サピエンスと自然をつなぐ本能的な絆であるとする仮説——を予測していなかった）。

東インド諸島探検はウォレスの最後の旅となったが、彼は生涯かけて研究を続けた。九〇歳まで生きたウォレスは、自動車や飛行機が馬車にとってかわるのを目撃したが、その頃には彼自身が時代遅れの存在となっていた。独学で博物学者となり、学術機関に所属しない科学者は急激に消えつつあったのである。

私のボルネオ滞在も終わりに近づいた。パ・イタムに別れを告げると、最後にジムとヘルマントと三人で、センタラムの丘に点在するイバン族の高床式長屋《ロングハウス》を訪ねることにした。朝日を浴びながらでこぼこ道を進んでいると、高齢の男性が亡霊のようによろよろと路肩を歩いていた。糸のような灰色の顎鬚の老人で、野球帽をかぶっている。裸足で、短パンから突き出た脚は、寄りかかっている杖と同様、節くれだっていた。近くのロングハウスの長老と気づいた運転手が車を寄せて、乗っていくように勧めた。後部座席に乗り込むと、老人は歯のない口をあけて笑った。顔中に深い皺が刻まれている。喉に木のタトゥーを入れていた。老人の土くさい汗のにおいが車内に充満した。

数分で長老の家に到着した。ロングハウスといっても水の上ではなく、丘の麓に建てられていて、かなり古そうだった。新しいロングハウスは薄い灰色の板張りだが、この家は今では見られなくなった黒っぽい厚板でできている。電池式のラジオから、「ウイ・アー・ザ・ワールド」のテクノバージョンが流れていた。タトゥーを施しピアスをした若者が数人、ベランダに座って、複雑なキルトのように保護区が入り組んだこの一帯の地図を見ていた。

「このコミュニティはいつからあるの？」私はジムに聞いた。

長老によると、少なくとも一〇〇年から一五〇年前からあるが、正確にはわからないとのことだった。長老は一九一四年生まれだと言った。九七歳の今でも、車で往復三時間かかるいちばん近い町まで、一日で行って帰ってこられるという。元気の秘訣は、揚げた魚を食べないことだそうだ。

「コレステロールを取りすぎると、膝に脂肪がつく」とジムが通訳してくれた。

「昔はシルクを食べていたんですか？」シルクとは地元の言葉でアロワナのことだ。

長老はしきりにうなずいた。「たくさん食べた。アロワナはマルチビタミンだ」とジムが彼の返事を伝えた。

昔とどこが変わったかと聞くと、長老は少し考えてから、昔は部族間の争いがしょっちゅうあったと答えた。彼のロングハウスにも昔は髑髏がいっぱい飾ってあった。第二次世界大戦中には、イギリス政府に奨励されて、ダヤクの戦士たちはボルネオを占領した日本軍兵士の首を切った。切り落とした首は三時間ほど歩いたジャングルの墓地に埋葬したが、今でもひとつここに残っているという。最近は争いの種が変わった。「保護区の奪い合いだ」と、長老は地図をのぞき込んでいる若者たちを指した。アブラヤシのプランテーションが、こんな奥地にまで押し寄せてきたのである。

長老が年配の女性の家に案内してくれた。女性に手招きされて、ジムとヘルマントと私は、丸太に切れ目をつけただけの急な梯子をのぼって屋根裏に入った。ラタンの籠や丸めた敷物が積んであり、窓から射し込む光の中で埃が舞っている。膨らませた米とトゥアクという地酒が用意されていた。女性が花の絵のついた錫《すず》のカップに地酒を注いでいると、彼女の息子が、金属の大皿を運んできた。皿の上には黒ずんだ髑髏。乾いた蔓草が王冠のようにのせてある。

女性は髑髏の上で手を振りながら祈りを唱え始めた。ジムが小声で教えてくれたところでは、今日は天気がいいから、私たちを呪う理由はないと霊に語りかけているそうだ。ヘルマントがそわそわし始めたと思うと、梯子をおりていった。下からそっと様子をうかがっている。祈りが終わると、女性は膨らませたコメを髑髏に振りかけた。ほとんどが眼窩《がんか》に落ちた。次に、地酒を振りかけ、自分でも一口飲んだ。そして、私にも同じことをするように言った。

私は自分のカップからトゥアクを黒い欠けた歯に振りかけた。そして、これは誰かと聞いた。女性はジムを介して、父が殺した日本兵だと言ったが、確かなことはわからないとつけたした。父が残した髑髏は五つあったが、そのうち四つは姉が埋葬した。どれがどれだかもうわからないという。彼らには書き留めておくという習慣はない。

「どうしてここに置いておくの?」私はジムに聞いた。

「一家のシンボル、別の時代から受け継いだ家宝だそうだ」

私も別の時代の魚を追って宝探しを続けている。アジアアロワナは絶滅したわけではない。世界中で水槽の中で泳いでいる。だが、野生の中で何千年も受け継がれてきた命の灯は消えかけているのだ。スーパーレッドはセンタラムから完全に消えたわけではないかもしれないが、一匹現れただけで大騒ぎになるほど数が減っている。今では誰もマルチビタミンとして食べたりしない。

真の探検とは人跡未踏の地を探索することだ。私は一九〇〇キロ以上北西にある暗いジャングル――バティックアロワナが潜んでいるというミャンマーのジャングルに思いを馳せた。あの未知の魚は、なぜこんなに長い間、人間の目から逃れ続けることができたのだろうか? あの老練な魚類学者タイソン・ロバーツのよく響く声がよみがえってきた。「君が本物の旅人なら、私のために動物学に貢献してくれてもいいだろう。標本を手に入れたら、論文を発表する。それまでは死ねない」

ベランダに戻ると、長老がマットにうずくまっていて、私に前に座るように合図した。そして、黒く輝く目で私の目を見つめながら、鼻にかかった甲高い声で語り始めた。

「地球が誕生したときの話をしてるんだ」ひとくぎりつくと、ジムが通訳してくれた。「僕らはみんな同じだ。魚も、森も、動物も。みんな同じ。アロワナも」

こういう民話は世界中にあるが、長老の言葉は正しい。リンネが提起した「自然の類縁関係」が、文字通りの関係であることをウォレスとダーウィンが私たちに教えてくれた。地上の生物はすべて巨大な系図の一部であり、私たちの祖先は、地上に出てきたときは魚類の別の系統にすぎなかった。他の生物より環境にうまく適応して、広い生物圏を支配するようになったのだ。

やがて、長老は別の話を始めた。今度は最近の話だ。三年前、見知らぬ男が船でメリアウにやって来た。頬に釣り針が刺さっていた。呪術医が呼ばれて釣り針を抜くと、男の姿が消えて魚の王が現れた。

「どういうこと？」私は何から聞いていいかわからなかった。「三年前ですって？」

ジムが通訳すると、長老は勢いよくうなずいた。

それから、私に顔を寄せて、これだけは伝えたいというように意気込んで何か言った。

「アロワナは幽霊みたいだ。姿を消せる」ジムが通訳した。「アロワナは絶滅したんじゃなくて、隠れているだけだ」

第4部

32、107番の魚

11章　人間がつくったモンスター

ニューヨーク→東京

あの偉大なアメリカ人魚類学者、タイソン・ロバーツが雲隠れした。一度だけ口コミ動画——沖に出た海水浴客が人食いクジラに襲われているビデオを——「偽物だとしたら、とてもよくできている」とコメントを添えて送ってきたきりだ。それが春のことで、あの四時間に及ぶ電話の少しあとだった。あのときはパナマで療養中だったから、地球を半分回ったところにあるタイの自宅に帰ったとは考えられない。

一月にボルネオから帰った直後にもメールを送ったが、返信はなかった。以前かけたパナマの電話番号にかけてみたが、つながらなかった。タイソンは研究員宿舎を出なければいけないが、行く当てはないと言っていた。いずれにしても、遠くには行けないはずだ。深部静脈血栓症で、加圧で血栓が肺に飛ぶおそれがあるから、飛行機には乗れない。

私はどうしてもタイソンと連絡をとりたかった。一ヵ月後にミャンマーに行って、彼のためにバティックアロワナを採集する準備を進めていたからである。標本を採ってくれば、タイソンは新種だと発表できる（本当に新種だとすればだが）。時間との勝負だった。ライバルの魚類学者、ロンドン自然史博物館のラルフ・ブリッツが同じ魚を追っているだけでなく、ドイツの熱帯魚専門誌『アマゾナス』にバティックアロワナと称される魚の写真が二枚掲載されたのだ。写真の魚は青銅色の体全体に、複雑で不規則なパターーン模様がついていた。「この魚の噂を聞きつけて以来、我々はもっと情報を得ようと努力してきた」と雑誌にはあった。「この魚の出どころは謎のままである」

タイソンは在野の魚類学者だが、パナマシティにある有名なスミソニアン熱帯研究所で——唯一アメリカ国外にあるスミソニアン協会の研究機関——三〇年ほど研究員をしていた。だが、スミソニアンに問い合わせても、彼の行方はわからなかった。南米の北東海岸にあるスリナムに行ったのではないかという職員もいたが、ここ数ヵ月、研究所にも連絡はないという。電話番号も転送先の住所も知らされていなかった。タイソン宛てのメールは溜まる一方だという。あの魚類学の巨人は無事なのだろうか？　それとも、私はすでに亡くなった人のために魚を捕りに行こうとしているのだろうか？

一方、ハイコは少なくとも生きていた。ハイコモービルの衝突事故から超人的なスピードで立ち直った。だが、ミャンマー探検まであと一ヵ月もないのに、はっきりした日程を知らせてこない。彼から聞き出せたのは、二月にはインドからミャンマーに向かえるだろうということだけだ。そんな短期間でビザを取得できるのだろうか？　私は三ヵ月も前に往復の航空券を提示して、入国許可を取るために改名した名前で申請したというのに。しかし、彼はまったく心配していなかった。結局、私はミャンマー政府が認める最長の四週間滞在できることになった。二月いっぱいである。したがって、もしハイコが本当に現れたら、ミャンマーで落ち合えるはずだった。

毎晩、ベッドに入ると、ひょっとしたらハイコにすっぽかされるのではないかと心配になった。別の不安に取りつかれることもあった。どうして私は地雷だらけのジャングルの奥地まで出かける気になったのだろう？　第一、何を持っていけばいいのかもよくわからない。エネルギー補給のためのパワーバーは必要だろうか？　ヘビ用の解毒剤は？　テントは持っていったほうがいいのだろうか？　ボルネオでは、地元の人の家に泊めてもらって、物置部屋の米袋の間で寝たり、床で雑魚《ざこ》寝《ね》したりした。もし民家がなかったら？　ハイコから蚊帳も吊らずに野宿したことがあると聞いたことがあるが、私にはそんなまねはできない。

たとえできたとしても、ミャンマーのジャングルで野宿するのはきわめて危険だ。ヘビに噛まれて死亡する事件が世界のどこよりも多発している。毒ヘビは夜行性だと『*died of a snakebite of Myanmer*（未訳：ミャンマーの危険な毒ヘビ）』に書いてあった。巻末には毒ヘビに噛まれたときの対処法が挙げられていた。この本の著者、ジョー・スロウィンスキーは、カリフォルニア科学アカデミー館長で、爬虫両生類学者だが、ミャンマーでヘビに噛まれて亡くなっている。二〇〇一年、ヒマラヤ山脈の麓で爬虫類と両生類の調査をしていたとき、スロウィンスキーはアマガサヘビに指を噛まれ、強い神経毒に冒された。それから二九時間、同行した一四人の科学者とビルマ人の四人の助手が代わる代わる人工呼吸を施し、無線で救援ヘリコプターを要請したが、政府は派遣しなかった。スロウィンスキーは苦悶の中で、「死なせてほしい」と最後のメッセージを綴ったという。

キングコブラ、メガネコブラ、タイコブラ。ミャンマーには多くのヘビが生息しているほか、未知の毒ヘビもいる。こうした危険をさらに深刻にしているのが、インフラと遠隔通信が整備されていないことだ。この国の携帯電話普及率は北朝鮮より低いと何かで読んだことがある。たとえ現地で携帯電話を手に入れられたとしても、間違いなく軍の諜報部に傍受されるし、第一、アロワナがいるような南部の奥地では電波が通じない。ジェフが衛星電話を持っていくように勧めてくれたけれど、ミャンマーでは衛星電話は禁止されているから、法を犯すことになる。だが、それ以上に心配なのは（周囲の人からも注意されたのだが）、ハイコがとんでもないことをしでかして、私もいっしょに収監される可能性だ。彼の母もそうだったが、ハイコはすでにその種の過ちを犯したことがあるのだから。

皮肉なことに、連絡がついたのは、以前何度電話しても出なかったロンドン自然史博物館のラルフ・ブリッツだった。いくらか気を許してくれたようだが、ミャンマーの情報提供者である現地の専門家を紹介してくれなかった。「君をよく知らないから」ラルフは慎重な言い方をした。「一度会ってビールでも飲めるなら……」

たしかに、警戒されても無理はなかった。彼と話していると、良心の呵責を感じずにいられなかった。ラルフもバティックアロワナを追っているのに、私は彼から情報を引き出して先にその魚を見つけようとしているのだから。新種発見にかけるラルフの情熱は理解できる。今の私も同じ情熱に駆られている。アルフレッド・ラッセル・ウォレスのことを調べるうちに、私はロマンに満ちた探検に憧れるようになった。スーパーレッドと違って、この未知のアロワナを見つけることができたら、現在ではめったに成し遂げられない新種発見につながる。千載一遇のチャンスだ。鱗に謎めいた文字を書きつけたような模様の古代魚が、私に発見されるのを待っているような気さえしていた。

ハイコが約束どおりミャンマーに来て、バティックアロワナを発見できたら、標本は当然、彼の旧友タイソンに送られるだろう。そもそも、私に採集を依頼したのはタイソンなのだ。だが、ハイコが現れなかったり、タイソンの所在がわからないままだったりした場合は、どうなるのだろう？代替策を講じておこうと、それとなくラルフに聞いてみた。「バティックアロワナの標本が手に入ったとしたら？」思い切って言ったとたん、二股をかける卑劣な人間になった気がした。

「興味はあるが、正直なところ、手に入れられるとは思わない」タイソンと違って、ラルフは私がバティックアロワナを見つける可能性はゼロだと断言した。荒唐無稽な計画だと思っているようだ。「テナセリムまで行ける確率はほとんどない」とぶっきらぼうな口調で言った。南に行く許可を軍から取るには何ヵ月もかかるし、そこからは山を登らなければならない。「正直な話、君が許可を取れたとしたら、驚きだよ。まずあり得ない」

水産省にかけあうつもりだと言うと、彼は電話口で笑い出した。「アメリカの基準で考えても無理だ」そして、国境ゲートには英語のしゃべれない威圧的な警備兵がいるし、その方面にくわしい現地の人間を見つけないかぎり、ミャンマーではどこにも行けないと言った。「ロンドン経由の飛行機を予約するというのはどうだろう」彼は提案した。そうすれば、会ってビールを飲みながら、私がどんな人間か確かめられるから、と。

だが、それは無理だった。旅程はすでに決まっているし、あれほど苦労して取ったミャンマーのビザを無駄にするわけにはいかない。それに、経由地は決めていた。東京である。そして、それには理由があった。私はラルフにコイに興味はあるかと聞いた。

「ない」彼は持ち前の皮肉な口調できっぱり否定した。「あれは本物の魚ではないから」

コイが本物の魚でないなら、いったい「魚」とはなんだろう？　意外なことに、「魚」の科学的な定義はない。鳥類、爬虫類、両生類、昆虫は、すべて動物界でそれぞれ別個の綱を形成している。しかし、私たちが魚と呼ぶグループは、さまざまな綱に属する異なった生物をひとくくりにしたものだ。時折、魚類学者が新しい定義を提唱するが、基本的には、水生で、鰓、鱗、鰭を持つ冷血の脊椎動物。それにさまざまなバリエーションが加わる。だが、例外はいくらでもある。たとえば、沼地に棲むウナギには鱗も鰭もないし、マグロやある種のサメは温血動物だ。さらには、いざというときに肺その他の呼吸手段を持っている魚は、肺魚だけではない（アロワナも空気呼吸をする）。

そもそも、私が魚とは何かと考えるようになったきっかけは、飼育されているアロワナが生態学的には数に入らないと聞いたことだった。ある環境保護主義の生物学者が「捕らえられた魚は死んだ魚と同じだ」と言ったのである。ラルフが言おうとしたのも同じことだったのだろう。つまり、人為選択である。人為選択は昔から行われている遺伝子操作であり、ダーウィンは人為選択によって長い時間をかけて動物相が形成されることを突き止めた。選抜育種によって魚を根本的につくりかえ、別の生物にすることができるのだろうか？　イヌがもはやオオカミではなく、ネコがヤマネコではなく、ブタがイノシシではないように。

ラルフがコイを「本物の魚」と認めなかったのは、人為的につくられた魚だからである。彼の定義では、本物の魚は野生種であり、自然選択による進化の産物、「形態は機能に従う」ことを実証した優雅な例でなければならない。私が野生のアロワナを追い求め、飼育されたアロワナに関心がないのは、基本的にラルフと同じ考えだからかもしれない。ハイコもそうだった。アクアラマで選抜育種された派手な色のディスカスを「醜悪なモンスター」と呼んでいた。

ダーウィンも調べた金魚のうち八九種類は「奇形と呼ばざるを得ない」と主張し、人為選択によってこれほど徹底的につくりかえられた魚は他にないと言っている。グロテスクな大きな頭、膨らんだ頬、望遠鏡のような目を持つ金魚を観察して、「動物は自然な生活環境から切り離されると変化し、人為選択によって新たな血統が形成され得ることが、ほぼ普遍的な法則であることを実証している」と書いている。

だが、ダーウィンは知らなかったが、彼の時代に、もうひとつこういう人工的生物が生まれつつあった。日本のコイである。アクアラマでハイコから聞いたが、世界一高価な観賞魚はアロワナではなくコイだそうだ(それに対して、熱烈なアロワナ愛好者は、アジアアロワナは世界一高価なアクアリウム・フィッシュだと反論する。コイは水槽《アクアリウム》ではなく池で飼われるからだ)。ハイコは三〇〇万ドルで売れたコイを知っていると言っていた。コイのどこが特別なのかと私が聞くと、いらだたしそうに伝統が違うのだと答えた。コイは美術品のようにオークションにかけられ、さまざまな角度から撮った写真が高級紙を使ったカタログに掲載される。品評会で優勝したコイの持ち主は日本中で有名になる。そして、「そのコイを買った所有者は、競走馬を育てるようにコイを育てる。血統書までついてるんだ。アロワナには――少なくとも今のところは――そんなものはないがね」

しかし、アロワナも同じ方向に向かっているようだ。ラルフによれば、すでに形質転換が行われているというし、ケニー・ザ・フィッシュの研究所で「オーダーメイドのアロワナ」が生産されるようになれば、その傾向は急激に進むだろう。そんなわけで、私は東京に一時滞在して日本最大のコイの品評会をのぞき、野生の魚が人の手にかかるとどう変わるか、言ってみれば、オオカミがイヌになる過程を見てみたかった。

ニューヨークを発つ直前、ようやくタイソンからメールが届いた。短いメッセージで要領を得なかったが、心配するほどのこともなく、元気そうだった。「今スリナムにいる。連絡ありがとう。これから出かけるので、くわしい返事を書いている暇がない。テナセリム川のことは追って連絡する」

二、三日後、それよりは長いメールが届いて、どうやら私のことを忘れているらしいと気づいた。科学に貢献するように説得され、準備を進めてきたというのに、彼のほうは私と電話で話したことも、ミャンマーでバティックアロワナの標本を採ってくるよう頼んだこともすっかり忘れていた。

タイソンとの通信を読み直していると、沖で泳いでいた男が人食いクジラに襲われる動画が出てきた。ネットで少し調べてみると、明らかにフェイクで、ドミニカ共和国のデパートの宣伝のようだった。こんなものにタイソンがまんまと騙されたとしたら、バティックアロワナも偽情報かもしれない。タイソンの言葉を真に受けてミャンマーまで出かけても、とんだ骨折り損に終わるのではないか？　だが、もう手遅れだった。

　気持ちの整理のつかないまま、私は空港でジェフと抱き合って別れを惜しんだ。その三六時間後には、東京流通センターの広い会場で、子供用プールほどの青いキャンバス製の水槽で泳ぐミカというコイを眺めていた。ミカは四歳で、七六センチ、白い背中に誰かがケチャップをぶちまけたようなチェリーレッドの斑紋がある。たしかに、見た目も動きも魚だ。鱗も鰭も鰓もある。狭い水槽の中を端まで泳いで、鼻先がキャンバスにぶつかると、「あら、壁だわ！」とでもいうようにびっくりしてたじろぐ。そして、方向を変える。また端まで泳いでぶつかる。その繰り返しだ。これがコイの普通の動きなのだろうか？　それとも、ミカは同系交配の犠牲なのか？　ミカはいわばコイの皇族で、母のニュースマイルの大きな写真が、一九六八年に始まった全日本総合錦鯉品評会の過去四三年間の優勝魚の写真とともに壁に飾られている。

　ミカは母のような大きな賞は取れなかった。「今年は鱗が一枚剝がれてしまったから」と、所有者でシアトルの化学エンジニア、リック・コスタンティーノは無念そうに言うと、赤い斑点の間にのぞいている薄桃色の地肌を指した。他の出品魚と同様、ミカもこの一年日本アルプスのコイのホテルで過ごしていたので、コスタンティーノはつい最近再会したばかりだ。すっかり大きくなっていて八〇センチ級に入れられ、愕然としたそうだ。「五センチも大きい魚たちと競争しなければならないんだから」

　アレチネズミくらいの大きさからブルドッグほどのものまで、一四〇〇匹以上のコイが、会場に並べられた青いプールで泳いでいた。赤、白、黒、金、青、あるいはその全部が混じり合ったものもいる。ダイヤモンドのようにきらめく鱗を持つコイ、メッシュで縁取りされたようなコイ、鱗のまったくない「裸」のコイもいた。グランドチャンピオンに輝いたのは、赤、白、黒の斑紋がジャクソン・ポロックの抽象画のように入り混じったコイだった。ミチュゴ・タマダチの『*The Cult of the Koi*（未訳：カルト・オブ・ザ・コイ）』には、こういうコイは「ロールスロイス並みの高値で」売れると書いてあった。だが、話を聞いた関係者たちは、優勝したコイでも最高級のアロワナ並みの数十万ドルの値がついたことはないと言っていた。

私の目には、膨らんだ頬と腹を持つコイはただの愛らしい魚に見えた。他の魚にない魅力があるとすれば、地味で野暮ったいコイから、たかだか一〇〇年のうちに一〇〇以上の色鮮やかな変種が生まれたことである。

二万年ほど前まで、すべての動物は野生だった。例外があるとすれば、一部のオオカミが家畜化されて次第にイヌになっただけだろう。ところが、一万年前の新石器時代に人類が農耕や牧畜を始めると、ヒツジ、ヤギ、ウシといった家畜が急激に増えた。今日では、ある試算によると、地上の脊椎動物の重量比では、家畜が約六五パーセントを占め、三二パーセントは人類とその愛玩動物、野生動物は全体の三パーセントを占めるにすぎないという。ペンシルベニア大学の動物学者ジェームス・サーペルは、「数千年の間に、地上のほとんどの場所で、家畜が実質的に野生の祖先にとってかわった」と書いている。しかし、水の中は話が別だ。水中は最後に残った真の野生の王国である。

最初に人工池で魚を飼育したのは、六〇〇〇年以上前にメソポタミア（現在のイラク）に定住したシュメール人のようだ。地下水を含む帯水層で魚を飼い、それによって初めて灌漑《かんがい》システムをつくりあげたことで穀物の余剰ができ、人口が爆発的に増加した結果、世界初の都市と人類初の書き言葉が生まれた。古代エジプト人もナイルティラピアなどの魚を池で育てていた。だが、この時代の魚が人工飼育、人間の監視下で選択圧に応じて進化したのか、あるいは、動物学者の言う「搾取された虜」にすぎず、生物学的には野生種と同じだったのかはわかっていない。

世界初の大規模養殖は、三〇〇〇年以上前の中国で始まり、水田や養蚕場の池でさまざまな種類のコイを育てていたようだ。紀元一年ごろには、古代ローマ人がドナウ川でコイを育て、珍味として味わっていた。ヨーロッパで本格的な養殖が行われるようになったのは一二世紀に入ってからだ。人間のつくった環境に適応するにつれて魚は少しずつ変わっていった。魚雷のようだった体型は圧縮され、よりふくよかに頑丈になっていった。口は大きくなり、腸は長くなった。狭い池で生き抜くための進化である。

やがて、人工飼育されたコイが東方に伝わり、たどりついた日本の豪雪地帯で、長く厳しい冬の間のタンパク源として貯蔵された。一年の大半を雪の下六メートルほどのところに埋められ、暗闇で暮らすうちに、色鮮やかな変異体が生まれたのだろう。一八〇〇年代初めに変種の記録が残っている。こうして生まれた赤や黄や白のコイを地味なコイから隔離し、選択的に育てているうちに生まれたのが錦鯉である。英語でｋｏｉと呼ばれる改良種だ。

二〇世紀の初頭、人工飼育された魚は世界中でコイと金魚だけだった。だが、一九〇〇年代に入ると、集中的な人為選択によってシャム闘魚とグッピーにもさまざまな形や色の変種が生まれるようになった。一九三五年には観賞魚ガイドブックに記載されていた養殖魚は八種だったが、一九五五年には一〇種に増えた。そして、今日では、五〇種以上の魚が観賞魚として選択的に飼育され、三〇〇を超す品種が市場に出回っている。

人工飼育される魚は観賞魚だけではなかった。一九五〇年以降、食用魚の養殖が盛んになり、生産量が七〇倍に増えた。この「青い革命」のおかげで、人類はかつてないほど多量の魚を食べられるようになった。しかし、その一方で、漁業資源の約九〇パーセントが乱獲されている。二〇〇九年に私が初めて東南アジアのアロワナ養魚場を訪ねた時点で、人類史上初めて養殖魚が捕獲される野生魚を上回り、養魚池ではさらに約二五〇種の野生魚の養殖が進められていた。

東京の品評会でプールをゆったり泳ぎ回るコイを眺めているうちに、私はアロワナに野生を感じる理由がわかった。魚は人類にとって野生から得られる最後の食料であり、爬虫類や両生類とともに最後の野生の愛玩動物だった。しかし、最近は事情が変わりつつある。生命力にあふれ攻撃的なアロワナも、やがてコイのようにふくよかで穏やかな魚になるのだろうか。

人工飼育は魚の正常な行動を阻害し、生まれ持った本能や闘争心を失わせる。ある調査によると、養殖されたサケが大西洋で野生種と繁殖しても、その子孫は産卵のために生まれた川を遡ることができないという。専門家は、こうした異種交配が野生種の絶滅につながりかねないと警告している。

ケニー・ザ・フィッシュの養魚場の研究者アレックス・チャンは、人口飼育したアジアアロワナを野生に戻せると言っていた。だが、それほど簡単なことではないだろう。コイがいい例だ。現在、国際自然保護連合（ＩＵＣＮ）は、コイを「世界の外来侵入種ワースト一〇〇」に含めているが、同時に絶滅の危機のおそれのある種にも取り上げている。このパラドックスの原因は、現在の野生のコイの大半が人工飼育されたものが野生化したことにある。その一方で、本来の野生種は消えつつある。おそらく、一七世紀に絶滅した家畜牛の先祖、オーロックスと同じ道をたどるのだろう。

東京で過ごす最後の夜、コイの品評会からホテルに戻る途中、近未来的なライトの渦に照らされながら、この街は近未来的なコイにふさわしいと思った。だが、人工的な世界で人工的な魚を見るのはもううんざりだ。それより、進歩から取り残された土地で、まだ名前もない魚を見てみたい。日本滞在の最後の朝、ミャンマー行きの飛行機に合わせて目覚めると、どんな冒険が待ち受けているだろうと期待よりも不安が先に立った。メールをチェックしていると、ようやくハイコからメッセージが届いていた。約束どおり来るという。二週間後にヤンゴンで落ち合うことになった。

12章 当局に監視されている

ミャンマー

下は緑一色だ。緑の帯が朝日を受けてうねりながら輝いている。東京から六時間のフライトでタイのバンコクに着き、飛行機を乗り継いでミャンマーに入った。もうすぐ旧都ヤンゴンに到着する。緑の帯はテナセリム山脈にちがいない。ヒマラヤ山脈より古い低い尾根の続く山脈で、地図の上では細長い尻尾のように延びている。二〇一二年二月のことで、その時点で世界では三万二一〇六種の魚が知られていた。三万二一〇七番目の魚が眼下に広がるジャングルのどこかで私を待っているだろうか。飛行機の窓に鼻を押しつけながらそんなことを考えた。

近隣諸国にくらべてミャンマーには手つかずの原生林がまだたくさん残っている。第二次世界大戦後の政治的混乱のせいで開発が遅れているからだ。かつてはイギリス領インド帝国の属州で、当時はビルマと呼ばれており、辺境の植民地として搾取され続けてきたにもかかわらず、東南アジアでは豊かな地域だった。しかし、日本軍の占領後は低迷が続いた。一九四八年にビルマ共産党の創設者アウンサン将軍の指導下でイギリスから独立したが、その六ヵ月後に将軍が政敵に暗殺された。敬愛する指導者を失って、新しい国は地盤固めに苦労した。一九六二年にはクーデターによって政

ミャンマー
N
ブータン
インド
中国
バングラデシュ
マンダレー
バガン
インレー湖
ラオス
ネピドー
イラワジ川
ベンガル湾
ゴールデンロック
ヤンゴン
（ラングーン）
タイ
ダウェイ
バンコク
テナセリム
テナセリム川
アンダマン海
ミェイク
タイランド湾
0 マイル
100
200
0 キロメートル
200
400

権の座についた軍部が、ビルマ式社会主義と称する悲惨なマルクス主義実験を断行。その結果、一九八〇年代には、ビルマは世界でもっとも貧しく孤立した国となった。事態をさらに悪化させたのは、ネ・ウィン大将軍が衝動的に実施した高額紙幣の廃止と通貨切り下げだった。元郵便局員だったネ・ウィンは迷信的な数秘術を信じており、不合理な通貨切り下げを断行して、いっそう混乱を拡大させた。

一九八八年には圧政的な政府に抗議する大規模なデモが起きた。弾圧はすさまじく、兵士たちはマシンガンを発砲し、三〇〇〇人以上の死者が出た。翌年、軍事政権は歴史を塗り替えようとするかのように、国名をビルマからミャンマーに改め、首都の名をラングーンからヤンゴンに変えただけでなく、多くの都市や町や街路、川や山の名前を変更した。

その後も事態は好転しなかった。一九九二年に政権の座についたタン・シュエ将軍は、二〇〇五年に首都をヤンゴンから、北に三〇〇キロ以上離れた、マラリアが猛威をふるうネピドー（王の都という意）に移した。こうした中、ミャンマーは東南アジアでもっとも貧しい国となり、国民一人当たりの所得はラオスやカンボジアより低かった。

二〇〇七年に政府が燃料価格を引き上げ、国民に大打撃を与えると、数千人の僧侶たちが政府に抗議した。僧衣の色から「サフラン革命」と呼ばれた大規模な反政府デモである。ミャンマーは敬虔な仏教国だが、政府は僧侶たちにも容赦しなかった。僧侶たちは打ちのめされ、ゴム弾で撃たれ、ついには実弾を撃ち込まれた。デモの制圧には三日かかった。

二〇一〇年一一月にタン・シュエ将軍が引退すると、元中将だった後任のテイン・セインが総選挙で勝利をおさめたが、国連はこの選挙を茶番劇と非難した。そのわずか一年ほどあとに、飛行機をおりて蒸し暑い空港に入った私は、ジョージ・オーウェルが描く暗黒郷《ディストピア》に足を踏み入れた気分だった。

ところが、空調のきいた到着ロビーに入ると、おおぜいの外国人が税関の前に並んでいた。ヨーロッパから来たバックパッカー、アメリカの外交官、中国のビジネスパーソン、シンガポールの銀行家。幸運にも、私はビルマの春に居合わせたのだった。

あとになって考えると、私はこの国の雪解けを目撃することもできたのだった。前年の二〇一一年三月、就任したばかりのテイン・セイン大統領が、この国の「山のような語られることのない悲惨さ」や戦禍を被った国境地帯の惨状を認めた時に居合わせることができたかもしれない。その年の一〇月（私がハイコとバティックアロワナを探しに行く計画を立てたとき）には、議会が、一九六二年以来禁止されていた労働組合を合法化した。一一月末（私が決死の覚悟でボルネオに行ったとき）には、ヒラリー・クリントンがアメリカ国務長官として約五〇年ぶりにミャンマーを訪問している。その後、投資家が群れをなしてこの国を訪れ、ヤンゴンのインフラはパンク寸前になった。すべてのホテルが満室になった。国外では、変革が進んでいるのか、立ち消えになるのではないかと専門家たちが議論した。国内には世界中から訪れる観光客があふれた。

大半の観光客は、周到に用意され政府が許可したルートをたどる。まず最後の王都マンダレーまで行き、そこから南下して霧深いインレー湖へ、最後に、その西にある古代都市バガンで、湖底平原の灼熱の中で輝いている無数の寺院を見物する。南に向かう観光客はいないようだ。少なくとも、仏陀の髪一本の上でバランスをとっていると言われる大きな花崗岩のあるゴールデンロックより南には。

テナセリム地方（別名タニンタリー地方）は、約一六〇〇キロの細長い地域だが、私が手に入れたガイドブックでは一ページの半分しか取り上げられていなかった。近づきにくい地域だからだろう。近年になってテナセリム川から魚を採集した魚類学者はタイソン・ロバーツだけで、彼はタイからミャンマーに入り、カラシニコフで武装したカレン族の反乱軍兵士の手引きで地雷を避けるためにジャングルを進んだ。そして、危険を冒しながら上流を探検したが、当然ながら、徹底した調査はできなかった。

結局、タイソンはアロワナを見つけられなかったので、今回ハイコと私は、テナセリム川下流を調べるつもりだった。下流まで行けるか疑問だったが――ラルフ・ブリッツなら即座に不可能と断言するだろう――ヤンゴン国際空港の税関に立った私は、極力不安を顔に出さないようにした。観光客が多いのは心強かったが、ジャーナリストと見抜かれないかと内心びくびくしていたからだ。オーディオレコーダーにノートパソコン、キャンプ用装備一式、交戦地帯の地図を携帯している理由を聞かれても説明できそうにない。しかも、現金をかなり持ってきたので、財布に入りきらず、体のあちこちに隠してあった。この国ではクレジットカードもトラベラーズチェックも使えないし、ATMもない。国内に入ったら、お金を引き出すことはできないのだ。

だが、それ以上に怖いのはミャンマーの監視機構だ。かつてのロシアのKGBや中国の秘密警察をモデルにした情報提供者のネットワークが組織されており、喫茶店から寺院まで至るところで監視している。ガイドブックにも「旅のいずれかの時点で、たとえあなたが気づかなくても、当局に監視されている」と明記してあった。アメリカ領事館では、旅行者はメールや電話を盗聴され、所持品検査をされると警告された。

だが、案に相違して、入国管理局も税関もあっさり通過できた。空港を出ると、伝統的なスカート、ロンジー姿の若い男性が、私の名前を書いたプラカードを掲げて笑顔で出迎えてくれた。予約しておいたゲストハウス、マザーランド・イン2のスタッフだ。数人のバックパッカーといっしょに白と緑の古びたバンに乗ったが、熱帯の太陽に焼かれた車はなかなかエンジンがかからなかった。やっと走り出した車の窓から顔を出すと、熱い息のような風が当たった。裸足で通りを歩く僧侶たち。カラフルな日傘をさした女性たちは、タナカと呼ばれる日焼け止めのせいで黄色い顔をしている。道路際には、羽根ばたきのように見える死んだ鶏を詰め込んだ大きな鉢が見えた。

マザーランド・イン2は、街はずれにある緑色の三階建てで、歩道に張り出したカフェが併設されていた。チェックインをすませ、宿泊手続きをしてくれた女性にフロントの壁に貼ってある地図を指さしながら、テナセリム川まで行けるかと聞いてみた。

「行けます、行けます」あっさり請け合うと、国営のミャンマー旅行・観光案内所で許可を取ればいいと、市内にある案内所の場所を教えてくれた。

市内に向かいながら、私はなるべく歩道に目を落としたまま歩いた。ところどころに大きな穴があいているからだ。その穴から下水の悪臭が立ちのぼってくる。それでも、美しい街並みに気を取られて、顔をあげずにはいられなかった。緑の多いヤンゴンの街路には、植民地時代の建物が東南アジアでもいちばん集中している。一八八五年にヤンゴンを征服したイギリスは、世紀末様式の建造物に建て替えて街を一新した。半世紀以上経った今も、そうした色鮮やかな建物の大半が残っていて、煤《すす》けて古びてはいるものの、ところどころ消えた鉛筆画のような趣を呈していた。

街の中心となっている二〇〇〇年の歴史を誇るパゴダの向かい側に「ミャンマー旅行・観光案内所」と書かれた桜色の文字が消えかけた案内板が見えた。中に入ると、埃だらけの扇風機が金属のスタンドにほんの数枚立ててあるパンフレットをはためかせていた。

「行けません」テナセリム川に行きたいというと、黒っぽい木の机についていた女性がにべもなく言った。「禁止区域です」

どうやら、ハイコが来るまで私ひとりでできることはなさそうだった。だが、彼の到着まではまだ二週間もある。そこで、ニューヨークを発つ直前にケニー・ザ・フィッシュが教えてくれたヤンゴンの彼の専属納入者に連絡してみた。その****ウー・ティン・ウィンにメールを送ると、すぐ返信があった。「親愛なるエミリー、ミャンマーのヤンゴン（ラングーン）にようこそ。ご滞在中、息子のイェ・ハイン・ハテットがご案内いたします。妻と私もお世話したいのですが、二人とも六〇

****ビルマ人は一般に姓を持たないが、名前は二つか三つの部分から成ることが多い。複雑なのは、数十ある敬称のいずれかを相手との関係に従って名前の前につけることだ。

歳を超えておりますので、あまり動き回ることができません」

その言葉どおり、ミャンマーに着いた翌日の午前八時五九分に、角張った顔に厚い眼鏡をかけたきちんとした服装の若い男が、マザーランド・イン2のフロントに現われた。それがイェ・ハイン・ハテットで、ハインと呼んでいいと言ってくれた。ヤンゴン郊外にある父親の養魚場に向かう車の中で聞いたところでは、父の「ティン・ウィン」と国中で観賞魚を探しているが、テナセリム川にはまだ一度も行ったことがないそうだ。

アスファルト道路が土道に変わり、道端の青空市場で麦わら帽子をかぶった女性たちが野菜や花を売っていた。着いたのはこぢんまりした緑色の農家で、有刺鉄線をつけた塀が周囲を取り囲んでいた。階段の上でハインの両親――眼鏡をかけた夫婦が出迎えてくれた。茶色のロンジー姿のティン・ウィンは冠雪のような白髪頭。妻のティン・フォンは花柄のバティックのドレス姿で、黒髪をうなじでまとめていた。近づいて挨拶すると、二人とも私の肩に届かないほど小柄だった。

ミントグリーンに塗られた室内には金色のカーテンがかかり、黒っぽい木製の家具が置いてあった。コーヒーテーブルにオレンジスライスとコークが用意してあり、その隣に魚類の本が積んである。その一冊、ミャンマーの魚類のガイドブックの著者はティン・ウィンだ。部屋の隅には仏壇と水槽があり、水槽では金色に青い斑点のある小さな魚が泳いでいた。大画面の薄型テレビのスクリーンにプレゼンテーションのタイトルスライドが映し出されていた。「あなたの貴重なお時間を割いていただけるなら……」ティン・ウィンが腰をかがめて画面を指した。

養魚場を経営する前、ティン・ウィンは化学の教授で、私の訪問にそなえて四つの参考資料のプレゼンを用意していた。内容を要約してみよう。第一に、ミャンマーの魚はティン・ウィンと彼の家族によく似ている。つまり、小さくて、カラフルで、控えめで、そして（ティン・ウィンお気に入りの言葉を借りるなら）貴重だ。大半がダニオ属の小型種で、小さな斑紋や斑点や目を細めないと見えないぐらいの細い縞が入っている。水槽で泳いでいるのは新種で、二〇〇九年にティン・ウィンの名前をとってダニオ・ティンウィンと命名したと誇らしげに教えてくれた。同じく彼の名をつけたマスタセンベルス・ティンウィニは、白と黒のトゲのあるウナギで、記載したのはほかならぬラルフ・ブリッツだった。それでようやく謎が解けてきたのだが、今私はラルフがどうしても紹介してくれなかったミャンマーの情報提供者の居間に座っているらしい。

確信したのは、「ミャンマーの魚類相に興味をもった魚類学者たち」と題したプレゼンを見たときだった。濃い髭をたくわえた一九世紀の博物学者たちに続いて、インターネットで探せなかったタイソン・ロバーツの写真が現れたのである（ティン・ウィンは彼を「ロバート・タイソン」と呼んだが、その後、タイソンも彼を「ウィン・ティン」と呼んでいたから、おあいこだ）。画面で見たのは、ホッキョクグマのような灰色の髭面の男が顕微鏡の上にかがんでいる姿で、「第二次世界大戦後にミャンマーの魚類相研究を復活させた傑出した魚類学者」と紹介されていた。

タイソンの依頼を受けてアロワナを採取するためにミャンマーに来たと説明しようとしたとき、顎にちょび髭を生やした、ライムグリーンのTシャツ姿の小柄な男が画面に映った。それがラルフ・ブリッツだった。あとでティン・ウィンがアルバムを見せてくれたが、ラルフはその中に何度も登場した。ハンモックでくつろいでいるところ、ビールを飲んでいるところ、川に入っている姿。

ラルフが一家の親しい友人なのは明らかだった。

実は、ラルフは刺のあるウナギにティン・ウィンの名前をつけて、共同論文を発表したばかりでなく、ティン・ウィンの人生を大きく変えていた。一九四〇年頃、まだ少年だったティン・ウィンは、隣人の芸術家が池で飼っていた金魚がほしくてたまらなかったが、魚を飼い始めたのは一九七二年になってからだった。その頃、やはり化学者だった妻のティン・フォンに出会った。結婚して七年後にハインが生まれた（「やっと恵まれた貴重な息子」とティン・フォンは言った）。当時のミャンマーでは、大学教授が一家を支えるのは大変だった。月収は一二〇〇杯のお茶が飲める程度だったとティン・ウィンは言っていた（お茶一杯はせいぜい二五セント）。つましい暮らしの中で、国家の崩壊、大学の解体を目の当たりにしながら、彼は魚の研究を続けた。だが、魚類学の知識も研究設備もなかったために、正式に新種を記載することはできなかった。しかも、当時のミャンマー人がみんなそうだったように、軍事政府によって世界から隔絶されていた。バティックアロワナであれ、他の在来魚であれ、世界に発表することなど考えられない時代だったのである。ビルマの魚類学者が新種を発表したのは一九六三年が最後だった。

ラルフと出会ったのは九〇年代末だ。ティン・ウィンが指導していた学生が、偶然、ヤンゴンの喫茶店でラルフと会って、魚好きの教授に紹介したのである。ラルフに魚を見せてほしいと頼まれたとき、ティン・ウィンはためらった。当時、外国人とつきあうのは危険なことだったからだ。だが、思い切って会ったことで、ラルフとの間に友情が芽生えた。ラルフはミャンマーのカラフルで小さい魚には未開拓の市場が存在すると請け合った。一九九八年にティン・ウィンは大学を辞め、観賞魚を輸出する仕事を始めた。ケニー・ザ・フィッシュの専属納入者になったのはその二年後である。

プレゼンの最後に、ティン・ウィンはバティックアロワナのことはよく知っていると言った。二〇〇〇年代初めに南方に珍しい魚がいると聞いた。幼魚のときは緑色だが、成長するにつれて淡いピンクの模様が浮かんできて、最終的には色が濃くなって青銅色になる。一匹手に入れたことがあるが、盗まれた。その後、犯人は捕まったが、魚は回収できなかった。すでに売られてしまったのだろう。見つかったとされる川の名をつけて「チャンファラ川のラッキーフィッシュ」と名づけた。「インターネットに写真を流したのは私が最初だと思う。それが間違いだった」と彼は嘆いた。それ以来、どんどん密輸されるようになったからだ。「近い将来、野生種は姿を消すだろう」

ラルフから標本を頼まれたが、無理だと断ったとティン・ウィンは言った。テナセリム川流域は反乱軍が支配していて近づけないからである。

私もタイソンから標本採集を依頼されたのだと打ち明けた。

「生息地には近づけない」ティン・ウィンは言った。「政府は外国人がそこへ行くのを許可しない――深い、深い密林だ」

誰に聞いても無理だと言う。おそらく失敗に終わる探検にどうやってハイコを巻き込むか、私はそのことばかり考えていた。だが、ハイコならなんとかしてくれるかもしれない。彼に一縷《いちる》の望みを託すしかなかった。彼ほど勇猛果敢な探検家はいないし、実際、まだ外国人がこの国に立ち入れなかった一九八〇年代に、北部の川を踏査して、ミャンマーの魚に関する論文を発表している。ある観賞魚愛好家はその論文を何度も読んだので、最後にはページがばらばらになったと言っていた。

それでも、バティックアロワナの生息地にはたどり着けないと繰り返し言われると、ハイコを巻き添えにすることに良心の呵責を感じた。いずれにしても、彼が来るのは一〇日先だし、くよくよしていてもしかたがないので、シュエダゴン・パゴダを見物に行った。ヤンゴンの街に干冠のようにそびえるミャンマーでいちばん有名な仏教遺跡である。午後遅くなってから出かけていくと、約一〇〇メートルの仏舎利塔《ストゥーパ》が、夕日を浴びて輝き、上層部に埋め込まれたダイヤモンドやさまざまな宝石がきらきら光っていた。信者たちがテラスをぐるぐる回ったり、ひざまずいて祈ったり、奇妙な仏像の前で自撮り写真をとったりしている。僧侶がゴキブリを踏まないようにそっとまたいでいた。

仏教では、どんな下等な生物にも敬意を払うよう教えている。動物と人間は生と死と再生の途切れることのない輪――輪廻でつながっているからだ。仏教は一世紀の初めに中国に伝来したが、功徳を積むために捕らえた動物を解放するという慣習も伝えられた。釣った魚を食べずに放してやるといった具合に。

古い記録によると、ちょうど同じ頃、野生種の灰色のフナの中に時折赤いものが現れるようになったという。人間なら、黒髪の家系に突然赤毛の子が生まれるようなものだ。この変わり種の赤いフナは神聖視され、特別に僧院の「慈悲の池」に放された。一三世紀ごろから、この種のフナは次第に小さくなり、体は丸みを帯びて、尾鰭が二つに分かれるようになった。そして、やがて私たちが今見ている金魚が誕生した。当初は、王侯貴族の愛玩物だったが、一六世紀になると、庶民も陶器の鉢で金魚を飼うようになった。

　捕らえた動物を解放するという宗教的慣習がもとで観賞魚の人工飼育が始まり、現在、世界中で数百万匹の魚が金魚鉢で泳いでいるのは、考えてみれば、なんとも皮肉なことである。


　私も金魚鉢の中をぐるぐる回っているような気がしてきた。同じ飛行機で来た旅行者たちはとっくにマザーランド・イン2を引き払い、いつまでも滞在している私にスタッフもそれとなく好奇の目を向けていた。ハイコの到着の六日前、時間つぶしにタクシーで街はずれまで行き、有名なアルビノのゾウを見物した。一〇年ほど前に奥地で見つかった三頭のゾウは、かつて神聖視されたフナのように、無垢と権力の象徴として政府に保護されている。

　ゾウたちは装飾を施した金箔の屋根のついたコンクリートのゾウ舎に入れられていた。真珠のような目をしていて、白というよりピンク色の体は柔らかそうな金色の毛で覆われている。前足を鎖でつながれ、ゆっくり同じ場所を歩きまわっている。案内板にこう書かれていた。「この白いゾウは国家の安泰と繁栄を保証し、あらゆる災厄を払ってくれる」

　長く見る気にはなれなかった。自称ヒップホップアーティストのタクシーの運転手も私といっしょにゾウを見ていたが、次はミャンマーでいちばん有名な反政府主義者の家に案内すると言った。アウンサン・スーチーの自宅である。暗殺された建国の祖アウンサン将軍の娘で、約二〇年自宅軟禁されていたが、ようやく前年に解放された。家に入ることはできないが、今では人気の観光名所になっているという。

　だが、金属スパイクの並んだ門扉の前には観光客はいなかった。運転手は私をおろすと、そそくさと車を出してしまった。

　閉じた鉄扉の前まで行ってみた。アウンサン将軍の白黒写真の隣で監視カメラが私をとらえている。中に入ることはできないから、タクシーが戻って来るのを待つしかなかった。

「どこに行ってたの？」数分後に戻ってきた運転手に聞いた。

「ガソリンを補充しに」彼は車を出しながら言った。「心配ない。面倒なことにはならないから」

そして、つけ加えた。「俺だったら危ないけど、あんたはだいじょうぶ」

　そう言われても、気分はいっこうによくならなかった。


　待ちくたびれてきりきりしているだけだと私は自分に言い聞かせた。誰も私が何をしようと気にしていない、と。ところが、翌日——ハイコの到着予定日の五日前——ぎょっとするような出来事があった。朝食におりていくと、ボーイがいつものように「ワーズアップ」と挨拶した（彼は宿泊客にその国の言葉で挨拶する。パリから来た客には「ボンジュール」、ロンドンから来た客には「グッドモーニング」、ニューヨークから来た客には「ワーズアップ」）。だが、その朝は、私に体を寄せて秘密めかした口調でつけ加えた。「アウンサン・スーチーの家に行ったんだってね」

　唖然とした。どうして知っているのだろう？

　ロビーの電話でジェフと話したとき、アウンサン・スーチーの家に行ったことも伝えたが、盗聴されていたのだろうか？　ジェフはウィキトラベルでマザーランド・イン2を検索してみるといい、蚤《のみ》に関する重要な情報が出ているからと教えてくれた。

さっそく調べてみると、このゲストハウスには蚤がいるだけでなく、「オーナーが陸軍大将の義理の息子で、政府と密接な関係があり……フロントにある郵便ポストに葉書を投函しないほうが無難。思いがけない人物に読まれるおそれがある……」と書いてあった。

頭を冷やすために私は街に出た。朝食のとき声をかけてきたボーイは、私が前日どこに行ったか誰から聞いたのだろう？　照りつける太陽の下を歩きまわって疲れたので、喫茶店で休憩した。それからまたあてどもなくさまよっているうちに、金箔のパゴダの前に出た。まだ午後の早い時間だったので、見物することにした。古い寺院は小さかったが、入ってみるとなかなか興味深かった。祭壇の上の宝石をちりばめた魚のペンダントを眺めていると、僧侶が近づいてきて、ご質問はありませんかと言った。長身の若い僧侶で、痩せているが筋肉質で、とがった頭をしていた。

「この魚にはどんな謂《いわ》れがあるんですか？」私は聞いた。

恐れ知らずの象徴だと僧侶は答えた。恐れを抱かないと、どんな困難も克服できるのだという。そう説明してから、マザーランド・イン2は快適ですかと聞いた。

「なぜ知ってるの？」

「つけてきたんです」僧侶は平然と答えた。

「ホテルからずっと？」

彼は無言でうなずいた。穏やかな表情からは何を考えているのか読み取れなかった。

しどろもどろに別れを告げると、私は急いで出口に通じる階段をおりた。明るい戸外に出かけたとき、若い女性に道をふさがれた。ばたばた動きまわる小鳥を私の顔の前に差し出している。とっさに「放してやって！」と叫んでから、彼女がこれで生計を立てているのだと気づいた。功徳を積むために、お金を払って鳥を放させるわけだ。薄汚れた紙幣を突きつけると、彼女は握っていた拳を開いた。フィンチに似た小鳥は、海面に出てきたダイバーのように勢いよく寺院の天井に舞い上がっていった。

あの僧侶が単なる好奇心からあとをつけてきたのか、それとも、他に目的があったのか、見当もつかなかった。不安を抱えながら無為の日々を過ごすうちに、私の神経は極限まで張りつめていた。翌日、マザーランド・イン2を出て、市内にできたばかりのシンガポール系のブティックホテルに移った。プライバシーが保てるだけでなく、エアコンもきいているし、なによりの贅沢であるＷｉＦｉがあるから、簡単にハイコと連絡がとれる。ところが、彼の到着予定日まであと二日という日、受信トレイに入っていたメールを見て心臓が飛び出しそうになった。タイトルは「不運なニュース、申し訳ない」

「親愛なるエミリー。本当に（心の底から）申し訳ないが、今日、ミャンマー行きのフライトをキャンセルしなければならなくなり……」

13章　ワニの髭

ミャンマー

怒る気力もなかった。ハイコは来ない。だが、責めることはできなかった。妻のナターシャの弟が重病に陥り、ここ一週間、この状況で出かけていいものか夫婦で喧嘩しながら話し合った結果、無理だと判断したというのだ。

二週間近くヤンゴンでハイコが来るのを待っていた。彼があの超人的偉業をなしとげてくれるのをひたすら期待していた。しかし、次第に確信がもてなくなったのも事実だった。ハイコですらテナセリム川にはたどり着けないのではないかと思うようになったところへ、来ないとなると、私ひとりでどうすればいいのだろう？

落胆ははかりしれなかったが、同時にいくぶんほっとした。これで無謀な探検にハイコを誘い込まずにすむ。それだけではなかった。ヤンゴン滞在中、バティックアロワナに対する考え方が変わったのである。バティックアロワナは「未知の魚」ではない。正式に記載されていないとはいえ、ミャンマーの一部の専門家にはよく知られている。今更、わざわざテナセリム川まで行って、アメリカ人魚類学者のために標本を採取するのは、学界における植民地主義ではないか？　新種として記載するのにふさわしい人物がいるとすれば、世界が無視し続けてきたミャンマーの魚類研究に半生を捧げてきたティン・ウィンしかいない。そう思うようになったのである。

ティン・ウィンからはその後も定期的に連絡があった。ハイコが来られなくなったが、私ひとりでも行きたいと伝えると、息子のハインに深南部の海岸の町ミェイクまで同行させると申し出てくれた。そこまで行けば、どこかの家でバティックアロワナが見られるだろうというので、私は無駄と覚悟しながらテナセリム川を訪れる許可を当局に申請した。ミェイクはいちおう外国人に開放されているが、町の外に出るのは禁止されており、私が持っているガイドブックによれば、「飛行機がしょっちゅう欠航するので、数週間とは言わないまでも数日足止めを食うのは決して珍しくない」とあった。それでも、苦労して往復チケットを二人分手に入れた。そして、ハイコと探検旅行に出る予定だった火曜日にハインと二人、途中何ヵ所か経由しながらミェイクまで二時間かかる飛行機に乗った。

アンダマン海の上にさしかかると、青緑色の海に八〇〇ほどの小島が点々と浮かんでいた。この群島には約一〇〇〇年前から海洋の遊牧民モーケン族が暮らしてきた。「海のロマ」と呼ばれる狩猟採集民族のモーケン族は、一本の木を彫った船に一家族が乗り、船団をつくって島から島へと移住する。二〇〇四年にスマトラ島沖地震で三〇万人近くの犠牲者を出した津波が発生したときには、風や潮流や動物行動に関する知識を駆使して津波を予測し、いちはやく山に避難してひとりの死傷者も出さなかった。それ以来、ミャンマー政府とタイ政府は、モーケン族を陸地に定住させて同化する計画を進めている。

アンダマン海は手つかずの楽園と言われているが、インドネシア・シーラカンスの発見者である海洋生物学者、マーク・アードマンによると、二年前に潜ったときには幻滅させられたという。「海上は今でも素晴らしい。美しい島々があって、みごとな熱帯雨林が白い砂浜まで広がっている。だが、海中は違う。中国に漁業資源を売り渡してしまった」夜になると、トロール漁船の一団が海上の都市のように集まってくるそうだ。「大半の魚礁はトロール網かダイナマイト漁で破壊された。潜っていたとき、頭上でダイナマイトが炸裂したこともある」

だが、それは海の話だ。私は東部の山岳地帯を通ってテナセリム川流域に出るつもりだったが、その一帯は一九四八年以来、世界で最も長い内戦が続いている。おかげで開発が遅れて、今も原生林が残っている。住人の大半は少数民族のカレン族で、ビルマがイギリスから独立を勝ち取ったとき以来、自治を求めて戦っている。アメリカ国務省によると、ミャンマーは長年にわたってカレン族の人権を侵害しており、過去三〇年以上にわたって数千人がタイ国境に近い難民キャンプに避難を余儀なくされているという。

数ヵ月前に戦闘が激化し、あちこちで小競り合いが頻発していると報じられた。だが、私がミャンマーに来る数週間前にミャンマー軍とカレン軍が停戦に合意した。こうして、六〇年ぶりにテナセリム一帯に束の間にせよ平和が訪れたのである。

私には願ってもないチャンスだった。だが、小さなミェイク空港に着陸したとたん、事態はそれほど甘くないことを思い知らされた。空港ではミラーサングラスをかけた警備員に制止された。ハインが現地のアブラヤシ・プランテーション経営者である父の友人の名をあげ、迎えに来てくれることになっていると説明すると、その人物に電話して確認してから、やっと通してくれた。ラルフ・ブリッツの言ったとおりだ。ここでは私ひとりではどこにも行けない。

ハインの父の友人の共同経営者だという二重顎の男が、大音響でクラブミュージックを響かせながら、白いSUV車で迎えにきてくれた。空港から町に向かう間、レイバンのサングラスをかけたその男は、株式ブローカーさながらの早口で、ブルートゥース対応の無線ヘッドセットでしゃべり続けていた（ガイドブックには南方では携帯電話は使えないと書いてあったが、嘘だった）。何をしゃべっていたのかわかったのはあとになってからだ。どうやって私を町から出してテナセリム川に行かせるか相談していたのだった。

ミェイクの町の外に出るのは規則違反だったが、町にいるかぎりバティックアロワナどころか普通のアロワナも見られないような気がしてきた。というのも、ティン・ウィンの友人——黒いロンジーにビーチサンダルを履いた「ビッグボス」（ハインの言葉）が、町を案内してくれたのだが、結局、アロワナは一匹も見られなかったからだ。アロワナが入っていたという水槽を見ただけだ。袖なしのTシャツを着た痩せた男が、裏庭の洗濯ネットの下に置いてあるからっぽの水槽を見せてくれた。いい水槽ですねと言うしかなかった。

ビッグボスは、ここではアロワナをメー・チュン・ミアエと呼ぶと教えてくれた。「ワニの毛」という意味だと、私の腕の毛をつまみながら言った。

「でも、ワニには毛はないでしょ」私は言った。

「ワニの髭」と訳したほうが正確だとハインがそばから言った。ビルマ語には「髭」と「毛髪」の区別はなく、「睫毛《まつげ》」も同じ言葉で表現するそうだ。私は聞いたとおり「ワニの髭」と書き留めた。ワニには髭もないと気づいたのはあとになってからだ。アロワナは名前からしても不可解で謎めいているようだ。

いつのまにか物見高い住人たちが私のまわりに集まってきた。西欧人が珍しいのだろうが、ミェイクは近代になって孤立するまでは、シャム王国（現在のタイ）とヨーロッパとの貿易の主要な港で、中国への裏玄関として栄えていた。その日の午後、イギリス領だった頃につくられた遊歩道をハインと散策した。テナセリム川がアンダマン海に注ぐ港には、たくさんの漁船が集まっていた。ヤシの木が風にそよいでいた。正面に見える島には、肩肘ついて横たわっている巨大な仏像が見える。

手すりから身を乗り出して眺めていたハインが、胸鰭を使って干潟を横切っているトビハゼを見つけた。三億年ほど前には、すべての陸生動物の先祖がこんな動き方をしていたのだろう。トビハゼの標本をとってくるように父に頼まれているとハインは言った。ミャンマーの魚を集めて、いつかヤンゴンに博物館をつくるのが父の夢なのだという。

近年、博物館のための生物採集が議論の的になっている。批判的な立場をとる人々は、かつてのオオウミガラスを例に挙げる。この体長九〇センチ近い飛べない海鳥は、北大西洋からスペイン北部に分布していたが、博物館に展示するために乱獲され、一八〇〇年代半ばに絶滅に追い込まれた。過去の話と思われるかもしれないが、似たようなことは現在でも起こっている。魚のスーパースター、シーラカンスがその例だ。「生きた化石」が絶滅していないと知って熱狂した科学者たちが、絶滅寸前に追い込んだのである。一九五二年から一九九二年にかけて、世界中に約二〇〇ないし六〇〇匹しかいないシーラカンスのうち、少なくとも一七三匹が、主として博物館のために採集された。国際自然保護連合はシーラカンスを近絶滅種に指定し、アジアアロワナとともにワシントン条約の附属書Iに掲載している。

科学的採集に批判的な人々は、新種記載の拠り所となる「基準標本」にも反対している。バティックアロワナに夢中になっていた私は、標本を作製するには貴重な魚を殺すことになるという事実から目をそむけていた。私が話を聞いた魚類学者は口をそろえて、正式に新種を記載するには犠牲はやむを得ないと主張していた。ハイコが来られなくなった今、もしバティックアロワナが見つかった場合、私にはどうしていいかわからなかった。見つかる確率はゼロに近いのだからと自分をなだめるしかなかった。

ところが、その夜、ビッグボスが夕食をとりながら、思いがけないことを言い出した。翌朝、数人のマレーシア人コンサルタントを郊外にある新しいアブラヤシのプランテーションに案内するから私たちも連れて行ってくれるという。テナセリム山脈まで送るから、そこで漁師から話を聞けばいいというのである。ただし、ひとつ条件があった。ぜったいに車からおりないこと。

正式な通行許可ではないようだったが、私は話に乗ることにした。

翌朝、暗いうちに起きてホテルの前で待っていると、どきどきして冷や汗が噴き出してきた。五時少しすぎにSUV車が迎えにきた。昨夜、いっしょに食事をした三人の男が乗っている。町を出る頃には金色の曙光がさし始め、先を行くマレーシア人たちの車が舞い上げる土埃が見えた。道路際に藁《わら》ぶき屋根の小屋が点在していた。緑色の制服姿の子供たちが駆け抜けていく。やがて、プランテーションに向かう先頭の車と別れて、テナセリム山脈をめざした。気温が上がって、空気は沸騰する直前の牛乳のようだ。

やがて、土道が上り坂になり、緑の濃い涼しげな風景になった。およそ二時間で目的地のテナセリム・タウンに到着。テナセリム川が西の海に向かって鉤《かぎ》形に屈曲するあたりに一群の赤錆色の屋根の低い建物が並んでいる。ラルフ・ブリッツが行くのは不可能と断言した場所である。ここまで来れば、バティックアロワナが見つかるかもしれない。

車の後部座席で漁師からこっそり話を聞くものと思っていたが、意外にも、連邦団結発展党——ミャンマー軍事政府の与党——の地元幹部みずから出迎えてくれた。青い野球帽をかぶった痩せた男は、にこやかに挨拶すると、土道を進んで低い木造の建物に私を案内した。磨き込んだ床の広い部屋には籐の家具が置いてある。

籐椅子に五〇代に見える長身の男が座っていた。日よけ帽をかぶって、ウエストポーチをつけている。バティックアロワナを捕っている漁師だった。子供が一〇人、孫が一〇人いるという男は、通訳を介して、テナセリムで生まれ育ち、縞模様のアロワナのことは子供の頃からよく知っていると言った。昔は他の魚といっしょで、要するに食用だったが、二〇〇〇年代の半ばにミン・トゥーという男が来てから事情が変わったという。

私はミン・トゥーにヤンゴンで一度会ったことがある。ティン・ウィンのライバルで、外国人が立ち入れない深南部の奥地にバティックアロワナの養魚場をつくる計画を進めていた。ただし、海外にはまだ一匹も出荷していない。ワシントン条約の輸出許可証がない限り合法的輸出ができないからだ。

だが、漁師の話では、ミン・トゥーからできる限り捕るようにと依頼を受けて、すでに一〇〇〇匹以上をヤンゴンに出荷したそうだ。昔は野生のバティックアロワナがいくらでもいて、町の近くの小川でも見ることができたが、今では二日がかりで南のリトル・テナセリム川という支流まで行って、カレン族の反乱軍が潜んでいるジャングルに分け入らないと見つからないという。

そこに行けないだろうかと私が聞くと、部屋にいた男たちがいっせいに笑い出した。「今度来たときなら行けるかもしれないが」と、ひとりが言った。「まだ停戦協定の調印がすんでないから」

バティックアロワナを見ることはできないかと聞くと、漁師はこの時期は無理だと残念がった。またしても、私は悪い時期に来たようだ。ハイコは行くなら乾季だと主張していたが、漁師の話では、雨季に水位が上がり、アロワナが繁殖のために集まるときがチャンスだというのである。

私はがっかりして男たちに時間を割いてくれたお礼を言った。魚の匂いの漂う戸外に出ると、地元幹部が生鮮市場に案内してくれた。女性たちがその日水揚げされた魚を売っている。コンクリートの階段をおりて、ぬかるんだ川岸に出ると、ぶちのブタがゴミをあさっていた。広い川が緑濃い峡谷に消えていくのを眺めていると、ラルフ・ブリッツの言葉がよみがえってきた。「テナセリム川に行きたいと何度夢見たことか。あそこには未知の魚が数えきれないほどいる」

そのとき、土手の上から私たちを呼ぶ声がした。すぐ町を出なければならないという。どうやら、他の幹部から横槍が入ったらしい。

昼前にはミェイクに戻った。


バティックアロワナは見られそうになかったが、ヤンゴン行きの飛行機が出るのはまだ二、三日先だ。時間つぶしにハインと他の魚を見て回った。七宝焼きのヒトデみたいな色とりどりのロブスターを売る店に行ったり、刺激臭のある紫色のイカを何千匹も天日干ししている加工工場を見学したりした。

明日は飛行機が出るという前日、近くの島に新しく建設された水産加工工場の竣工式と祝賀晩餐会に招待された。製品は中国や日本に輸出されるそうだ。夕暮れにぎしぎしきしむ木の船で港を横切って島に渡り、傾斜路をのぼると、そこはしゃれたカントリークラブだった。片手にグラス、片手に葉巻を持ったおおぜいのビジネスパーソンが籐椅子でくつろいでいる。

晩餐会で同席したシンガポールの銀行家たちは、先日のヒラリー・クリントン国務長官のミャンマー訪問を話題にして、これで海外からの投資が急増するだろうと喜んでいた。テナセリムでも、森林を切り開いてアブラヤシのプランテーションを建設する動きにますます拍車がかかるだろうという。そういえば、港を見晴らす場所に掲げられていた緑色の表示板に米作の盛んなイラワジ・デルタをライス・ボウルと呼ぶのをもじって、「この一帯はミャンマーのオイル・ボウルになる」と誇らしげに宣言されていた。

コース料理の途中で、ハインの携帯電話が鳴った。父のティン・ウィンからは定期的に電話が入っていたが、今日は大きなニュースがあった。ミェイクの漁師がバティックアロワナを二匹釣ったというのである。明日、飛行機に乗る前に、ウ・ミェイク（故郷の町の名を自分の名前にしたらしい）という地元の観賞魚ディーラーから買い取ってくるようにという。電話を切ったハインはしばらく呆然としていたが、やがて声をあげて笑い出した。しばらく笑いが止まらなかった。やっと落ち着くと、彼は最後に釘を刺されたと言った。「魚が手に入らなかったら、帰って来なくていい」ティン・ウィンはそのアロワナをラルフ・ブリッツに送るつもりでいた。

翌朝、ウ・ミェイクがホテルまで迎えに来た。濃い黒髪の無愛想な若い男だ。私は彼のオートバイの後ろに乗せてもらい、ハインはオートバイを借りて、数キロ離れた彼の家に行った。家族が駄菓子屋をしていて、ポテトチップスやキャンディーの袋をクリップでとめたロープが玉暖簾のように入口にぶらさがっていた。その奥の部屋の隅に錆びた低いテーブルがあって、その上にまぶしく光る青い立方体の水槽が置いてあった。魚が二匹、窮屈そうに泳いでいる。

たしかに、アロワナだ。ぷっくりした不機嫌そうな顔は見間違いようがない。あのエレベーターのボタンみたいな特徴のある目も。だが、この二匹はこれまで見たアロワナと違って、淡い緑の体全体に青銅色の細い縞模様がついている。反射的に、顔中にタトゥーを施した北部のチン族の女性を思い浮かべた。殴り書きされたような模様は、丸いビルマ文字によく似ている。いったい、何が書いてあるのだろう？　バドワイザーの宣伝文句だと言われても納得しただろうが、じっと眺めていたハインは解読不能だと言った。

この二匹のバティックアロワナはテナセリム川の支流で釣られ、一〇時間かけて船でミェイクに運ばれた。運んできたのは漁師の兄だというトラクターの修理工で、その男が大きな歯を見せて笑いながら、部屋には不似合いなプラスチック製の椅子を私たちに勧めた。私が地図を見せると、二匹が釣れた場所を指さした。私が訪ねたテナセリム・タウンの南にある山岳地帯だ。つい最近まで交戦地帯だったが、二〇日前に反乱軍のカレン族が武器を持たずに山をおりてきたという。一九四〇年代に反乱軍と戦って名誉勲章を授与されたという祖父の手札形の写真も見せてくれた。

私がセピア色の写真を眺めているそばで交渉が始まった。男は二匹で三〇〇米ドル要求した。ハインが二〇〇ドルを提示した。価格交渉が続いた。ハインはいったん外に出て、ヤンゴンの父親に電話した。低い声で話しながら真剣な顔でうなずいている。電話を切って戻ってくると、二五〇ドルで話をつけた。東京や上海ではとてもそんな値段で手に入らないが、それでも漁師一家にとってはひと財産だ。

ひとつ問題があった。面倒なことになる可能性があるので、魚を飛行機で持ち帰るわけにはいかないとハインが言い出したのだ。世界から孤立しているとはいえ、ミャンマーは一九九七年にワシントン条約に加盟している（条約が施行されることはめったにないようだが）。国境を越えるわけではないが、国内の規制がどうなっているかよくわからないので、ヤンゴンまで船で送ったほうが安全だというのである。輸送費はウ・ミェイクを通して支払うとハインは言った。

交渉がまとまるまで、私は水槽のそばにひざまずいて二匹を観察した。一匹は脇腹に赤いかすり傷がある。釣られたときに傷がついたのだろう。二匹いっしょに捕まったので、同じ水槽に入れても争うことはない。それどころか、互いに愛着がある様子だ。つがいなのだろう。

眺めているうちにかわいそうになってきた。ジャングルの暗い川から拉致され、見たこともない青い光に照らされ、やがて科学の祭壇に捧げられて、ロンドン自然史博物館に送られる。ラルフ・ブリッツが新種と宣言すれば、どちらか一匹は「正基準標本《ホロタイプ》」として永遠に同種の代表として、博物館のひんやりした薄暗い倉庫に保管されるだろう。

じっと見つめていると、どことなく見覚えがあるような気がしてきた。行方不明だったピカソの絵を偶然発見したような感じだ。この二匹は本当に新種なのだろうか、それとも、アジアアロワナの変種にすぎないのだろうか。ひとつ確かなのは、長い間隔離されてきたテナセリムの魚たちも、今後はそういうわけにいかないことだ。

こんな形でバティックアロワナに出会うとは思っていなかった。テナセリム川を眺めながらエアコンのきいたSUVに乗ってきて、発泡スチロールの容器で届けられたバティックアロワナと対面するとは。そして、ミャンマーの基準からすると法外な高値で売買されるのを目撃するとは。そう思うと、落ち着かない気分になった。目的は達した。模様のある謎のアロワナを見ることができた。だが、それと引き換えに私に何ができるか考えておくべきだった。ずっとあとになって、ヴィクトリア時代の観賞魚愛好家、チャールズ・キングズリーが一八五五年に書いた本の一節を読んだとき、私が感じた不安の正体がわかったような気がした。

実際、新種発見の喜びは大きすぎて、道徳的な意味で危険だ。発見したものを自分の所有物、さらには、自分の創造物と見なしたくなるからである。創造した自分を誇り、神がそれまでずっとその生物を知らなかったかのようにふるまい、自分の名前をつける権利をめぐって嫉妬に駆られた争いを展開し、某協会の記録に最初の発見者として記されることを切望する。自分が生まれるはるか前から、そして、新種を発見するずっと前から、天国の天使たちがその生物を愛でてこなかったかのように。

要するに、私はアロワナの魅力に免疫がなかったのである。そして、あとでわかったように、テイン・ウィンもそうだった。しばらくあとで、ハインが思いがけないことをぽろりと口にした。父は当初ラルフ・ブリッツに標本を送るつもりだったが、気が変わった。おそらく、手元においておくだろうというのである。

仕事をすませ、ハインとヤンゴン行きの飛行機に乗った。途中の海岸の町ダウェイから乗った白髪頭のミャンマー人男性が私に近づいてきた。「あなたがテナセリムに行ったという人ですね」外国人の乗客は私だけだったから目立つのは当然としても、テナセリムに行ったのは極秘のはずだったからぎょっとした。そういえば、ミェイク空港でも、テナセリム・タウンに行ったという私によく似た女性を当局が探していると警備員が言っていた。

私は人違いでしょうと答えた。だが、見知らぬ男は世界自然保護基金（ＷＷＦ）の生物学者ウ・

ティン・タンと名乗り、ヤンゴンに戻ったら話を聞きたいと言った。

結局、押し切られて、翌朝、私が滞在していたホテルの隣に新しくできた西欧風のカフェで会った。「テナセリム川まで行ったんですね」席につくなり彼はそう言って、テーブルに分厚い資料をのせた。彼の著書『*A Guide to the LargeMammals of Myanmer*（未訳：ミャンマーの大型哺乳類）』もあった。

「いいえ」私はどぎまぎした。当局に目をつけられているのもショックだったし、危険を冒して案内してくれた地元の人に迷惑をかけたくなかった。

だが、ティン・タンは執拗だった。「テナセリム・タウンに行ったんじゃなかったんですか？」

「外国人は立ち入り禁止です」私は小声で答えた。

納得していないようだったが、彼はそれ以上追及しなかった。そして、あの一帯は地理的に隔離されているから未発見の固有種がいるはずで、以前から興味を持っていると言った。

話しているうちに、ティン・タンはミャンマーの西海岸出身だが、この二〇年の大半を亡命先のタイで過ごしていることがわかった。タイでＷＷＦの野外研究生物学者の職を得て、現在は母国の自然保護監視に当たっている。野生生物の違法取引を調査するために、身分を隠してテナセリムに潜入し、密猟者たちと暮らしたこともあるそうだ。彼が描くテナセリムは私が想像していたような自然の楽園ではなく、法の及ばないフロンティアで、生き残った数少ないゾウやトラが毎日のように姿を消しているという。

前日の午後、飛行機で会ったときは、ミェイクから二五〇キロほど南にあるダウェイを視察した帰りだった。この寂れた町に海外の開発業者が数十億ドルを投入して巨大工業団地の建設を予定しており、それが環境にどんな影響を及ぼすか評価するのが目的だった。深海港、製鉄所、化学肥料工場、石油精製所、石炭火力発電所がつくられることになっており、山を切り開いて四車線から八車線の道路を開通させ、バンコクとつなぐ計画もあるという。

政府はかつて中国への裏玄関として栄えたテナセリム一帯の開発を進め、ダウェイをミャンマーの深圳《シンセン》市にしようとしている。中国南部にある深圳はかつて寂れた漁村だったが、今やメガシティに変貌し、全世界の電子機器の約九〇パーセントを生産している。中国にアロワナの消費市場が生まれたのは、こうしためざましい工業化によって主要な河川の八〇パーセントが汚染され、魚が棲めなくなったことも一因だろう。中国人は失われた野趣をアロワナに求めているのかもしれない。

私も同じだ。自然の中でバティックアロワナを見られなくて落胆しただけでなく、ジャングルがもはや厳密には野生の地ではないと知って失望した。ボルネオでも、マレー半島でも、テナセリムでも、ジャングルは短期間のうちに破壊された。ハイコによれば、本当の熱帯原野は今では地上に二ヵ所しかないという。ニューギニアとアマゾンのジャングルである。実は、ミャンマー探検をすっぽかした埋め合わせのつもりか、ハイコからまたコロンビア領アマゾンに誘われていた。野生のアロワナを見つけられるとしたら、おそらく最後のチャンスだろう。アマゾンには「ウォーターモンキー」と呼ばれるシルバーアロワナがいる。だが、私は精根尽き果てて考える気力すらなかった。

ティン・タンにバティックアロワナのことを訊ねてみたが、聞いたことがないという。哺乳類が専門だからだろう。それでも、不思議な魚を見たことがあると言った。「名前は知らないが」と言ってから、数万ドルで売れるらしいとつけ加えた。「テナセリムのジャングルのずっと奥で捕れるらしい」

アブラヤシのプランテーション経営者で、ミャンマーでも指折りの大富豪の家でその魚を見たというのだ。しかし、よく聞いてみると、その大富豪はバティックアロワナのトレーダー、ミン・トゥーの友人で、最高級のコイのコレクターだった。

だが、ティン・タンが撮った写真を見て、疑念は消えた。間違いなくバティックアロワナだ。地元住人は命がけで危険地帯に踏み込んでその魚を捕ってくるのだとティン・タンは言った。「高値で売れるから、誰も魚の居場所を教えない」このままでは近い将来この魚はジャングルから消えてしまうと彼は案じていた。

「一昔前なら、外国人のあなたとこんな話はできなかった。だが、今はだいじょうぶだ、たぶん」そう言うと、ティン・タンは自分が撮った魚の写真を見つめた。「一昔前まで、私たちは、奥地の小川にいるこの魚みたいに孤立していた」

バティックアロワナが消えた。あの青く輝く水槽で泳いでいた雄と雌――ハインが父の代理で値切って買ったあの二匹が消えたのである。

ハインと私は金曜日の夜ヤンゴンに帰ってきた。アロワナたちは日曜日に貨物船で到着する予定だった。だが、届かなかった。月曜日にも。火曜日になっても。

「あいつに騙されたんだ」ティン・ウィンはやきもきしてウ・ミェイクの携帯電話にかけたが、電源を切ってあるのか、何度かけてもつながらなかった。ティン・ウィンは現地の知人に調べてもらったが、ウ・ミェイクもアロワナも見つからなかった。代金はまだ払っていなかったから、持ち逃げされたわけではない。

何があったのだろう？　ティン・ウィンの推測では、バティックアロワナが記載され生息地が明らかになると密輸しにくくなるから、地元の有力者が阻止しようとしたのではないかという。ライバルのミン・トゥーに横取りされた可能性もある。それとも、他の誰かだろうか？

私はハイコを待っていたようにバティックアロワナが届くのを待った。疲れて、暑くて、いつもピリピリしていた。そんなとき、タイソンからシルバーアロワナを手に入れたか問い合わせるメールが届いた。「他にも標本を入手したがっている人物がいると判明した」と書いてあった。ラルフ・ブリッツのことだ。だが、なぜわかったのだろう？

すぐに返信する気にはなれなかった。私はタイソンに頼まれて標本を採りに来たが、偶然、彼のライバルのラルフ・ブリッツの友人ティン・ウィンの世話になり、結局、ティン・ウィンが手に入れることになったと伝えるのは気がとがめたからだ。

結局、私はバティックアロワナが見つかるまで待てなかった。謎を残したままミャンマーをあとにした。ところが、まだ帰国しないうちにハイコから不可解なメールが届いた。「あのスクレロパゲスをミャンマー原産の新種として記載するようタイソンを説得した」スクレロパゲスとはアロワナの属名だ。タイソンの記載をハイコは自分が発行人兼編集長をしている科学雑誌『アクア』に掲載するつもりだというのである。

ついては、バティックアロワナの生息地に関する情報を提供してほしい。「タイソンは現地に行ったことはないが、標本は持っている」から、私が撮ったバティックアロワナあるいは生息地の高解像度の写真を送ってほしいという。「本当は現地で君といっしょに確かめたかったが、土壇場でキャンセルするはめになって残念だ」

妙な話だ。私はタイソンが新種として記載するためにシルバーアロワナの標本を採りにミャンマーに来たが、結局、採集できなかった。それなら、なぜタイソンは地球の裏側にいて標本を手に入れたのだろう？　ティン・ウィンのもとに届くはずだったバティックアロワナを横取りするのは不可能だ。だが、ハイコはタイソンの記載を来月発表すると宣言している。計画の急転換だ。

怒りがこみあげてきた。ハイコは世界一閉鎖的な国で私を待たせたあげく、約束を破った。おかげで、私は一ヵ月近く狂気のような日々を送り、ようやくバティックアロワナを見つけたと思ったら、その魚はミャンマーを代表する在来魚の研究者の鼻先から盗まれてしまった。そして、ハイコはずうずうしくも私に写真と情報を求めてきた。タイソンが本当に標本を持っているのなら、なぜ情報が必要なのだろう？

タイソンは本当にバティックアロワナの標本を持っているのだろうか？

第5部

奥地へ

14章　価値のパラドックス

ニューヨーク→ジュネーブ

科学探査の歴史は裏切りと業績の横奪に満ちている。古いところでは、一八一八年、アメリカの博物学者ジョン・ジェームズ・オーデュボンが、「銃弾にも耐える鱗を持つ」魚をでっちあげ、仲間のフランスの博物学者コンスタンティン・ラフィネスクに新種「オハイオ川の驚異」として記載させた。その後、アメリカの博物学者たちは信用を取り戻すのに数十年かかった。一八七二年にはオーストラリアの博物館館長が、北東部のクイーンズ州を訪れたとき、へら《スパチユラ》のように長い口先をした肺魚の料理を供された。館長はその魚のスケッチを魚類学者に送り、魚類学者はオムパックス・スパチュロイデスと命名した。この「第七の肺魚」はそれから五〇年間魚類図鑑に載せられていたが、シドニーのある新聞の匿名報道で、カモノハシの嘴と肺魚の頭、ボラの体とウナギの尻尾を合成した偽物であることが明らかになった。誰がそんないたずらをしたのかは不明のままだ。

ミャンマーから帰国する途中、タイソンがなぜバティックアロワナを入手できたか考えた。タイソンは今スリナムにいる。南米大陸を拳に見立てると指関節に当たる国だ。ティン・ウィンのバティックアロワナを盗ませ、短期間のうちに地球を半周して届けさせることなどできるだろうか？

それとも、彼が持っている標本は別の魚なのか？

いろいろ考えているうちに、もうひとつの可能性が浮かんできた。そして、その公算がいちばん大きいと思うようになった。そうだとしたら、私の責任だ。タイソンは私が必ず標本を採集してくると信じていた。それで、フライングして、ハイコの雑誌で新種記載すると約束してしまったのではないか？　まだ手に入れていない魚の記載をする、と。

ニューヨークに戻ると、すぐタイソンに電話した。不安で胸が押しつぶされそうだった。だが、タイソンは、少なくとも声を聞くかぎりでは上機嫌だった。「すごくよく聞こえるよ、同じ部屋にいるみたいだ」そう言ってから、つけたした。「実は、服を着てないんだ。スリナムではいつもそうだが、部屋に入ったらすぐ素っ裸になる」

「楽しそうですね」

「いや、いや」相変わらず上機嫌だ。「それで」と話に区切りをつけると、柄にもなく黙り込んだ。旅の成果を聞きたいのだろう。時間稼ぎをするために私は次々と旅のエピソードを語り、もうこれ以上引っ張れないと判断してから言った。「だから、標本は採集できませんでした、残念ながら」

しばらく間をおいてからタイソンが聞き返した。「ゼロということか？　エイも？　アロワナも？」（せめてエイでもあればよかったのに、とタイソンは残念がった）

「はい、あいにく」

「なんてことだ！」

テナセリム川流域では、政界の大物を後ろ盾に持つトレーダーが、立ち入り禁止地区に生息するバティックアロワナを独占していると私は説明した。ティン・ウィンに世話になったことも話し、彼の息子に案内してもらったのだが、彼自身はタイソンのライバルであるラルフ・ブリッツに標本を送るつもりでいると言った。「結局、入手できなかったけれど」二匹のバティックアロワナが消えた経緯は省略した。

「きわめて遺憾だ」タイソンは嘆いた。「がっかりしたよ」

「落胆させてしまって……」

「いや、あの卑劣なラルフ・ブリッツも標本を手に入れられなかったのなら、いくぶんなりとも溜飲が下がる」タイソンは以前、シンガポール国立大学のクローゼットに鍵をかけずに保管しておいたドジョウに関する論文をラルフに盗まれたと言った。のちにラルフに確かめたところ、とんでもない濡れ衣で、その時期にはシンガポールにいなかったと反論した。しかし、タイソンによれば、こうした言い逃れは最近では日常茶飯事だそうだ。採集に関する規制が厳しくなったことも一因だという。「魚類学を組織的に研究している人間の間で競争が激しくなるにつれて、詐欺まがいの行為が蔓延《まんえん》するようになった」

いいタイミングだったので、ハイコの不可解なメールのことを聞いてみた。近々彼の雑誌にバティックアロワナを新種として記載するということだが、と切り出した。何かの誤解だという答えを期待していたが、タイソンはまた黙り込んだ。

「まいったな」しばらくして言った。「ハイコから他言するなと釘を刺されているが……雑誌に掲載すると君に話したのなら……写真が欲しいと言われなかったか？」

「ええ」

「なんてやつだ！」タイソンは大声を出した。「君まで巻き込むなんて」

「どうなってるんですか？」私は思い切って聞いた。「記載するからには標本を入手したんでしょう？」

「ちょっと込み入った事情があってね」タイソンは歯切れが悪かった。「今は話せないんだ」そう言ってから、含み笑いをした。「雑誌が出るまで待つことだな」

待つことはできなかった。ハイコからタイソンの記載に添えるためのバティックアロワナの写真を頼まれている。いい写真は何枚もあった。だが、タイソンが標本を持っていない確率が高いのだから、研究不正に加担したくない。写真を提供すれば、持っていない標本が実在するような印象を与えてしまう。それに、ミャンマーのティン・ウィンが写真提供者として私の名前を見たら、恩を仇《あだ》で返されたと思うにちがいない。

どうしたらいいだろう？　写真はないと嘘をつくこともできたが、ハイコは私がバティックアロワナを見たのを知っている。それに、ハイコを怒らせたくなかった。自分でもどうかしていると思うが、ハイコから夏の終わりに行こうと誘われたアマゾン探検を諦めきれなかったからだ。地上最大の熱帯雨林が、エデンの園のように私の心をとらえて離さなかった。文明から切り離された原生林に行けば、きっと今度こそ野生のアロワナに会える。ハイコと行動を共にするリスクは重々承知していたが、誘いを断りたくなかった。

私は写真を送るべきか否か迷い続けた。解決策を思いついたのは夫のジェフだった。最初は、そんな姑息なことはできないと思った。だが、他に方法を思いつかないまま、ミャンマーで撮った写真を夫がパソコンに取り込むのを無言で眺めた。

以前は生きた魚を撮るには途方もない忍耐と技術が必要だったが、現在では、ほどほどのデジタルカメラを使えば誰にでもできる。私が撮った写真もかなり出来がよく、バティックアロワナの謎めいた複雑な模様を鮮明にとらえていた。ジェフが画像を加工した。マウスをクリックして、全体を黒くぼかし、ファイルを縮小し、アロワナの顔に大きなフラッシュを入れた。加工し終えると、よくこんな下手な写真が撮れたと思うような画像になった。使えないほどひどい画像にするのが狙いだった。

狙いは当たった。「ありがとう」写真を見たハイコからそっけないメールが届いた。「だが、残念ながら印刷不能」

卑劣なことをしたと気づいたのはあとになってからだ。研究不正に加担したくないばかりに私自身が不正をしたのである。


いつのまにかアロワナから負の影響を受けるようになっていたのだが、それは私に限ったことではなかった。私がアロワナを追っていた頃、インドネシア国家警察（アメリカのＦＢＩに相当する機関）のススノ・ドゥアジ局長が、スマトラのアロワナ養魚地に関する収賄罪で三年半の禁固刑を宣告された。

アロワナ産業の発展に伴って稲作農家が土地を奪われ、養魚地が急増したミャンマーでも、混乱が続いた。多くの養魚地経営者が、成魚の所有者になれば、その稚魚からあがる利益を配当するという投資話を持ちかけたが、同じ魚が複数のバイヤーに売られている場合もあった。「ポンジスキーム」という投資詐欺である。誰もが疑心暗鬼に陥り、アロワナを毒殺したと同業者を非難し合った。警察は白昼、交通量の多い道路でカーチェイスを繰り広げた末、アロワナ泥棒を射殺した。アロワナの価格は急騰したかと思うと暴落した。そんな中で、「マレーシアのケニー・ザ・フィッシュ」と呼ばれたシーアン・ランの創業社長、ウン・ホワン・トンが、養魚地建設のために計上されていた約三〇〇〇万ドルの不正な会計処理の責任をとって辞任した。「本当に気の毒だ」と内部事情に明るい人物が言っていた。「自分がつくった養魚地にも会社にも立ち入れなくなってしまった」

ニューヨークでもアロワナ密輸業者が逮捕された。二〇〇九年、私がフィッツパトリック警部補に同行してワニの回収に行った直後、その五年前にJFK空港で警部補が逮捕した男が犯行を繰り返したのである。逮捕されたのは、クイーンズのサイモン・ツァオという四七歳の元中華レストラン配達員で、休暇で故国マレーシアを訪れた際、前回と同様、アロワナと水を入れた袋をスーツケースに隠して持ち帰った。香港で乗り換えたとき、スーツケースが行方不明になり、ニューヨークに転送されたときには水が漏れていた。判決が出るまで二年以上かかったが、ツァオは一年の実刑を言い渡され、現在、メトロポリタン拘留センターで服役中だ。マフィアの「ガンビーノファミリー」のボス、ジョン・ゴッティや、アルカイダのメンバーでニューヨーク地下鉄爆破計画の首謀者だったナジブラ・ザジが収容された連邦刑務所である。

その後、刑務所にツァオを訪ねたが、温厚な熱帯魚愛好家で、大好きなアロワナのロージーを恋しがっていた。今はテキサスの公共水族館にいるらしいという（居所は彼には知らされていなかった）。アジアアロワナのどこがそれほど魅力的なのかと聞くと、アジアアロワナのせいで服役しているにもかかわらず、「あの魚は平穏と幸運を運んでくれる」と答えた。

裁判中、ツァオは養魚場で大量生産されているアジアアロワナがアメリカで所持を禁止されているのは不当だとアメリカ魚類野生生物局に訴えた。だが、裁判官はアロワナに関する知識がなく、メディアも「肥った金魚のような魚」と報じた。私はそれよりは知識があるが、ツァオの訴えをどう考えていいかわからなかった。この基本的な疑問に対する答えはまだ出ない。そもそも、どうして魚をめぐる犯罪が起こるようになったのだろう？

調べていくうちに一九〇〇年に制定されたレイシー法にたどりついた。アメリカで最も古い野生生物保護法で、現在も密輸業者起訴に適用されている。世界は「果汁を吸い尽くされたオレンジ」になりつつあると警告したアイオワ州選出の下院議員ジョン・レイシーの名をつけた連邦法で、当初は一八〇〇年代末に制定された猟獣の大量捕獲規制法の強化が目的だった。当時、アメリカの野生生物は危機に瀕していた。かつてはどこにでもいた象徴的な二種の生物、バイソン（アメリカバッファロー）とリョコウバトが乱獲によって姿を消しつつあったのだ。バイソンは牛との交雑によって遺伝子汚染を受けたものの、絶滅の危機からは救われた。だが、リョコウバトは不運だった。この淡い色の美しい鳥は、一時はアメリカの全鳥類の二五パーセントから四〇パーセントを占めていたと言われている。最後に残ったリョコウバトのマーサが、飼育されていたシンシナティの動物園で死んだのは一九一四年のことだ。その三年半後には、長年美しい羽のために乱獲されてきた赤と緑と黄色のカロライナインコの最後の一羽が、やはりこの動物園で死んでいる。アメリカ東部原産の唯一のインコだった。

こうした中、レイシー法は一九三〇年代に改正され、連邦法だけでなく外国法に違反して捕獲された野生生物の取引を禁止した。その頃になると、野生生物保護の気運が世界に広がり始めていた。一九一一年には、アメリカの呼びかけに応じて、イギリス、日本、ロシアが、膃肭獣《オットセイ》保護条約に調印している。野生動物保護の最初の国際条約である。ベーリング海東部にあるプリビロフ諸島では、柔らかい毛皮をとるために大量のオットセイが撲殺され、その数が二〇〇万頭から三〇万頭にまで激減していた。だが、この条約によって捕獲割当が定められたおかげで、一九五〇年代には、その数はほぼ最盛期にまで戻っている。現在のオットセイの騒々しい営巣地《ルッカリー》は、野生生物保護法が国境を超えて適用されなければ有効でないことを実証している。

しかし、当時はまだ海外で休暇を過ごしたアメリカ人がワニ革の靴を履き、コンゴウインコやライオンの皮を持って帰っても、非難されることはなかった。状況が変わったのは、第二次世界大戦後、設立されたばかりの国際連合から国際自然保護連合（ＩＵＣＮ）が生まれてからである。ＩＵＣＮは一九六三年に絶滅のおそれのある野生生物の取引を規制する条約の制定を呼びかけた。その一〇年後、八八ヵ国の代表がワシントンＤＣに集まって、三段階の保護レベルに基づいて野生動植物を保護するワシントン条約が採択された。そして、一九七五年に発効するまでに、もっとも規制が厳しい附属書Ⅰに、五〇〇種以上の動物と約七〇〇種の植物が掲載され、そのすべての種――アジアアロワナも含めて――の国際取引が禁止されることになった。

ミャンマーから帰国して一週間後、私はジュネーブでの第二六回ワシントン条約動物委員会を取材した。会場はかつての国連本部で、各国の国旗が三月の風にはためいていた。世界中から約一五〇人の科学者が集まって、世界で最も絶滅の危機に瀕している種の規制について意見を交わしていた。この年の議題は水生動物だ。サメ、イルカ、サンゴをリストに載せるか、東南アジアのタツノオトシゴ、太平洋のシャコガイ、カスピ海のチョウザメに関して持続可能な捕獲割当をどう制定するかについて議論が続いた。

「ワシントン条約が発効した当初は、特定の種をフェンスで囲って保護するやり方だった」と、学術協力主任のトム・デ・ミューレナーはブリーフィングの間に話してくれた。このダークスーツ姿の思慮深そうなベルギー人科学者は、一九八八年の第一回動物委員会から出席している。当初の参加者は二〇人で、「何もかも禁止することばかり話し合っていた」という。

しかし、徐々に変わっていった。野生動物に対する脅威は、国際取引よりむしろ地元での乱獲と生息地の喪失だと気づいたからである。こうして、ワシントン条約の基本方針は反商業主義から持続可能な取引に移行した。その根拠となったのが、二〇世紀末の保護運動のサクセスストーリーとも言うべきワニの復活だ。第二次世界大戦後、ワニ革の靴やベルトやバッグが流行し、ワニが激減したために、ワシントン条約は国際取引を禁止した。しかし、最終的には、まったく異なる解決法を採択した。野生のワニの卵を一定の条件下で採取し、人工飼育して皮を取るのである。一九九〇年代半ばには、世界に二三種いるワニのうち一六種の数が著しく回復した。結果的に、このワニ養殖のおかげで違法取引はほとんど行われなくなった。

　この成功例に基づいて、一九九〇年代にはアジアアロワナの養魚場を認証している。だが、私が二〇一〇年ごろ東南アジアに行ったときには、野生のアロワナが増えたという話は聞かなかった。ワニとアロワナでは事情が違うのだろう。ワニの養殖には野生のワニの卵を採取してこなければならないが、アロワナは養魚場の中で繁殖させられるから、野生種の保護に関心が向かないのだ。

　絶滅の危機に瀕した種の商業育種の是非については今も活発な議論が続いている。「商業育種は需要増加を引き起こすだけだ」と、トラフィック・インターナショナルの政策担当部長サブリ・ザインは、トラの養殖場を例に挙げた。現在、野生のトラは三二〇〇頭しか残っていないが、推定五〇〇〇頭ないし六〇〇〇頭が中国で商業育種されており、骨や皮や肉が売られている。中国側は養殖のおかげで密猟がなくなったと主張しているが、ザインをはじめとする保全生物学者は異議を唱える。「ごくわずかな需要増加でもトラを絶滅させる可能性がある」というのである。

　野生生物の個体数に余裕があれば捕獲を認める専門家が多いことに私は驚いた。動物の権利擁護運動のロビイストはそれに反発し、野生生物のペット化に異議を唱えた。ヒューメイン・ソサエティ・インターナショナルは、野生で捕獲された魚は切り花のようなものだと訴える。動物を飼育すること自体に反対する団体もある。「私個人としては、水槽で魚を飼うのはこのうえなく残酷だと思う」と、ワシントンD．C．の動物保護団体、動物福祉協会のD・J・シューバートは私に言った。「たとえ金魚でも、きわめて不快な環境にちがいない」

　そう考えるのはシューバートだけではないようだ。動物の権利擁護運動が世界中で広がるにつれて、かつては下等生物と見られていた魚も保護の対象となった。ヨーロッパでは、そのための法律を制定した国もある。二〇〇四年、イタリアのモンツァ市は、金魚を金魚鉢で飼うことを禁止した。金魚鉢の形状によって酸素が制限されるうえ、ガラスの屈折のせいで金魚には「現実が歪んで見える」というのが理由だった。その後まもなくオランダも同様の法律を制定した。イギリスでは、二〇〇六年の動物福祉法によって、金魚を賞品とすること、一六歳以下の子供に生きた魚を売ることが違法となった。おかげで、六六歳のイギリス人女性が一四歳の子供に金魚を売った罪で、一〇〇〇ポンドの罰金のほか、外出禁止令を受け、監視用GPS付きアンクレットをつけるよう言い渡された。

ばかばかしい話だが、動物の権利擁護に関する革命が起こりつつあるのは確かだ。魚類学者はこれまで無視してきた魚の精神構造に言及するようになった。二〇〇三年、イギリスの研究チームが、『フィッシュ・アンド・フィッシェリーズ』誌に次のように記している。

> 魚は豆粒ほどの脳しか持たない愚鈍でつまらない生物で、本能に支配され、限られた行動に関する柔軟性こそ有するが、それも「三秒しか続かない記憶」によって著しく阻害されるというイメージは、過去（あるいは少なくとも時代遅れ）のものである。今や、魚は社会的知性が高く、権謀術数をめぐらし、罰したり、和解したりする生物と認識されている。

アメリカの進化生物学者ゴードン・バーグハートによると、「遊ぶ魚」もいるという。『*The*

Genesis of Animal Play（未訳：遊ぶ動物の起源）』の執筆中、彼自身、最初は懐疑的だったが、調査するうちにそれに関する章がいちばん長くなったそうだ。たとえば、フナは水の中で転げまわり、ガーフィッシュはカメを跳び越えて遊ぶ。魚の中でいちばん大きな小脳を持っているゾウギンザメは、長い口吻《こうふん》にボールをのせて楽しんでいる。アロワナはゾウギンザメに近い種だが、私が見るかぎり頭の回転が速いとは思えなかった。それでも、ニューイングランド水族館の専門家から、アロワナは高い知性の持ち主だと教えられたことがあった。

そんなに頭がいいのなら、水槽の中では退屈するのではないだろうか？　私はこの疑問をアクアラマで知り合ったオリエンタルフィッシュ・インターナショナルの代表、スヴェイン・フォッサにぶつけてみた。フォッサは一笑に付した。多くの食用魚がトロール船の甲板で窒息しそうになっているのに、アロワナが退屈しているか気にするなんておかしいというのだ。食用魚か観賞魚かどちらかを選べと言われたら、魚は後者を選ぶだろう、と。「魚に考えることができればの話だがね。僕は魚に思考力があるとは思わない」そう言ってから、つけ加えた。「魚も含めた多くの動物には知覚力がある。だが、知覚力の定義そのものが曖昧だからね」

フォッサは長身のノルウェー人で、青いつぶらな目に丸眼鏡をかけ、リンゴのような頬をしている。魚類学者ではないが、ペットの魚のことなら（彼は「ペット」ではなく「コンパニオンアニマル」と言っている）何でも知っている。観賞魚業界のロビイストとしてワシントン条約の動物委員会に一九九九年から毎年出席しているフォッサは、最初の頃は会議の運営方法がまったくわかっていなかったと言った。「科学に関する会議で、合理的な考え方をするものと思い込んでいた。今思うと、考えが甘かったよ」

フォッサによれば、会議を動かしているのは政治だという。その一例として、二〇一〇年に附属書Iへの掲載が検討された大西洋クロマグロをあげた。寿司ネタとして人気の高いこの魚は、商業漁業時代が始まってから八〇パーセント以上激減しており、国際取引によって危機にさらされているのは明らかだった。*****しかし、日本の有力なロビイストによって掲載が阻止された。その一方で、樹上性の中央アメリカ・アマガエル属は、半数がありふれた動物なのに、附属書IIに掲載された。誰も敢えて異議を唱えなかったからだ。「属ごと掲載されたのは、誰もほかにリストに載せるものを思いつかなかったからだ。『まあ、何か載せなくてはいけないから』というわけさ」

「提案者も中央アメリカ・アマガエルが希少動物ではないと承知していた」と、フォッサの友人で、ペット業界のロビイストとして出席していたジム・コリンズがつけ加えた。爬虫類愛好者のイギリス人で、世界でも最大級のガラガラヘビのコレクションを所有しているが、仲間が前年にキングコブラに噛まれて亡くなったそうだ。コリンズは会場の一隅に集まった動物の権利擁護運動家たちに目を向けて「狂った連中」と呼んだ。

「向こうは、たとえそう思っていても、僕らをそう呼ばないだろうが」フォッサが言った。

二人ともあらゆる野生生物の取引禁止を求める擁護運動に憤慨している。「イナゴを売買したい

*****おそらく、クロマグロはアジアアロワナやコイ以上に高価な魚だろう。二〇一三年に約二二〇キロのクロマグロが一八〇万ドルで売れている。

と言ったら、即座にだめと言うだろう」正当な理由なく取引禁止リストに載せるのは逆効果だとコリンズは主張する。ワシントン条約に掲載されているというだけで手に入れたがる人びとがいるからである。

フォッサも同意した。「希少だと声高に言うと、必ず手に入れようとする人間がいる」

同じ意見を以前にも聞いた。ハイコもそう言っていたが、生物学者の中からもそうした声があがっている。数年前、フランスの生物学者フランク・クルシャンの研究チームが、パリの動物園で、訪れた人がどの動物にどれだけお金や労力を費やすか――いくらなら払うか、階段を何段のぼり、散水しているスプリクラーをかいくぐってまで見に行くか――を調べ、希少生物の価値を数量化した。その結果、希少《レア》と記されたカエルやイモリには普通《コモン》と記されたカエルやイモリの二倍の時間をかけることが判明した。

標準的経済理論では、生物は売買されるだけで絶滅することはないという。最後の個体を探すコストが高騰するからである。つまり、沼沢地に生息する最後のアロワナを捕まえるのは、市場に出回っているアロワナを買うより高くつくわけだ。だが、クルシャンはそれで納得せず、二〇〇六年に従来の理論に代わる新しいモデルを提唱した。アダム・スミス以来、経済学者にはよく知られている人間の基本行動「価値のパラドックス」、いわゆる「水とダイヤモンドのパラドックス」を採り入れたモデルである。水は人間にとってきわめて実用的価値が高いが、ただ同然で取引される。希少動物はその反対で、ダイヤモンドのようなものだ。価値が高騰するにつれて不当な搾取が進み、ますます希少で望ましいものとなって、ついには絶滅の道をたどる。

それなら、アジアアロワナを世界で最も絶滅の危機に瀕した魚と宣言することは、アジアアロワナの絶滅につながるのだろうかと聞くと、フォッサはしばらく考えていた。「難しい質問だ。少なくとも、ワシントン条約に載ったということで関心は途方もなく高まるだろう」

最初に五〇〇種以上の動物と約七〇種の植物が附属書Iに記載された理由を調べてみたが、よくわからなかった。発足当時ワシントン条約の会議に出席した少数の科学者に聞いたところでは、行き当たりばったりだったようだ。科学的根拠もないまま真剣に議論されることもなくリストに載せられた。証拠資料ではなく、話し合いによって決定されることが多かったという。ワシントン条約の歴史を掘り起こしてみたいと言っても、誰も取り合ってくれなかった。

それでも、私はナマコに関する会議を欠席して、ジュネーブ郊外にあるワシントン条約の記録保管所に向かった。初期のファイルはここに集められており、バインダーの数は本棚一段分だった。会議テーブルについて黄ばんだページを繰り始めると、気が遠くなってきた。

一九六〇年代半ば、国際自然保護連合（IUCN）が淡水魚を保護する団体を設立した。シンガポールにいたとき、国立博物館の動物部門の元責任者で、東南アジアの絶滅危惧種を認定したエリック・アルフレッドから話を聞いたことがある。彼は一九三〇年代に、生まれ育ったマレー半島の各地を調査したが、当時はまだ「広い野生の地」だったそうだ。地元の漁師たちに最近見かけなくなった魚——を聞き出して、最終的に二つの種——いずれも繁殖に時間がかかり、地元の漁師によく知られた食用魚をIUCNの絶滅危惧種レッドリストに掲載するよう推薦した。コイ科の大型淡水魚プラーイーソック（学名プロバルブス・ジュリエニ）とアジアアロワナである。この二種は一九七〇年代にワシントン条約の附属書Iにも掲載された。問題はなぜそうなったかだ。世界に数ある魚の中でなぜこの二種が国際取引を制限する条約に加えられたのだろう？　数が減少したのは地元の問題であり、乱獲と生息地の喪失が原因だったのではないか？

二〇〇一年に会ったとき、アルフレッドは八〇代で、その三〇年前に現役を退いていた。彼が若かった頃、川にたくさんいた魚はもういなくなった。ジャングルは切り開かれ、アブラヤシのプランテーションが続いている。アジアアロワナがなぜこれほど高価で人気のある観賞魚になったのかわからないと彼は言った。シンガポール市内を見下ろす静かな丘にたつ自宅の庭に座って、彼は長年の経験から会得した教訓を教えてくれた。「自然保護に関するかぎり、保護すべき対象は環境であって動物ではない。動物のことは動物に任せればいい」

ようやく私はアジアアロワナをリストに載せたときの書類を山のような文書の中から探し出した。Dと印がついている。「削除」という意味だ。記載する根拠がないという理由で、削除されることになっていたのである。しかし、なぜか削除されなかった。その理由も、世界中で知られるようになったせいでどんな運命が待ち構えているか、誰にも答えられないのだろう。

15章 バティックアロワナ、世界に知られる

ニューヨーク→ストックホルム

魚にとっては無名のままでいたほうが無難かもしれない。しかし、私がジュネーブから帰国して一ヵ月経たないうちに、タイソンによるバティックアロワナの記載がハイコの雑誌『アクア』二〇一二年四月号に掲載された。このニュースに観賞魚業界は騒然となった。「スクレロパゲス・インスクリプトゥスはアロワナの新種！」と人気ブログが取り上げ、「アジアの観賞魚業界で神に近い存在であるアロワナの中で、未発見のまま生息している最後の種」と紹介した。すると、不吉なコメントが書き込まれた。「このアロワナには専属の護衛が必要となるだろう」

迷路のような縞模様にちなんでタイソンはインスクリプトゥス（銘刻）と命名し、アジアアロワナやオーストラリアアロワナとともにスクレロパゲス属に分類していた。謎の標本については、ミエイクの行商人から死んだ魚を二匹買い入れ、現在はタイの自然史博物館に保管されていると記されていた。私は写真を見つめた。脇腹を横にしてぐったり横たわっている魚は、口を開け、写っている片目はどんよりしている。大きさといい縞模様といい、ティン・ウィンの盗まれた二匹によく似ていた。だが、死んでいるので、印象がずいぶん違う。記憶にあるより平たく、色も灰色がかっ

ている。所有者は明かされていなかった。

「匿名が条件だから教えられない」タイソンは祝福の電話をかけた私に言った。スリナムのアパートを出るために荷造りしているところだという。体調が回復して飛行機に乗れるようになったので、ストックホルムで夏を過ごす予定だそうだ。「友人を裏切るわけにはいかないからね。観賞魚業界の人間だが、まあ、いろいろ事情があるとだけ言っておこう」

だが、私が知りたかったのは、ミャンマーにあった標本をスリナムにいるタイソンがどうやって記載したかだ。新種と断定するには実物を見なければならないのではないか？　恐る恐る切り出してみると、ぴしゃりとはねつけられた。今ステーキを焼いているところだから電話を切ると言い出してから、とってつけたように、そう言えばもう食べてしまったのだったと言った。「この前はスパゲティを茹でているときに電話がかかってきてね。焦がしてしまって大変だったよ」

意外にも、タイソンを擁護したのはライバルのラルフ・ブリッツだった。タイソンの新種記載について、「賽は投げられた《アーレア・ヤクタ・エスト》」というラテン語を添えたメールをくれた。回転椅子を動かしながら、ナマズを撫でているラルフの姿が目に浮かんだ。電話してみると、実際に標本を見なくても新種記載はできると言って私を驚かせた。「もちろん、見るに越したことはない」と彼は言った。「自分の目で確かめるほうが、他人の言ったことを鵜呑みにするより望ましい」だが、それは絶対条件ではないというのである。

ということは、私が怖れていた研究不正ではないわけだ。タイソンの匿名の協力者が標本を計測し、写真を撮って送ったのだろうが、それでも正式に記載できるという。新種か否かに関しても、ラルフはおそらく新種だろうと認めた。それでも、タイソンが配色だけに基づいて新種と断定したことには反対した。バティックアロワナが独自の種なら、二〇〇三年にフランスの魚類学者プヨーが主張したように、色の異なる緑、銀、金、赤は別の種ということになるからだ。

そもそも、問題の一端は、種の概念をめぐって研究者の間で合意が得られていないことにある。「種」という概念は生物学の基本であり、化学にとって元素、物理学にとって素粒子に当たるが、生物学者の間でも定義が定まっていない。たとえば、ダーウィンは定義しようとするのは無駄な努力だと宣言している。『種』が問題となると、さまざまな博物学者の頭にそれぞれ異なる概念が浮かぶのは実に滑稽だ」と一八五六年に書いている。「その原因は、私が思うに、定義できないものを定義しようとすることにある」

現在、二〇以上の種の定義が存在している。そのひとつ――私たちが学校で教えられる定義は、一九四二年に生物学者のエルンスト・マイヤーが提唱した「相互交配する自然集団」である。これは「生物学的種の概念」であり、現在でも最良の定義と認められている。しかし、その一方で、これを「教科書的伝説」と批判する人びとは、自然界で多くの異種交配種が生まれている事実を指摘する。ライガーやタイゴン（ライオンとトラの雑種）、ゾンキー（シマウマとロバ）、グローラーベア（グリズリーとホッキョクグマ）など、枚挙にいとまがない。さらには、バクテリアのような多くの有機体は有性生殖を行わないが、それぞれ種として分類されている。

この問題を解決するために、一九六〇年代にまた新たな定義が提唱された。性にこだわらず、共通の始祖を持つ集団をひとつの種とする「系統発生学的種の概念」である。理論上はきわめて道理にかなっていた。類縁関係にある有機体は、同じ進化史をたどっているから、共通の特徴を持っている。だが、現実問題として、これまで自然界を分類してきた区分を覆すことになった。一例を挙げると、爬虫綱には、やはり恐竜から進化した鳥類も含まれることになる。では、魚はどうか？系統樹を刈り込んで、魚類だけを含む枝を取り出すことはできない。両生類、爬虫類、鳥類、哺乳類はすべて同じ系統から進化した小枝だからだ。その結果、古生物学者のスティーヴン・ジェイ・グールドは一九八一年に「もはや魚というものは存在しない」と無念そうに報告している。

この新たな概念のおかげでアリストテレスに遡る分類法を根本的に見直さなければならなくなったと、グールドは冗談めかして指摘している。「生物学の父」アリストテレスは、「形態的種の概念」という言葉こそ使わなかったが、この考え方の信奉者だった。一九二三年にアメリカの遺伝学者ジョージ・ハリソン・シャルが、この概念を定義し直して、「知性的な人間なら誰でも、性能のよい拡大鏡といった簡単な道具だけで行ったおおざっぱな観察」に基づいて種を特定すべきだと提唱した。タイソンがバティックアロワナを特定したのは、基本的にはこの方法だ。

ラルフは自分で新しいアロワナを記載したかったはずだが、それでも、ようやく記載されて安心したと言った。

「これでやっと実在の魚になったから」命名されれば、ＩＵＣＮのレッドリストなどのデータベースに加えられる。「そうすれば、注目が集まって、この魚を理解できるようになるし、絶滅から救える可能性が出てきた」

しかし、注目が集まれば弊害も生じる。二〇〇六年、アメリカとラオスの生物学者の研究チームが、科学的記載が種を危機にさらす可能性を警告した論文を『サイエンス』誌に寄稿している。「物珍しさ」を愛好家に宣伝し、新しい市場を開拓して、「商業的コレクターのための宝の地図」を提供することになるというのだ。その例として、細菌兵器に使われる炭疽菌の研究者がバイオテロに加担する危険をあげている。「魚の宝の地図」も安易に公表しないほうがいいのかもしれない。

実際、タイソンの新種記載の数週間後には、ケニー・ザ・フィッシュの養魚場の首席研究員のアレックス・チャンが、バティックアロワナの標本二体を入手したと発表した。携帯電話の動画をアレックスに見せてもらったが、これこそミャンマーで見た二匹だと思った。ティン・ウィンはケニーの専属供給者だから、その後あの二匹を取り返してケニーのもとに送ったのだろうか？　たぶん、そうではないと思う。アレックスはマレーシアから入手したと言っていたが、そちらの可能性が高い気がする。*****いずれにしても、あの二匹はミャンマーから、そして、自然界から、こっそり持ち出されたにちがいない。

たしかに新種の記載にはリスクがあるが、それでも、理解すれば保護につながるというラルフの意見に私は賛成だった。アロワナを追い始めてから、この魚のことはほとんどわかっていないと気づいたからだ。最初は野生のアロワナ研究者を探すことから始めた。だが、そんな研究者はいなかった。近代科学は世界中の生物を網羅し、どんな生物にも研究者がいると思い込んでいたが、そう

*****新種の標本は取引規制の対象にならない。どの保護リストにもまだ名前が載せられていないからだ。だが、バティックアロワナの発見後まもなく、ワシントン条約事務局は国際取引に関してバティックアロワナはアジアアロワナと同等の対応をすると発表した。

ではなかった。

二〇世紀半ばまで、生物学者は、魚類や鳥類、あるいは特定の生物を対象とするといったように、一定の専門分野を持っていた。しかし、一九五〇年代から六〇年代にかけてDNAの螺旋構造が明らかになると、分子革命が、E・O・ウィルソンの言葉を借りるなら「鉄砲水のように」押し寄せた。ゲノム解読に当たる分子生物学者に研究資金が集中し、それ以外の研究は時代遅れの科学として隅に追いやられた。「今では純粋に魚類学者と呼べる研究者を探すのは難しい」とシンガポール国立大学の魚類学者タン・ヘオク・フイは語っていた。「彼らは過去の遺物と思われている」

タイソンはこうした古い系統分類学を学んだ伝統的な生物学者だ。若い生物学者から「おそらく現存する誰よりも多くの魚を特定した研究者」と聞いたこともある。そんなタイソンに会いたくなって、バティックアロワナの論文が掲載された一ヵ月後、私は彼がいるスウェーデン自然史博物館の通用口をくぐった。赤いストライプのシャツ、グレイのズボン、黒いサスペンダーといういでたちの大柄な男が出迎えてくれた。とがった鼻、もじゃもじゃの白髪交じりの髪、青い目の上にまぶたが垂れ下がっている。

「よく来たね」と言うと、廊下を進んで広い研究室に案内してくれた。白いキャビネットが並び、窓から緑の芝生が見えた。さまざまな大きさのガラス瓶がいたるところに置いてあって、琥珀色の液体の中に不気味な魚の死骸が浮かんでいる。「このコレクションは大半が採集しただけで分類していない。やっと取りかかったところだよ」

半世紀以上、ホルマリン漬けの魚を残したまま、タイソンは海神ポセイドンさながら世界をさまよっていた。手にしていたのは三叉の鉾《ほこ》ではなく魚網だったが。ここにある標本は一九六〇年代から七〇年代にかけて、スタンフォード大学の大学院生だったときから、その後ハーバード大学の助教授になった頃にアフリカで採集したものだ。一九七五年に彼の専門がもはや時代の要求に合わないという理由で終身在職権を取れなかったためにハーバード大学を辞め、カリフォルニア科学アカデミーに移ったときは、大学側にかけあってコレクションを持ち出した。アカデミーには五年いた。一九八〇年代以降はパナマにあるスミソニアン熱帯研究所の研究員だが、これは安定したポストではない。実際、彼はいつも博物館から大学へ、また博物館へと渡り歩いている。「とにかく、いつも旅をしている」と長年の同僚が語った。「どうやって生計を立てているのか誰も知らない。かつかつの生活だろう」

タイソンはデスクの前の椅子に座ると、校正中の原稿を見せてくれた。オールフィッシュ（リュウグウノツカイ）に関する論文で、これまでの最高傑作、あるいは、最高傑作のひとつになるだろうという。オールフィッシュは神話に登場するような巨大な深海魚で、「王」という意味のレガレクス属に属している。頭に王冠のような赤い鰭があるところからつけられた名称だ。世界最長の硬骨魚で、約八メートル（建物でいうと、二階か三階の高さ）のものが記録に残っている。古代の船乗りはオールフィッシュを伝説上の大海へビと信じていたが、この魚は人目に触れることはめったにない。それでも、時折、海岸に近づくことがある。「深海から海岸に出てきて、効率よく自殺するんだ」とタイソンは説明しながら、一枚の写真を見せてくれた。三〇人ほどの海兵隊員がカリフォルニアで発見されたオールフィッシュの死骸を持ち上げている。いったん海岸に近づいたら、後戻りはしない。投げ縄でとらえて大洋に戻しても、すぐ戻ってくるという。単独で暮らしながら、世界の海洋を気ままにさまよう強情な魚。どこかタイソンに似ていなくもない。

「そうだ、見せたい魚がある」タイソンは部屋を見回した。それから、サスペンダーを引っ張って椅子から体を持ち上げると、窓際に行って中腰になって標本の山を調べ始めた。「たしか、この前ここにあったが……ああ、これだ」

丈の高いガラス瓶を取り上げて蓋を開け、滴をしたたらせながら靴ぐらいの大きさの魚を取り出した。ペンチのような長い口をしている。ゾウギンザメ——脳が大きく知能が高いので、水槽の中でボールを口吻にのせて遊ぶと研究者が発表した魚だ。だが、タイソンはこれは新種で、従来のゾウギンザメとは違うと言った。

口をこじ開けようとしてから、魚を私に渡した。「引っ張り出してくれないか」魚の口に不気味なおみくじクッキーみたいに紙切れが詰め込んであった。魚は思ったより冷たくて硬く、発がん性物質のような匂いがした。私は魚の喉に親指を半分ほど突っ込んだが、そばにピンセットがあるのに気づいて方法を変えた。紙切れにはモルミロプス・ニグリカンスと書いてあった。だが、タイソンは間違いだという。コンピューターの前に戻って、その魚の画像を調べた。「ほら、違うだろう？」私が手にしている魚とスクリーン上の魚を見比べた。「同じに見えるか？」

私にはよく似ているように見えた。だが、タイソンはかがんで鱗を数え始めた。「ほら、こっちの鱗は大きいじゃないか」と魚を指さす。「どうだ？　わかっただろう？」

私にはわからなかった。それよりも、この魚が一九七三年にこのガラス瓶におさまった経緯を考えていた。当時、タイソンは将来を嘱望されたハーバード大学の若い教授として、ナショナル ジオグラフィック協会から委嘱を受けてザイールのコンゴ川に調査に行った。それから、約四〇年を経た今、魚はようやくガラス瓶から取り出され、ザイールはもはや存在せず（現在はコンゴ民主共和国）、タイソンはもうすぐ七二歳で、定まった家もなく、高血圧症と慢性血栓症をわずらっている。関節炎にも悩まされているが、フィールドワークで脚を酷使したせいだと本人は言っている。中年を過ぎてからじわじわ肥満傾向にある。睡眠時無呼吸症候群のため慢性的な疲労感がある。この魚をガラス瓶に戻したら、また取り出すことはあるのだろうか？

「魚を調べていると、古い記憶がよみがえるでしょうね？」私は聞いてみた。

「ああ、いろんなことを思い出すよ」タイソンはゾウギンザメを採取したマイヌドンベ湖のことを話してくれた。イカ墨のように真っ黒な湖で、月からでも見えるぐらい大きいという。そこで新種を発見した。その魚は雌のほうが雄より光沢があり——動物界ではきわめて稀——服装倒錯を意味するトランスベスティトゥスと命名した。

一九四〇年代にロサンゼルスで過ごした少年時代には、卵の入った鳥の巣を集めていたが、そんなことをしていたら鳥がいなくなると母親に諭され、採集対象を石や鉱物、化石、菌類、バッタやイナゴ、蝶に変えた。そのうち、当時はまだ自然が残っていたロサンゼルス川でザリガニを網で捕まえるようになった。やがて魚類に夢中になり、スタンフォード大学では世界最大級のコレクションの研究に没頭した。

タイソンによると、まだ子供だった頃に、熱帯生物学者として世界を旅したいから、生涯独身でいると決めたそうだ。彼のこの一途な夢のおかげで、現在私たちはアフリカ、東南アジア、ニューギニア、南アメリカの数多くの魚を知ることになった。だが、彼が調査した多くの場所で、現在、水界生態系の破壊が進んでいる。

そして、伝統的な生物学は、切手収集のように時代遅れと見なされている。博物学のコレクションは維持費すら得られなくなり、廃棄されることもある。この頃、動物相のコレクションの意義をめぐる議論があったが、こうした生物の収集品こそ生物学の基礎である。スウェーデン自然史博物館で、私たちは二五〇年ほど前にリンネ自身が保存した標本があふれる地下の保管庫の文字通り頂点に立っていた。

タイソンのあとから廊下を進んで図書室に入った。ガラス瓶に入っていた例のゾウギンザメのことを『*Catalogue of the Fresh-Water Fishes of Africa*（未訳：アフリカの淡水魚カタログ）一九〇一年版』で調べたいという。革表紙をつけた三冊の分厚いカタログを閲覧テーブルに置いて最初の一冊を開くと、受け口の老人みたいな顔をしたゾウギンザメの絵があった。「この顔が昔から好きでね」彼は言った。「ほら、見てごらん」

それから、ページを繰って虎縞模様のある細い魚を見つけた。歯が鋭く、尾鰭が二股に分かれている。「これもコンゴの魚だが、採集できなかった。どうしても手に入れられなかった……どうしても、どうしても……」首を振りながら、その言葉を何度も繰り返し口にした。コンゴの魚はほとんどすべて採集したのに、この魚には逃げられたのだ。

彼の無念さはよくわかった。半世紀後、私もどうしても見られなかった野生のアロワナを忘れられずにいるのだろうか？　その頃、タイソンほど魚のことを知っている研究者がまだいるだろうか？　タイソンのような研究者がいなくなったら、大型生物も含めた多くの生物群は誰にも研究されなくなるだろう。誰にも知られないまま絶滅する生物もいるかもしれない。

「分子生物学者と称する連中は本質的に何も知らない」タイソンは嘆いた。「物事の関係を理解していないんだ」。生命を遺伝子単位で考えること自体がおかしいという。最近、アメリカの企業の間で天然に存在するＤＮＡの一部に特許を申請する動きが出ているが、「私に言わせれば、卑劣極まりない。私は無神論者だが、これは神への冒瀆《ぼうとく》だ」

タイソンに会った翌年の二〇一三年、合衆国最高裁判所はこうした特許申請を却下した。それでも、生命の商品化は急激に世界中で広がっている。二〇一〇年、生物多様性条約締約国会議で名古屋議定書が採択され、国家が自国の生物資源の所有権を行使する法的枠組みがつくられた。理論上では、たとえば、東南アジアの養殖業者がアマゾン原産の魚を飼育している場合、最終的には、利益を原産地である南アメリカ諸国に分配しなければならない。二〇一一年、マレーシアは貴重なゴールデンアロワナの特許を取った。インドネシアも現在、自国のスーパーレッドについて特許を取る動きを進めている。

図書館のテーブルに私と向かい合って座り、進化と自然選択の成果である生物に権利を主張する動きを批判しているうちに、タイソンは顔を紅潮させ、拳を握った。「撃ち殺せ！　あいつら最後の一人まで殺せ！」彼は叫んだ。「だめだ！　ぜったい、ぜったい、ぜったい、だめだ！」

どこかで聞いたセリフだと気づいたのはあとになってからだった。魚類学の狂気の王タイソンは、

『リア王』の臨終の言葉を口にしていたのだった。

結局、バティックアロワナの標本は謎のままだったが、私の推測はこうだ。おそらく、タイの観賞魚輸入業者を通して、ミャンマーの供給者からひそかにタイに送らせたのだろう。タイソンの論文では、記載した二匹が採集されたのは二〇一一年となっている。私がヤンゴンに行く前年だ。その時点でタイソンはまだ標本のことは知らなかったのだろう。それとも、すでに二体あるのに私に三体目を探しに行かせたのだとしたら、貪欲な採集熱に取りつかれていたということか。

いずれにしても、バティックアロワナはすぐに世間から忘れられた。タイソンも記載してしまえば、もはや関心はないようだった。私も気持ちを切り替えて、次の目標を見つけることにした。アマゾンにいるシルバーアロワナ、学名オステオグロッサム・ビキールホスムである。実は、初めてタイソンと電話で話したとき、この魚を調べるといいと勧められたのだが、当時はその気になれなかった。シルバーアロワナは絶滅危惧種リストに載っておらず、合法的にアメリカに輸入できるから、小さなものなら一匹三〇ドルから五〇ドルくらいで売っている。そんなありふれた魚に興味をそそられなかったのだ。

だが、タイソンはシルバーアロワナこそ真のアロワナだと言った。そもそも、「アロワナ」という名前は、ジャガーやタピオカと同様、南米の先住民、トゥピ・グアラニー語族の言葉だという。アフリカアロワナとともに一八二九年に正式に記載され、二〇世紀半ばには熱帯魚業界で取引されるようになっていた。色や形の豊富なアジアアロワナやオーストラリアアロワナにくらべると地味で、車にたとえるなら古いモデルのようだ。ほかのアロワナよりやや大きく、しなやかでヘビのような脊椎を持っており、「ウォーターモンキー」という異名をとるアロワナ界きってのジャンパーでもある。垂直な跳ね橋のような口のせいで、ロボットのような角張った顎をしている。無骨な印象をやわらげるのが、先細りになった尾鰭で、レース編みの敷物を飾ったように優雅だ。

タイソンによると、他のアロワナより価格は低いが、アマゾンでは利幅の大きい観賞魚なのだという。繁殖期になると、地元の漁師は危険な奥地の沼まで行って、雄が口の中で育てている稚魚を採取する。だが、最近では、年間捕獲量が七〇パーセントも減少しているそうだ。洪水のせいで、繁殖地に近づけないうえ、水没した森林にアロワナが分散したからだそうだが、原因はそれだけではないだろう。

ここ数年、中国がアマゾンに進出し、シルバーアロワナを大量に買い取って、初心者向けに「手に入りやすい龍魚」と銘打って国内で売り出している。前年の秋、ボルネオに向かう途中、私は広州に寄って、ケニー・ザ・フィッシュの養魚地で働いていたことのあるリン・ジェミンから話を聞いた。シルバーアロワナの販売に携わっているリンは、毎月アマゾンから三万匹を輸入していると言っていた。中国では年間一〇〇万匹以上が売買されているが、需要はその倍はあるだろうという。だが、アマゾンの供給者は、年々捕獲が難しくなっていると言っているそうだ。

シルバーアロワナも急激に減少して、いずれ希少生物になるのだろうか？　それを確かめるためにも、私はハイコとアマゾンに行きたいと思った。「ハイコと現地調査なんてとんでもない」と、ある魚類学者は猛反対した。「目的地がどこであろうと、幻滅させられるだけだ。私なら、いくら積まれてもそんな無謀なまねはしない」

だが、今回はハイコ自身が立てた計画だから、ミャンマーのときのようにすっぽかされるおそれはないだろう。最大の懸念は、彼が危険に無頓着なことだ。本人も危険という観点から物事を判断したことはないと言っていたが、彼を知るにつれて、それがどういう意味かわかってきた。たとえば、知り合った年にコロンビアのカケタ川流域に採集探検旅行に誘われたが、調べてみると、世界最大のコカイン生産地で、麻薬密売者とゲリラに支配された土地だった。だが、彼はそんなことは一言も言わなかった。

最近、ハイコはブラジル側ではなくコロンビア経由でアマゾンに入っている。コロンビア領アマゾンにはどこよりも手つかずの熱帯雨林が残っているからだと言っていたが、実際には、マナウスで生物資源《バイオ》の窃盗《ピラシー》で収監されて以来、ブラジルに入国できないからだという人もいた。「あの男といっしょにいたら、確実に法を犯すことになる」といった観賞魚業界関係者もいた。

そういう話を聞くにつれて不安が募ってきた。そこで、ストックホルムから帰国すると、ハイコに返事をする前に、探検する予定のアマゾンの川の支流、カルデロン川のことを調べた。アマゾン川はひとつの川ではなく、毛細血管状にのびた無数の支流から成り、航行可能な水路は約七万キロに及ぶ。そのうち二つの支流――マデイラ川とネグロ川は、世界最長級の川である。だが、それ以外の川は、地元住民をのぞくと、一部の専門家に知られているだけだ。

カルデロン川もそんな支流のひとつで、情報はほとんど得られなかった。ようやく見つけた政府刊行物によると、カルデロン川流域の「麻薬取引の最盛期」は一九九〇年代に終息したとあった。

一九九八年には、終末論を唱えるカルト集団「レオン・デ・ユダ」がこの一帯に移り住んだ。教祖はエゼキエル・ガモナルという元靴職人で、世界は二〇〇〇年に滅びると予言した。そして、その年に八二歳で亡くなった。教祖の死後も一団はその地にとどまり、セシル・B・デミル監督の『十戒』の登場人物のような服装をしている。濃い頬ひげのトーガ姿の男たちの写真を見て、私は少し安心した。武装した麻薬密売者にくらべれば、終末論を唱えるカルトは安全だろう。さらに、その政府刊行物には、シルバーアロワナの生息が確認されているが、漁業用毒薬のせいで激減しつつあると書かれていた。

これならだいじょうぶだろうと判断して、八月末にボゴタでハイコと落ち合う約束をした。ところが、出発の二週間前になって、行き先を勘違いしていたことに気づいた。カルデロン川は「ナンバーツー」で、時間が許せば行く予定だったのである。目的地はプトゥマヨ川だった。このアマゾン川の支流は、コロンビア南部でエクアドルやペルーとの国境線となり、ブラジルに流れ込んでイサ川と呼ばれている。私は買ったばかりのスミソニアン研究所発行のアマゾンの地図を調べた。「プトゥマヨ＝イサ川流域はアマゾン盆地でもっとも孤立した一帯である」ここまでは、まあいい。だが、説明は続いていた。科学的調査がほとんど行われていないのは孤立地帯だからでもあるが、主たる原因は「麻薬密売者とゲリラ」だというのである。とりわけ、プトゥマヨ川流域は中南米最大の左翼ゲリラ、コロンビア革命軍の拠点であり、手当たり次第に外国人を誘拐するという。「ホットスポットです、気温のことじゃありませんが」あわてて問い合わせた私に国務省関係者が言った。「ゲリラグループの最後の砦《とりで》で、アメリカ人が何人も姿を消していますよ。私ならぜったいに行きません」

　プトゥマヨ川に関する著書がある研究者に問い合わせたが、彼女自身は恐ろしくて川に近づかなかったとわかった。隣接するペルー側で調査をしたことのある人類学者にも電話してみた。だが、一九八〇年代に研究仲間だったウィスコンシン大学の学生がコロンビアで誘拐されて以来、国境の向こう側に足を踏み入れたことがないという。調べれば調べるほど暗澹《あんたん》たる気分になったとき、世界自然保護基金（ＷＷＦ）がプトゥマヨ川流域の生物多様性を保持するために新たなプロジェクトを発足したと知った。さっそく、ボゴタの現地コーディネーター、カミロ・オルテガに電話すると、ちょうどプトゥマヨ川上流の町から戻ったばかりだった。現地でアロワナ祭りに参加してきたとのことで、写真を送ってくれた。中国の春節のパレードに登場する大きな龍のような巨大な張り子のアロワナが街を練り歩いていた。

　少し安心して、現地調査の状況を訊ねた。「はっきり言って難しい」オルテガは苦笑いしながら、その年の初めにチームの調査員が拉致されたと言った。数日間で解放されたが、それ以降ＷＷＦはこの一帯に調査員を派遣するのを中止したという。

　プトゥマヨ川は大きな支流だ。全長約一六〇〇キロ、四つの国を流れている。どんな川か簡単に説明するのは、テヘランからテルアビブにかけての政治情勢を一言で語るようなものだ。小型機で行く予定の村の名を告げると、オルテガはぎょっとしたようだった。「そこまで行くのはものすごく大変だ」そんな奥地ではゲリラもいないだろう。そもそも、人が住んでいるとは思えないという。

　思い悩んだあげく、私はハイコを信頼することにした。心配の種は尽きないが、ハイコは一九五〇年代からアマゾン探検を続けてきたのである。「彼は半分あそこで生まれたような男だよ」と、ハイコの友人オルガー・ウィンデロフは言った。出発二日前に不安のあまりデンマークの彼の自宅に電話をかけたのだ。「子供時代にジャングルで暮らしていたからね」

ウィンデロフはかつて水生植物を輸入していた頃、ハイコの母アマンダ・ブレハから買い入れていた。一九九六年には、ハイコとともにブラジル西部のボリビアと国境を接するイテネス川を下って、一九五〇年代にアマンダが四人の子供と進んだ足跡をたどっている。そのときの話をハイコから聞いたことがある。記憶にあったジャングルは消え、牛の放牧場になっていた。裸足で歩いていた先住民たちはゴム靴を履いて、テレビをみていたという。ウィンデロフは、生涯に二度とできない探検だったと懐かしんだ。一週間以上、二人は誰にも出会わなかった。ハイコは魚を探し、ウィンデロフは水草を集めた。ハイコは決めたことは必ずやり遂げるとウィンデロフは請け合った。真夜中に流されかけたボートを回収するために真っ暗な水に飛び込んだこともあったという。

「水の中には危険がいっぱいあるのに」私は言った。

「ハイコは危険を顧みない。恐れ知らずなんだ」

私は素直に同意した。

ウィンデロフは最後にひとつ警告した。「向こうでは自分の思ったようにしようなんて考えないほうがいい。決めるのは彼だ。いっしょに行くなら、彼に従うことだ。そうしないと、置き去りにされる」

16章 プランC

コロンビア

こうなることは無意識のうちに予測していたような気がする。魚に関するストーリーは最後にはアマゾンにたどりつくから、必然のなりゆきかもしれない。世界最大のアマゾン川が流れている南米大陸にはどこよりも多くの生物が生息している。太平洋岸にそびえる乾燥したアンデス山脈の湧水は、東に流れるにつれて勢いを増し、大陸を横断して大西洋に流れ込んだときには、海岸から二〇〇キロ離れてもまだ真水の味がするほどだ。巨大な川はアメリカ本土がすっぽり入るほど広大な盆地をつくり、世界最大の熱帯雨林を擁して、野生生物の宝庫となっている。魚だけに限っても、その数三〇〇〇種以上と言われている。

その一種、シルバーアロワナを探すことで、これまでの探検よりハードルを下げた。今回はボルネオ奥地で無理だと言われながらきわめて希少で誰もが欲しがるスーパーレッドを追うわけではない。立ち入りを制限されたミャンマーの交戦地帯で、珍しいバティックアロワナを探すわけでもない。プランCに挑戦することにしたのだ。最高の淡水魚探検家の協力を得て、彼が簡単に捕まえられると思っている魚を追うのである。今度こそ野生のアロワナに手が届く。私はそう確信していた。

八月の最終日にコロンビアの首都ボゴタでハイコと落ち合うことになっていた。空港に着いたのは夜で、アンデス山地の寒さに震えながら、タクシーで市の中心にあるホテルに向かった。中に入ると、大理石の床がガラスのように輝いていた。黒い革張りの椅子に例のつば広帽をかぶったハイコが眠そうな顔で座っているものと思っていたが、ロビーにいたのはフロント係の女性とチェックインしている若い男性だけだった。人目を引くほどの巨漢なのに、大きな赤ちゃんという印象を受けたのは、すべすべした肌とぽっちゃりした体つき、そして、体格にそぐわないおどおどした目つきのせいだろう。

私が部屋のキーを受け取っていると、カウンターの黒電話が鳴った。フロント係が受話器を取った。「ブエノス・ノーチェス」しばらく無言で聞いていたが、驚いたことに、私に受話器を差し出した。ハイコからとしか考えられなかった。

「もしもし?」

相手はハイコではなかった。スペイン語訛りのある英語で、ウンベルトと名乗った。早口なので全部は聞き取れなかったが、だいたいのところは理解できた。ハイコはまだボゴタに到着していないどころか、南米大陸にも到達していなかった。なんと、先にアマゾンに行けという。あとから追いかけるから、と。

前にもこんなことがあった。

ホテルの部屋に入ると、急いでメールを開いた。案の定、「ハイコから火急を要するメッセージ」が入っていた。航空会社のストライキに巻き込まれてフランクフルトで足止めされているから、探検に参加することになったミハイルというポーランド人男性と二人でアマゾンのレティシアという町まで行けと指示してあった。朝になったら、地元の観賞魚輸出業者のウンベルト（私がさきほど電話で話した男）が、空港まで送ってくれるという。

その夜は何度も目が覚めた。浅い眠りの中で、また真っ黒な川をボートで進んでいる夢を見た。そのうち揺れているのはボートではないと気づいた。地震だったのである。体の下でベッドが波打っている。だが、これ以上突発事態に対処する気力がなかったので、横になったまま、およそ一一〇〇万年前に隆起してアマゾン川を形成したアンデス山脈が私を揺すってまた眠りに誘ってくれるのを祈った。

探検に参加することになったポーランド人は、私がホテルに着いたときチェックインしていた「大きな赤ちゃん」だった。予想はしていた。昨夜もここでハイコと落ち合うことになっているのかと聞いてみた。だが、相手は勧誘を断るみたいにしきりに手を振るばかり。あとでわかったが、英語が話せなかったのだ。スペイン語もだめ。話せるのはポーランド語だけだ。

本人の名誉のためにつけ加えると、この旅行に備えて夏中、独学で英語を勉強したそうだ。それでも、話しかけるたびに肉体的苦痛を与えているような気にさせられた。翌朝、ロビーで顔を合わせても、黙って並んで座ったままウンベルトを待つしかなかった。そのうち黙っているのが苦痛になって、思い切って言ってみた。「昨夜、地震があったでしょう？」腕を振って揺れる仕草をしてみせた。「地震《アースクエイク》、地震《アースクエイク》」

突然、彼は目を輝かせた。「ええ《ヤー》、ええ《ヤー》」。ようやく突破口が開けた。

ぽつりぽつり話すうちに、少しずつ彼のことがわかってきた。ミハイル・バビンスキ（ミハイル・ゴルバチョフのミハイルだが、綴りは違うそうだ）。二七歳。私の期待に反して、ジャングルトレッキングの経験はなかった。グダニスクのペットショップに勤めていて、ヨーロッパから出たことはない。キャンプの経験すらなかった。魚にくわしく、ポーランドの熱帯魚用水槽メーカー、アクアエルがスポンサーになっている雑学コンテストで優勝した。そういえば、黒いトレーナーにも野球帽にもアクアエルのロゴが入っている。このアマゾン探検は懸賞だった。

ＦＡＲＣ（コロンビア革命軍）のことは知っているかと訊ねると、ミハイルは五本の指をくわえてタイプライターの改行レバーを押したように左右に動かしながら怯えた顔をした。そして、肉屋で働いているフィアンセがとても心配していると言った。そのあとは二人とも黙り込んで、それぞれの物思いに沈んだ。大男のミハイルの荷物はピクニックに出かけるような小さなナップザックひとつだったが、私は持ち上げるのがやっとのバックパックを両脚の間にはさんでいた。なんとか椅子にのせて背負うと、椅子から押し出されて立っていなければならなかった。夏中かかって準備万端整えた。ハイコにジャングルで置き去りにされるといろんな人に警告されたので、できるだけ自力でやれるようにと考えながら。ニューヨークのスポーツ用品店で、イラク戦争の復員兵だという店員に勧められてクイッククロットという止血剤を買うと、銃創につめこむ方法を教えてくれた。肉に触れるとジュージュー音を立てるそうだ。浄水錠剤、タンパク質豊富なサバイバルバー、毒ヘビ用キット（カミソリと紐、病院に搬送してほしいというカードのセット）、水に浸すと普通の大きさになる五センチほどの筒状のタオル二枚も用意した。ジェフが衛星電話を契約してくれたのはありがたかったが、充電用に持って行くように言われたばかでかいソーラーパネルにはちょっとまいった。忘れたふりをしてベッドの下に隠しておいたが、見つかってしまい、バックパックにくくりつけてある。歩くたびにパネル同士がぶつかってカタカタ音を立てた。

「すごいな！」迎えに来たウンベルト・ジーアは、私のバックパックを持ち上げながら呆れたように言った。細身だが筋骨たくましい丸刈りの男性で、ロビーに駆け込んでくるなり、急がないと飛行機に乗り遅れると急かした。彼に手伝ってもらってバックパックを車まで運んで、トランクに入れた。ミハイルは窮屈そうに後部座席におさまり、私は助手席に座った。

空港に向かう車の中で、ウンベルトは父の代から観賞魚輸出を手がけていて、ハイコとは一九九〇年代から知り合いだと説明した。「たいした男」で、ゲリラの扱いも心得ているから心配ないと保証してくれた。「連中をどうやって手なずけるのか知らないが、いつもなんとかなるんだ」ハイコが探検中ほとんど食べないこと、蚊に免疫ができていることも教えてくれた。「これから行くところには蚊がごまんといる」と言って、私を横目で見た。「蚊は白い肌が大好きだ」

輸出用の新種をハイコと探しに行ったこともあると言った。現在、シルバーアロワナも含めて一五〇種を扱っているが、すべて養殖ではなく野生の魚で、南米ではそれが普通なのだという。養殖にかけてはアジアには太刀打ちできず、市場に出回っている養殖魚の大半はアジア産なのだ。

ウンベルトの話では、ここ一〇年ほどで捕獲量が激減しており、現在コロンビアが輸出しているシルバーアロワナの大半は隣国ブラジルから密輸したものだという。ブラジルでは、シルバーアロワナは輸出を禁止されているので、乱獲が進んでいないのだそうだ。

だが、コロンビアでアロワナが激減したのは乱獲のせいではなく、アメリカの麻薬撲滅戦争のせいだとウンベルトは主張した。一九九〇年代以降、アメリカは麻薬密売を資金源とするFARCと戦うコロンビア軍に巨額の資金支援をすると同時に、コカのプランテーションに除草剤を散布してきた。散布する飛行機が間違って熱帯雨林に撒くことも少なくなかった。地元民は副作用に苦しんでいる。アメリカ側は除草剤は「魚類には実質的に無害」と主張しているが、異議を唱える専門家は多い。食物連鎖の頂点に立つ捕食動物であるアロワナは毒された魚を餌にしているのだ。「政府は観賞魚輸出業者ばかり悪者にするが、俺たちは関係ない」ウンベルトは別れ際まで息巻いていた。

彼の話を聞いてから、思っていたほど簡単にシルバーアロワナは見つからないかもしれないと不安になった。二時間の飛行中、そのことばかり考えていると、突然、ミハイルが「シュードトロフェウス・ソコロフィ」と言った。顔を向けると、私が膝にのせた本のメタリックブルーの魚を指している。説明を読んでみた。そのとおりだった。

その本――アメリカの熱帯魚輸入業者の回想記――によると、私たちが向かっているレティシアは一九五〇年代には熱帯魚取引の中心地だったという。プトゥマヨ川から南に広がる広大な台形の要に当たる港町で、コロンビアでアマゾン川本流に入る唯一の水路を提供している。現在もレティシアに通じる道路は建設されておらず、船か飛行機でしか行けない。

空港にはジミーという男が迎えに来ているとウンベルトから言われていた。だが、小さな黄色い建物のある空港に着いても、それらしき人はいなかった。ハイコから聞いていたホテルの名前をタクシーの運転手に告げても知らないと言う。しかたなく、蒸し暑い戸外でミハイルと待っていた。半時間ほどすると、太陽が傾き始め、空港にはほとんど人がいなくなった。

それで、やっと気づいた。私たちの向かい側でオートバイにまたがっているサッカーシャツの痩せた男がジミーだったのだ。セニョール・ブレハとプトゥマヨ川のジャングルに行く二人を迎えに行くように伯父から言われてやって来たという。だが、ミハイルと私をちらりと見ただけで──空港で待っている二人連れは他にいなかったのに──迎えに来たのが私たちだと思いつかなかったのである。

やっとハイコが到着した。その夜遅く、ホテルの中庭で彼の声がするのを聞いて、私は部屋を飛び出した。幻聴かと思ったが、ちゃんといた。カーキ色のシャツにオリーブ色の帽子をかぶり、色つきサングラスをかけて、疲れきった顔をしている。フランクフルトの航空会社のストライキのせいで五二時間も空港と機内で過ごすはめになったそうだ。「まったく、ドイツ人ときたら」とハイコはぼやいた。「自分勝手にしか動かないやつらだ。それで、ポーランド人は？」

「眠ってるわ」ハイコもひと眠りするのだろうと思っていたら、また突発事態だという。プトゥマヨ川岸まで乗る予定だった飛行機が前日出てしまい、次の便は一週間後だというのである。どうすればいいのだろう？　ハイコは水上飛行機をチャーターすると言ったが、麻薬撲滅戦争中にコロンビアの水上飛行機はほとんど破壊されていた。それから一時間ほど、ハイコはジミーの伯父のファウストに何か方法はないかスペイン語で相談していた。ファウストは濃い口髭をたくわえた白髪交じりの漁師で、銀縁眼鏡は片方のつるの代わりに紐が結んであった。

そのあと、ハイコが空腹を訴えたので、町に食事に出た。途中で鳥の糞がこびりついた小さな公園を通り過ぎた。そういえば、夕方、インコの大群が鳴きながら公園のねぐらに飛んでいくのを見た。レストランに入って屋外のテーブルについたが、騒々しい音楽とオートバイのけたたましいクラクションのせいでろくろく話もできない。ハイコはピラルクーを注文した。アロワナの仲間のアラパイマは、ここではピラルクーと呼ばれている。ここではアロワナではなくアラパイマが魚の王様と見なされているようで、壁画に描かれたり、店名に使われたりしている。たしかに、オステオグロッサム科で最大の魚というだけでなく、淡水魚の中でも最大級で、大きさも形もまるで魚雷だ。観賞魚には不向きなようだが、東南アジアでは「アロワナの筋肉増強版」として珍重され、池で飼われているのを見たことがある。二〇〇九年にマレーシアのケニル湖で二人の男が謎の溺死を遂げたとき、ケニル湖の怪魚のせいだという噂が広がった。大きくなりすぎて湖に放されたアラパイマが、二人の乗ったボートに激突したというのだ。

真偽のほどは定かではないが、アラパイマが他の魚に突進する習性を持っているのは確かだ。大きいものでは四メートルを超えるというから、衝撃は相当なものだろう。だが、最近では二メートル以上のものはめったに見られなくなったという。骨が少なく焼いて食べるとおいしいので、「アマゾンのタラ」と好まれ、乱獲されたからである。最近の調査で九割以上の生息地で激減していることが判明し、養殖が検討されている。それでも、南米大陸のどこへ行ってもこの魚が店に並んでいる。塩漬けして葉巻のような形の干物にすることが多いようだ。

皿を運んできたウエイターは生のピラルクーを調理したと言ったが、ハイコは一口食べて吐き出し、これは塩漬けだと断言した。改めて運ばれてきた皿も突き返した。憤慨したハイコがすきっ腹のまま寝ると言ったので、そのままホテルに戻った。

翌朝、私たちは軍の基地を訪ねて、貨物輸送機に便乗させてもらえないかと頼んだ。しかし、月一回プトゥマヨ川の前哨基地に飛ぶ軍用機も出たばかりだった。となると、あとは水路しかないが、アマゾン川を二四〇キロ進んでいったんブラジルに入り、左折してブラジルではイサ川と呼ばれているプトゥマヨ川に向かう長い航行になる。だが、ファウストはその航路を勧めた。雨季になるとコロンビアの漁師たちはピュリテ川というイサ川の支流でシルバーアロワナを捕っているし、そこにはエル・ラーゴ・グランデという巨大な湖があって、アロワナだけでなくディスカスがたくさんいるというのだ。これでハイコの心は決まった。一九五〇年代に母が夢中になり、彼自身、今も追い求めているディスカスがいるなら、このチャンスを見逃すわけがない。ピュリテ川に行くと決め、さっそく船を借りる算段を始めた。

私は正式な入国許可証がないのにブラジルに入るのをためらったが、ハイコは気にも留めていないようだった。それでも、この計画変更が思いがけない幸運をもたらしてくれるような気がしてきた。なんといっても、アマゾン流域の約三分の二を占めるブラジルのほうがアロワナはたくさんいるにちがいない。きっと、野生のシルバーアロワナを見つけられるだろう。

出発の準備をしていると、また中庭からハイコの大声が聞こえた。「くそっ！《メルダ》」様子を見に行く

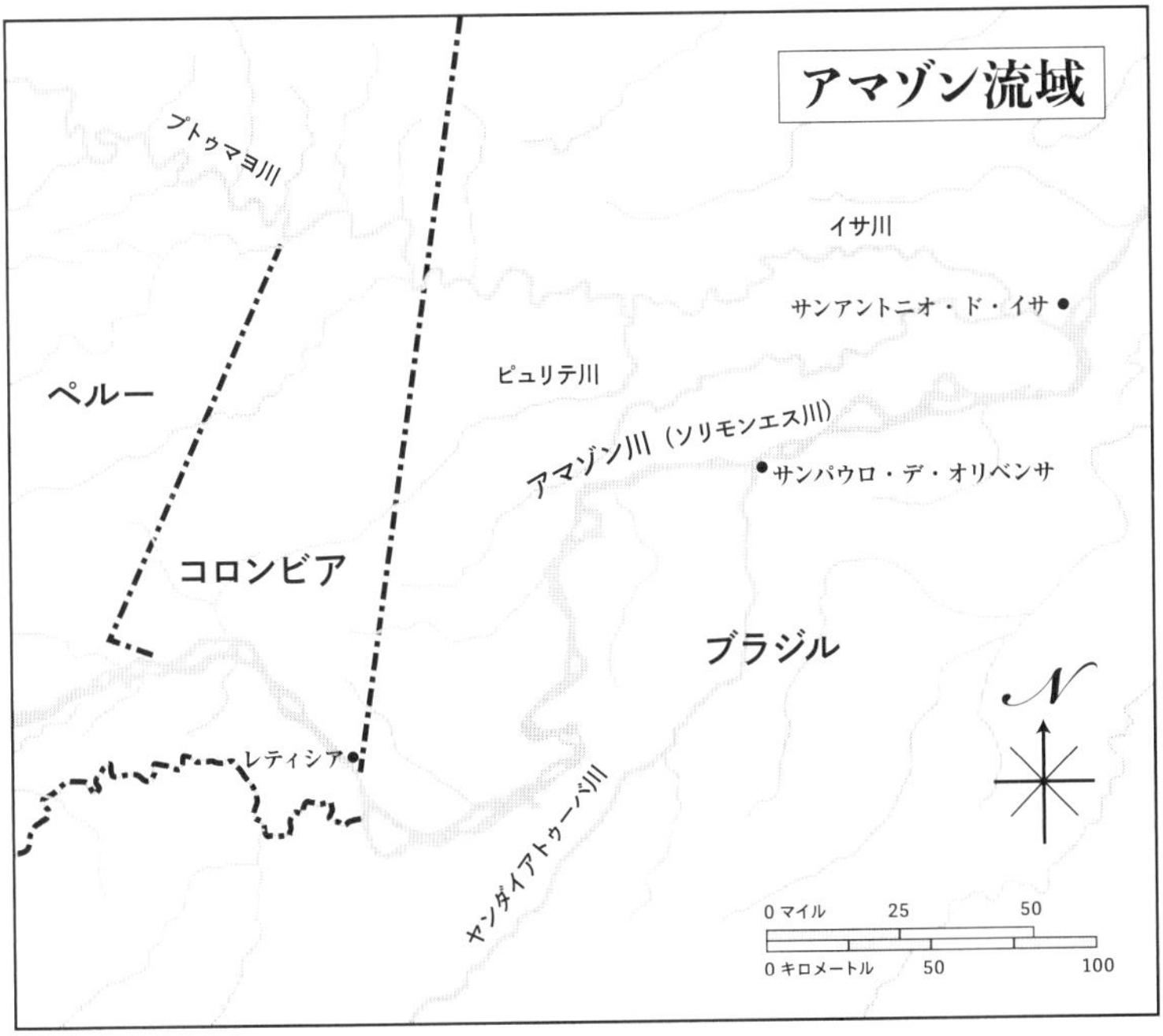

と、ハイコが雇ったチクナ族の船頭、エステバン・メレンデス・オランダが、ブラジルに入国する許可を取って、ピュリテ川までの燃料を用意するにはあと一日かかると説明していた。一日遅れたからといって私はかまわない。一九一四年にアマゾン探検に出かけたセオドア・ルーズベルト大統領は、「謎の川」を下るのに二ヵ月かかっている。アルフレッド・ウォレス・ラッセルは、一八〇〇年代半ばに四年間アマゾンで調査を続けた。

だが、この二人の偉大な先人は、グダニスクのペットショップ従業員を週末にはポーランドに帰国させる約束はしていなかった。ミハイルにこの冒険旅行をプレゼントしたポーランドの水槽メーカーとの契約の一部として、ハイコは往復の航空券を購入していた。つまり、時間の余裕がないわけである。私たちはミハイルに目を向けた。彼は座って携帯電話でゲームをしていた。「探検に出て問題が起こらなかったためしがない」ハイコは額をこすりながらぼやいた。「だが、今回みたいに次から次へと起こるのも珍しい」

ひとつは、その朝、地元の地理研究所まで出かけたのだが、この一帯の地図がもらえなかったことで、ハイコは憤慨して戻ってきた。ミハイルを予定どおり帰らせるためにまたしても計画変更を余儀なくされ、ハイコは私が用意してきた地図を持ってこさせて深刻な顔で見つめていた。そして、アマゾン川の南側にある支流を指さした。ブラジルのヤンダイアトゥーバ川だ。

これまで名前があがった川はすべてアマゾン川の北側にあるが、この川はブラジル南部の高地からアマゾン川に流れ込んでいる。だが、私が驚いたのは、レティシアから近いことだった。

「すぐそばじゃないの」レティシアのように観光客が集まる場所ではないかと思った。

ハイコは笑い出した。「見てごらん」と、蛇行する川の源流まで指でたどってみせる。「こんなに長い。しかも、人跡未踏の地だ。まだ誰も行ったことがない。きっと未知の先住民がいるぞ」

一週間も日程がないのに、私たちが未知の先住民を発見できるとは思えなかった。それに、行き当たりばったりで選んだ川にシルバーアロワナがいるという保証もない。こんなに近くで見つけられるなら、ファウストは五六〇キロも離れた川を勧めるだろうか？　その疑問をハイコにぶつけてみたが、取り合ってくれなかった。「アロワナはアマゾン流域には滝以外のところならどこにでもいるんだ」彼は言った。「心配するな。いくらでも見つかるから」

その夜、屋根を叩く雨音で目が覚めた。出発の午前四時になっても、どしゃぶりの雨はやまなかった。水浸しの中庭に集まって、荷物をタクシーまで運んだ。暗い町を突っ切って港まで行き、ぐらぐら揺れる滑りやすい板を渡って、荷物を船に積み込む。ハイコの荷物はアルミニウムのトランクひとつだけ。あちこちへこんでいて、ダクトテープで補修してあり、ステッカーがべたべた貼ってあるから、相当使い込んでいるのだろう。

だが、聞いてみると、まだ一年しか使っていないという。

ハイコは探検に水を持っていかない。どこに行っても川の水を飲むからで、私がミハイルを説得して用意した大量の飲料水に文句をつけた。だが、それ以上にハイコの機嫌を損ねたのは船の大きさだった。こんな大きな船では狭い支流に入れないという。しかし、今さらどうすることもできなかった。「途中で、先住民からカヌーを借りるしかないな」彼はため息をついた。

私にはそれほど大きな船には見えなかった。船体は黄色い縁取りのある鮮やかな青で、狭い船内にベンチが二つ。私たちは防水シートの覆いの下に座ったが、船尾に陣取った船頭のエステバンはびしょ濡れだ。それでも、私たちににっこり笑いかけると、船外機のエンジンをかけた。ディーゼルの煙が空中に流れ、船は暗がりの中、アマゾン川を下り始めた。キャンバス地のポンチョをかぶっていても、冷たい雨が顔を打ちつける。ハイコのポンチョは魔法使いのマントのようなロイヤルブルーで、彼の髭と同じ灰色の縁取りのある尖ったフードがついていた。舵のそばに座って両手を膝にのせ、上下に揺れる舳先の向こうを見つめているハイコは、白いクジラを追うエイハブ船長のようだ。

英米文学では、人間が魚を追う物語というと、もっぱら海の魚が対象となる。いちばん有名なのは『白鯨』だろう。もっとも、クジラは魚類ではなく哺乳類だが。一方、淡水魚は文学だけでなく科学でもあまり取り上げられないとハイコは嘆く。「淡水魚専門の魚類学者は、世界でも一握りしかいない」川や湖は進化の温床で、多様な脊椎動物を育んできたのに、大洋に魅力を感じる人の方が多いようだ。一九八〇年代にハイコはブラジルのマナウスで、アマゾン流域のドキュメンタリーシリーズを撮影をしていたフランスの海洋学者ジャック・クストーに会ったことがあるが、クストーはほとんど海から離れなかったという。「俗物だよ、あいつは」とハイコは評した。ドキュメンタリーにディスカスが取り上げられなかったのが不満らしい。「淡水魚のことは何も知らないんだ」

BBCから「プラネットアース」で取り上げる生物の相談を受けたこともあると言った。「地球上で最も魅力的な生物を何種か推薦した」という。そのひとつは、世界で最も古く最も深いシベリアのバイカル湖に棲むゴロミャンカという淡水魚だった。ふだんは水深約九〇〇メートルのところにいるが、水圧が高すぎて産卵できないので、卵を抱えたメスは湖面に上がってきて、産卵を終えると湖底に戻っていく。だが、視聴者はそんな小さな魚に興味を持たないだろうと却下され、結局、イルカの特集になったそうだ。

夜が明けると、雨がやんで灰色の空が広がった。ハイコは魔法瓶から熱いコーヒーを注いで、バナナサンドイッチを配ってくれた。雨よけの防水シートをはずすと、屋根の骨組みがあらわになり、幅広い茶色い川が見渡せた。両岸には干潟がどこまでも続いている。昨夜は大雨だったけれど、今は乾季で水位は非常に低い。何度もアマゾンを訪れているハイコも、これほど水位が低いのは初めてだという。そのせいで大型船は見かけなかった。満員の快速艇が私たちの船を追い抜いていったが、エステバンがスペイン語で説明してくれたところによると、サンパウロ・デ・オリベンサという町に向かう乗合バスだそうだ。私たちはその町のあたりで右折して、ヤンダイアトゥーバ川に入る予定だった。

「今やアマゾンにクルージングに行くという時代だからな」ハイコはそう言うと、アマゾン川の主要な支流の流域の森林破壊と浸食に触れた。この五〇年ほどで、アマゾンの熱帯雨林は過去五世紀の間に破壊されたよりも大規模に切り開かれ、消失した。大規模経営の牧畜、農業、林業はもちろんのこと、最近では、小規模な入植によって熱帯雨林が浸食されている。

探検するたびに、より遠くへ、より奥地へ行かないと手つかずの自然に出会えないとハイコは語った。最新の公式調査によると、アマゾンには一〇〇〇以上の支流があるが、主要な支流はすべて踏査したそうだ。「今向かっているヤンダイアトゥーバ川、これだけがまだ行ったことのない川だよ」

そう言うと、ハイコはベンチに横になった。頭の下で腕を組み、帽子のつばをサングラスの上に引き寄せて、暖かい日差しを浴びながら昼寝している。ミハイルもヘッドホンをしたまま横になった。私は二人と向き合って座りながら、これで実質的にアマゾン探検は完了するというハイコの言葉を思い返していた。なぜか、悲しくなった。世界が巨大な水槽で、そのガラスの壁にぶちあたってしまったような気がした。

以前、ハイコは探検者として理想的な時代に生まれたと言って私を驚かせたことがある。近代的輸送手段のおかげで、先人たちが何ヵ月も何年もかかって到達した場所に数日でたどり着けるからと。「僕は年に一六回探検に出ている。昔は誰も――母ですら――一生かけても達成できなかった回数だ」

「それでも、あっさり到達できるのは物足りなくない？」私は聞いてみた。

「そうだな」ハイコはしばらく考えていた。「たしかに、ウォレスのような探検には冒険心をそそられる。だが、今ならずっと多くのものを見て、多くのことを理解できる」

時間が静かに過ぎ、ハイコが昼寝から目を覚ました頃には、午後の暑さもやわらいでいた。だが、なんだか変だ。地図上では近かったのに、まだヤンダイアトゥーバ川に着かない。五時半には背後で太陽が沈み始めた。そして、六時半には真っ暗になった。ハイコは舳先にのぼって、点滅するスポットライトで水面を照らしながら、エステバンに進路を指示している。あたりには船は一艘も見えなかった。レティシアを出発してから一二時間経っている。遠くで、稲妻が光った。

八時を回った頃、川岸で蛍光灯の光が見えた。近づいていくと、浮き桟橋で、渡し板にこびりついた藻が光っていた。ハンモックで寝ている男の姿も見える。赤い字で見知らぬ町の名前を書いた標識が出ていた。

標識を読んだハイコが叫んだ。「ここはサンパウロ・デ・オリベンサ《エスト・ノ・エス・パウロ・デ・オリベンサ》じゃない！」彼が昼寝をしている間にエステバンが右折すべきところで曲がらなかったのだ。七時間以上前にヤンダイアトゥーバ川を通り越していた。結局、最初に予定していたイサ川＝プトゥマヨ川に入っていたのである。

私はわくわくした。ハイコはそうではなかった。私は運命の女神が微笑んでくれたと思った。ハイコはとんでもないことになったと思った。私たちが着いたのはイサ川の河口にあるサンアントニオ・ド・イサという町で、ハイコは「アマゾンで最悪の場所」だと言った。この町のホテルに泊まったことがあるが、部屋に大きなネズミが少なくとも五匹いた。刑務所のほうがまだましだという。

イサ川を遡上してピュリテ川に入るには、少なくともあと一二時間かかる。往復の燃料がもつかどうかハイコは心配していた。また地図を見たいと言われて持ってくると、彼は地図をにらんでから私に目を向け、また地図に視線を戻した。そして、ため息をついた。地図を指でたどり、次に別のコースを検討している。

その夜は、ボートのベンチで寝たが、耳元で蚊がブンブン飛び回っていた。物音に目を覚ますと、まだ真っ暗で、ミハイルは鼾《いびき》をかいて眠っていた。物音はハイコが手を叩く音で、ハンモックで寝ていた桟橋の番人を起こして、ガソリンを分けてほしいと頼んでいたのだ。時計を見ると、午前三時五七分。体を起こすと、ピュリテ川に向かうようエステバンに指示する声が聞こえた。コロンビアの漁師たちがアロワナの宝庫だと言っていた川である。それよりずっと近いヤンダイアトゥーバ川に戻って、未知の先住民を見つけるのは諦めたらしい。

「後戻りは性に合わないんでね」振り返って、私の視線に気づくとハイコは言った。たぶん、本音だろうが、私がアロワナを見たいと思いつめているのを知っているから、願いをかなえさせてやろうと思ったのかもしれない。ピュリテ川なら、見つかる可能性は高そうだから。

いずれにしても、まだ先は長い。日が昇ると、鮮やかなピンクの淡水イルカが川面のそこここに姿を見せた。イサ川は支流といっても大きな川で、両岸はアマゾン川流域よりさらに緑が濃い。「これでも支流の中では小さいほうだ」ハイコは感慨深そうに一九七七年にここで素晴らしい発見をしたと言った。レッドディスカスだ。赤地に白い縞模様、青い鰭をした美しい熱帯魚は、今彼が着ている黒いTシャツにも描かれている。一匹しか見つけられなかったが、持ち帰って他のディスカスと育てているうちにレッドディスカスが生まれ、今では世界中にいるという。しかし、その後、野生のレッドディスカスは一度も見たことがないそうだ。

時折、川岸に掘立小屋が数軒固まっていた。海岸から入植した貧しい農民が住みついたのだろう。そういう小さな集落を見つけるたびにハイコは険しい斜路をのぼっていって、ポルトガル語でこのシャツの魚を見たことはないかと訊ねた。五人の幼い子供と戸口に座っていた男が、そのディスカスならピュリテ川にいると請け合った。とたんにハイコの機嫌がよくなって、子供たちにオレンジキャンディーを配った。いちばん小さな子は、握ったキャンディーに虫が群がってきたのを見て、あわてて包装紙ごと口に入れた。

船に戻ると、ハイコはさっきの集落の名前を地図に書き込んだ。ところが地図をベンチに置いたとたん、突風に吹き飛ばされた。「くそ!」ハイコは荷物を踏み越えて船尾に急いだ。エステンバンがモーターを切って船の向きを変えたが手遅れだった。一枚しかない地図は川に沈んでしまった。

私は泣きたくなった。前日は地図があっても航路を間違えた。こんな調子で、本当にピュリテ川にたどり着けるのだろうか?

17章　ついにアロワナを発見

ブラジル

それでも、なんとかピュリテ川にたどり着いた。両側からもつれた木の枝が覆いかぶさった狭い河口に船が入ったのは午後遅くなってからだった。人の気配はまったくないが、モーターの音に驚いて魚たちが飛び跳ねている。「歓迎してるんだ」とハイコは言った。「魚はうれしいと飛び跳ねる。イルカもそうだ。人間といっしょだよ」

エステバンは船を川からそれた小さな湖に入れ、木々の間の開けた場所につけた。モーターが止まると、あたりに静寂が広がった。と、ハイコが水音を立てて黒い水に飛び込んだ。いつのまにか青い下着だけになっている。芝居がかったしぐさで平泳ぎをしながら湖を横切り、水の中に消えたかと思うと、ぱっと浮かびあがってきた。濡れた頭がオリーブのように輝いている。「水浴びしないか？」とミハイルと私に呼びかけた。「最高だぞ！」またしばらく泳いでから、泥水の中から上がってきて、濡れた犬のようにぶるぶる体を震わせた。「ほら、見ただろ、ピラニアに食われたりしない」

その年の初め、ハイコは『プラクティカル・フィッシュキーピング』誌に「ピラニアの決定版ガイド」を寄稿した。「ピラニアが人食い魚だというのはまったくの誤解だ」と冒頭に書いている。どんな魚も生きた人間を食べないと彼は信じている。オーストラリアでワニが人間を食べるのを目撃されているが、殺人犯が死体を隠すためにワニに食べさせたのだとハイコは言う。

ピラニアを擁護するのは彼だけではない。そもそも、ピラニアの悪評が高まったのは、一九一四年にアマゾン探検に出かけて命を落としかけたセオドア・ルーズベルト大統領が、ピラニアを「世界で最も獰猛な魚」と評したからだ。しかし、最近では、多くの魚類学者が、ピラニアが獰猛な魚だというのは誇張であり、たいていは他の魚の鰭を食べる程度の臆病な魚だと指摘している。

だが、タイソンはそれに反対だった。「魚類学者が認めないだけだ」と彼は言った。「水に手を入れたら親指か小指を食いちぎられると認めても、腹を空かせたピラニアの群れにつかまったら最後、何ひとつ残らないという事実から目をそむけている」そう言って、ブラジルでピラニアに食い殺された人間の生々しい写真を見せた。「ほら、頭皮もなくなっているだろう」と指さした。「唇もない。それに眼球も」タイソンによると、ピラニアの擁護者たちは、ピラニアは決して眼球を食べないと主張しているそうだが、「たわごとだ」という。

どちらの主張が正しいのかわからないが、ひとつ確かなのは、ピュリテ川がピラニアだらけだということだった。エステバンが船べりから釣り糸を垂れて夕食用の魚を釣ったが、釣れたのはピラニアだけだった。私の手ぐらいの大きさの銀色の魚で、腹は鮮やかな赤。ハイコが棒で下唇をこじ開けて見せてくれたが、のこぎり状の鋭い歯をしている。ハイコは小さなガラスの水槽にピラニアを一匹投げ込むと、写真を撮りたいから、暴れまわるピラニアを水槽の壁に押しつけてくれないかとミハイルに言った。ミハイルはぎょっとしたが、ハイコはだいじょうぶだと請け合った。「手を口に近づけなきゃいいんだ」そして、親指の付け根の白い大きな傷跡を見せた。「うっかり手を近づけて食いちぎられた。ちょうどこれぐらいの大きさのやつに。魚だって必死だからな」

アマゾンで用心しなければならないのはピラニアだけではない。カンディルもきわめて危険な魚だ。爪楊枝のような形をしたナマズで、吸血コウモリとともに血液を吸って生きている脊椎動物である。自分より大きな魚の鰓から体内にもぐり込み、トゲ針で体を固定して血を吸うと、外に出てくる。川底でゆっくり消化する。しかし、時折、尿に反応して、陰茎や膣やまれに肛門に入り込むことがある。そうなると、カンディルも人間も悲惨だ。一八九七年、魚類学者のジョージ・ブーレンジャーは、カンディルの標本をロンドン動物学会に提出して、「膀胱に入りこむと、炎症を起こし最終的には死を招く。唯一の対処法はただちに陰茎を切断することである」と発表している。

だが、真偽のほどは定かではない。ハイコはまったく信じていない。飲料水となる川の水に放尿させないために先住民がでっちあげた話だろうと言っている。魚の鰓に食らいついたカンディルを見つけて小さなトゲ針を見せてくれたが、そのあとは腰まで水に浸かりながら川に放していた。そのとき、デンキウナギが潜望鏡のように浮かんできて、息継ぎをした。デンキウナギは空気呼吸をするのだ。八六〇ボルトもの電圧をかけて獲物を麻痺させて食べるが、これは人間を殺せるほどの電圧だ。

アマゾンはこの種の危険に満ちているが、ハイコに言わせると、ニューヨークで道路を横断するよりはるかに安全だそうだ。野生動物が獰猛で危険だという思い込みは、一九三〇年代から四〇年代に話題になったハリウッドのターザン映画のせいだという。「怖がることなんかない」ハイコはピラニアがうようよいる川に入ると、網で泥をすくって小魚を探した。一匹ずつ調べては、肩越しに投げ捨て、指に食いついたコバンザメを振り落とす。興味を引く魚は水の入ったポリ袋に入れ、写真を撮ってから、川に放すか保存するか決める。「ここの生物を全部写真におさめてカタログに載せるんだ」と彼は説明した。

　ハイコが採集している間、エステバンは火を熾《おこ》して湯を沸かし、私のジャングルハンモックを二本の木の間に張ってくれた。蚊帳のついた優れもので、バナナの皮をむくように広げられるのだが、ニューヨークで買ってワシントン・スクエア・パークで張る練習をしていたら、通りがかった人にここでハンモックを張るのは違法だと注意された。ハイコは私にはハンモックを勧めたが、自分とミハイルのためにはテントを用意していて、ハンモックのそばに張った。七時頃にはあたりは闇に包まれ、頭上で無数の星がまたたいていた。落ち葉の上に座って、ピラニアを茹でて食べた。ハイコの好物である。けたたましいカエルの大合唱が聞こえる。

　キャンプした場所は広大な氾濫原のひとつで、一年の半分は水に浸かっている。雨季になると、水没した木々の間でアロワナやディスカスが産卵する。今は乾季で水位が低いので、魚を見つけやすいはずだった。

　夕食のあと、暗い湖に船を出した。ハイコは船首に陣取って湖面に懐中電灯の光を当てながら、あちこちで網を打った。だが、やがてエステバンに言った。「ここにはいない《ノー・アイ・ナーダ》」。ディスカスもアロワナもいないという意味だ。見つけるには、あの漁師ファウストが言っていた大きな湖に行かなければならないらしい。

翌朝、さらに上流に向かった。船が通れないほど狭い小川にさしかかると、ハイコは船をおりて裸足で密林に入った。私もついていった。「裸足で歩くと気持ちがいいぞ」アルマジロの巣穴をまたぎながら言う。「自然を感じられる。どこにいるかじかに感じられるんだ」

小川を下りながら魚を採集した。「葉っぱの下には必ずアピストグラマがいる」と、小声で教えてくれた。アピストグラマはクリップくらいの大きさの人気のある熱帯魚だ。ハイコは前夜、この魚の新種を発見していた。青い斑点があり、尾鰭の先が赤く、体の中央に黒い線が入っている。ハイコが愛してやまないディスカスと同様、アピストグラマも急激に進化したシクリッド科の魚だ。近年、保全生物学者の間で、どの種の生物がもっとも保護に値するかで意見が分かれている。将来、適応や分化が見込める種を保存すべきだという意見がある一方で、アロワナのような古くからある種を守るべきだという意見もある。アロワナは過去の遺物のような生物で、進化という観点から見ると行き着くところに到達しており、一億年以上ほとんど変わっていない。生命の歴史を尊重すべきか、未来に賭けるべきなのか？　私には選ぶことは不可能に思える。

乾季だから、どの川も水量が少なかった。ハイコはほとんど水のない川で一度網を打っただけで、一五〇〇匹ほどの魚を捕まえた。「これだけの水の中にこんなにたくさん魚がいるなんて想像できないだろう」そう言うと、あと数週間もすれば川は干上がり、魚たちは死んでしまうが、泥の中に産みつけた卵が雨季に孵化するのだと説明してくれた。

船に戻り、またピュリテ川を遡上した。ところどころに白い砂浜が見える。アマゾン川の西側一帯が巨大な内海だった時代の名残だ。とりわけ美しい砂浜を見つけると、ハイコはこれまで採集した魚の写真を撮ると言い出した。アルミニウムのトランクを砂浜に引きずってくると、小さな水槽を置いて木の枝を飾る。貴重な飲料水がほしいと言われて、私はついにハイコも猛暑に音を上げたのだと思った。ゴボゴボと水音がする。はっとして振り向くと、乏しい水を惜しげもなく水槽に注いでいた。川の黒い水では写真写りが悪いというのである。黒い帽子を後ろ前にかぶり直し、焼けた砂浜に膝をつくと、ハイコはファッションカメラマンがモデルに話しかけるような調子で魚に声をかけた。「鰭を広げて。ああ、すてきだよ。なんていい子だ。そう、そうだ」

そのとき、船で釣りをしていたエステバンが興奮した声をあげた。ソンブレロほど大きなアカエイが釣れたというのだ。茶色に黒い斑点があり、尾はスパイクのついた棍棒《こんぼう》のようだ。エステバンはアカエイを砂浜に引きずってくると、目の上についている取っ手のような鰓をつかんで持ち上げた。アマゾンのアカエイも、砂浜やイルカと同様、この一帯が太平洋とつながっていた遠い昔の名残だ。最近では、アカエイの中にも観賞魚として人気が出てきたものがあって、アロワナ顔負けの高値で取引されるようになった。

ハイコがアカエイを探していたのは、タイソンに頼まれたからだった。「大喜びするぞ」と、アカエイをいそいそと調べた。「こんな大きなやつは見たことがない」そう言うと、記念写真を撮りたいと私にカメラを渡したが、アカエイを持ち上げたとたん、手を刺された（ハイコは痛みをこらえながら、自衛手段だからとアカエイをかばった）。そして、気の毒だが死んでもらう。でも、復譬ではなく科学のためだと言って、暴れまわるアカエイを大きなポリ袋に押し込み、水を入れてから大切に取ってあったホルマリンを注いだ。「いくら喉がかわいても、これを飲むんじゃないぞ。一巻の終わりだ」

撮影していると、赤と白の大きな川船が上流に向かって近づいてきた。上甲板にも下甲板にもあふれるほど人が乗っていて、私たちに手を振っている乗客もいる。ピュリテ川に入ってから誰にも会っていなかったから、人跡未踏の地だと思っていた。あの人たちは誰だろう？　どこへ行くのだろう？

その答えがわかったのは夕方だった。川岸からラウドスピーカーを通して奇妙な詠唱が響いてきた。丘の上に建物が見える。ぬかるんだ土手で洗濯していた女性が、教団のコミュニティだと教えてくれた。住人は五〇人ほどだったが、今日新たに約一〇〇人来たという。ハイコの話では、こうしたカルト集団がアマゾンのあちこちにいるそうだ。この種の入植者を毛嫌いしているのか、彼は上陸しようとしなかった。

夕闇が迫ってきた。インコが群れをなしてねぐらに向かう時間なのに、数組のつがいしか見なかった。「もうアマゾンに鳥がいないと思うとがっかりだ」ハイコは嘆いた。コロンビアから密猟者が来るぐらいだから、ピュリテ川も乱獲が進んでいるのだろう。「動物にはいい迷惑だ。人間はここでもいろんなことをしでかしたにちがいない。そうじゃなかったら、もっとたくさんの動物がいるはずだ」

ハイコはミラノの家にいる二歳の娘のことを口にした。「アマンダに手つかずのジャングルを見せてやりたい。だが、娘の世代はもう見られないかもしれない」

その夜、ハイコはミハイルと私を昆虫採集に連れ出してくれたが、収穫はほとんどなかった。黒い頭をした奇妙な茶色い虫を見つけてハイコに知らせると、アマゾンに棲む野生のゴキブリだと教えられた。翌日、ハイコは泥の中にピューマの足跡を見つけた。その直後にカサカサと音がして、茂みの中から飛び出してきたのは、予想とまったく別の動物だった。「やっと野生動物を見つけたと思ったら、犬じゃないか！」ハイコが叫んだ。

骸骨みたいな黄色っぽい犬で、しきりに尻尾を振っている。教団コミュニティから相当離れているから飼い犬ではなく、捨てられた猟犬だろうとハイコは言った。「パンが残ってたら、やってくれ」パンはなかったので、ハイコが背を向けている隙にニューヨークで買ったタンパク質豊富なサバイバルバーをこっそり食べさせた。「なんて名だ《コモセリヤーマ》？」エステバンは船べりから身を乗り出して犬に聞いた。

ペンシルベニア大学の動物学者ジェームス・サーペルは、私たちの祖先はオオカミを手なずけて飼っているうちに猟犬として使うようになったのだろうと推測している。野生動物の飼育は、石器、宗教、言語、数学の発明と同様、重要な文化的価値があるが、それは動物と仲良くなりたいという純粋な欲望によるものだとサーペルは主張している。実際、今日でも、多くの先住民に乳離れしない動物の子を連れ帰って育てる習慣が見られるという。

それに対して、犬は猫と同様、自分から人間に近づいてきたとする説もある。オオカミが人間の野営地に近づいて残飯をあさっているうちに、長い時間をかけてみずから家畜化したというのである。そして、不思議なことに、人類も類人猿から進化する過程で、家畜化した動物と同じような身体的特徴を備えるようになった。顔が小さくなり、歯が小粒になり、女性的特徴を持つようになった。つまり、ヒトはみずから家畜化したのである。今、私たちは魚の中に失った野生、私たちが破壊しつつある野生を見出しているのかもしれない。

その日の午後、舵を取るハイコのそばに座っていると、モーターが咳き込むような音を立てて突然止まった。川面に静寂が広がった。エステバンがタンクにガソリンを補充している間、ハイコは腕組みして青紫の夕方の空を見上げていた。彼が子供の頃、アマゾンにはモーターボートはなかったという。「手漕ぎボートだけだった」

当時を懐かしむ口調が胸にしみた。なぜか急に悲しくなった。アロワナのことを調べ始めた頃は、ユーモアとドラマに満ちた観賞魚の世界や、憑かれたように魚を追う個性の強い人びとに魅せられていた。だが、今は、アロワナだけでなく、どんな魚のことを考えても、底知れない喪失感を覚えずにはいられなかった。はるばるアマゾンの奥地まで来たのに、見つけたのはカルト集団とゴキブリと飢えた犬だけだ。不覚にも、涙があふれてきた。

ハイコは気づいたかもしれないが、何も言わなかった。黙って空を見上げていた。「平穏そのものだろう」彼は言った。「ニューヨークに戻ったら、きっと懐かしくなる」

夕闇が迫る頃、めざすエル・ラーゴ・グランデに着いた。鬱蒼とからみあった木々が、黒い神秘的な影を湖面に投げている。コロンビアの漁師たちが毎年雨季になると数えきれないほどアロワナを捕るという湖である。「アロワナが水面に上がってきているようだな」舵を取っていたハイコが藍色の湖面を見渡しながら言った。私は目を凝らしたが、何も見えなかった。

湖岸の沼地にテントを張る間、ハイコは船でその日に捕った魚を撮影していた。水槽が懐中電灯の光に照らし出されて金の聖櫃《せいひつ》のように輝いている。撮影がすむと、エステバンがその中の一匹を夕食用に茹《ゆ》でた。「世にも美しいゲオフォーガス・カモピエンシスを食べたと自慢できるぞ」ハイコがミハイルをからかった。

「平気です」ミハイルはにこりともせずに答えた。

九時頃、船に乗り込んで穏やかな夜の湖に漕ぎ出した。私は期待に胸を高鳴らせた。モーター音で魚が逃げてしまうので、ハイコが前方、エステバンが後方に座ってオールを使った。だが、一〇分も経つと、ほとんど進まなくなった。船が大きすぎるからだとハイコがぼやいた。しゃにむに漕ぎ続けたが、いちばん近いマングローブまで三〇分以上かかる始末で、しかも、たどり着いたとたんに激突した。「こんな扱いにくい船は初めてだ」と、ハイコは憤慨している。「これじゃディスカスを採集できない！」

そう言いながらも、腹這いになって舳先から身を乗り出して、濁った水に懐中電灯を当てた。足の裏にヤシのトゲがいっぱい刺さっていた。昼間、裸足でジャングルを歩いたとき踏んでしまったのだろう。やがて、ここは水深が浅いから、深いところに群生するディスカスは見つからないだろうとスペイン語で言ってから、英語でつけ加えた。「ここでは見つかりそうにない。ここにディスカスはいないと思う」

モーターを入れて深い場所を探すしかなかった。湖を横切っていたとき、カイマンという南米のワニが懐中電灯の光の中に現れた。「ほら、あそこにヘビが」ハイコが木の枝で光っている赤い二つの目を指さした。その近くで大きな動物がのそのそと茂みに入っていく。世界最大の齧歯《げっし》類カピバラか、バクだろうとハイコが教えてくれた。バクはブタに似ているが、ウマやサイに近い動物だそうだ。ミハイルは熱心に動物を探していたが、懐中電灯の光を何度もハイコの目に当てるので、結局やめさせられた。

やがて、船が別のマングローブに着くと、ハイコはまた舳先から身を乗り出した。

「これはすごい！　止めてくれ」エンゼルフィッシュがたくさんいるという。エンゼルフィッシュはかつて「熱帯魚の王様」だった。だが、その地位をディスカスに奪われ、その後ディスカスもアロワナに王座を譲った。黒い縦縞が四本入った銀色の三角形の魚を網ですくうと、ハイコは網をミハイルに渡した。ミハイルは素手でエンゼルフィッシュを取り出そうとした。

「だめだ」ハイコがじれったそうに網をひっくり返して、水を張った鍋に魚を入れた。「素手で魚を触るな。大切な体表粘液を奪ってしまう」

長い間、ハイコは舳先から湖をのぞき込んで、スペイン語でつぶやきながら網で小魚をすくっていたが、やがて、うんざりしたようにため息をついた。「ワニでも捕るか？」気乗りしない口調で言った。

エステバンが手漕ぎで船をカイマンに向けようとしたが、マングローブにぶつかって、その隙に逃げられてしまった。

さあ、これでやっとシルバーアロワナが探せると私は喜んだ。ところが、突然、ハイコがもうやめようと言い出した。「行《バ》こう《モス》」とエステバンに野営地に戻るよう指示する。私はあわてて、アロワナを探すのではなかったのかと聞いた。ハイコは疲れた顔で、一生懸命探したが、一匹もいなかったと言った。

夜は魚を探すのに適している。魚が昼間ほど警戒せず水面近くまで上がってくるし、懐中電灯で目を照らして簡単に見つけられるからだ。予定よりずっと遠い川まで来てしまったので——そして、ミハイルを予定の飛行機に乗せなければならないから——エル・ラーゴ・グランデにいられるのは今夜だけだ。これでやめるなんてハイコは諦めがよすぎる。真夜中に真っ暗な湖に潜って魚を探したことがあると言っていたのに。ディスカスが見つからないから自棄を起こしているとしか思えなかった。「昼間でもアロワナは見つかるかしら?」野営地に戻ると、私は聞いた。

「この湖は広すぎる——君も気づいただろうが」そう言うと、ハイコは船べりで歯を磨き、黒い水でうがいをした。「アロワナは群生する魚じゃないし」

私たちのやりとりを聞いていたエステバンが顔を上げた。手さげランプが顔を照らしている。

「ケリア・アロワナ?」顎で私をさしながら聞いた。アロワナが欲しいのかと聞いているのだ。

「シー」ハイコが答えた。「ディフィシル、ノ?」

エステバンは黙ってうなずいた。可能性はないということだ。

眠れないまま、虫たちの即興演奏を聞いていた。闇の時間が過ぎていくにつれて、シルバーアロワナに遭える最後のチャンスが消えていく。夜が明けると、私はハンモックからおり、落ち葉を踏んで湖岸に出た。エル・ラーゴ・グランデに大きな金色の太陽が昇るのを眺めているうちに、やるせない気持ちになった。空は晴れ渡り、冷たい夜気がまだ残っているが、もう朝が来る。活動的なジャングルは眠りにつく。夜が明けたら、シルバーアロワナを見つけるチャンスはないのだ。

舷側で寝ていたエステバンが起きてきた。私ににっこり笑いかけてから、焚き付け用の小枝を集めに行った。ハイコがテントから出てきて、朝の挨拶らしいことをつぶやいてから、昨夜採集した魚の撮影をしなければならないから、その間にエステバンとアロワナ探しに行くといいと言った。ミハイルも、またピラニアの撮影を手伝わされるのは願い下げだから、いっしょに行くと言った。

朝食後、湖を横切って対岸のマングローブに船をつけた。エステバンがモーターを止めた。空は晴れ渡り、黒水に青い影を落としていた。白い鳥が二羽、節くれだった木々の間を飛んでいく。湖面をトカゲらしき動物が走っていく。

エステバンが口元に指を当てて静かにと合図してから、船首に近づいてオレンジ色の錘《おもり》のついた緑の投網を取り上げた。そのまままみじろぎもせず湖面を見つめている。と、突然、みごとな手さばきで網を打った。網が大きな音を立てて湖に落ちると、マングローブから鳥たちが鳴きながら飛び出してきた。

言葉は通じなくても、エステバンとは相通じるものがあり、気遣いのできるこのハンサムなチクナ族の男性を私は信頼していた。私がコンタクトをつけようとして、レンズを風に吹き飛ばされそうになると、いつも船の速度を落としてくれた。

頃合いを見計らって、水をしたたらせながら網を揚げる。からっぽだった。エステバンは眉をひそめながら原因を説明しようとした。日中でアロワナ獲りに適していないし、静かに近づかなければならないのにモーターの音がうるさいうえ、網は穴だらけだ。「ピラニアならいくらでもいる《ムチャス・ピラニア》けど」と残念そうに首を振った。

それでも、もう一度網を打ってくれた。今度は尾鰭のない銀色の小魚がかかった。三度目には、一九八〇年代のエアロビクスのインストラクターみたいなヒョウ柄のナマズが入っていた。

暖かい日差しを浴びながらエステバンの熟練した動きを眺めているうちに、穏やかな気持ちになってきた。これまでの出来事を振り返る余裕も出てきた。きっかけは観賞魚の魅力に取りつかれて逮捕される危険を冒してまで密輸する愛好家の心理を探ることだった。それから三年半、一五ヵ国をめぐり、今（おそらく違法入国して）ブラジルで、アロワナを追っている。いつのまにか、私も魚の魅力に取りつかれてしまったのである。

今回はこれまでの探検にくらべると成功率が高いはずだった。無謀な挑戦ではなく、絶滅危惧種と認定されていないシルバーアロワナを密猟者たちが定期的に捕りにくる湖で探している。一九六〇年代に単独でアロワナ取引を始めたという世界でも指折りの探検家ハイコ・ブレハという頼もしい道連れもいた。

それでも、見つけられなかった。

ハイコの母アマンダ・ブレハのことを考えた。ディスカスを追い求めて子連れで緑の地獄をさまよったが、見つけられなかった。アルフレッド・ラッセル・ウォレスのことを考えた。大西洋のただ中を救命ボートで漂流しながら、母国に向かっていた船の火災で、四年かけて採集したコレクションが焼失するのを見守っていた彼の心境を想像した。ただひとつ持ち出せたブリキの箱には、アマゾンの魚の絵が入っていて、その中にはアロワナの精巧なスケッチもあった。だが、それから半世紀経っても、そのスケッチを発表する機会がなかった。標本がないので、博物館が買い入れてくれなかったのである。

アマンダ・ブレハとアルフレッド・ラッセル・ウォレスのアマゾン探検は、壮大な失敗と言えるだろう。だが、二人とも生まれ変わることができたら、またあの大冒険に出かけたのではないだろうか。私も同じだ。失敗がなんだろう？　私の目的は野生のアロワナ発見ではなく――少なくとも、それがすべてではなく――冒険や探検がどういうものか知ることだった。その目的は充分果たせた。

エステバンが気弱な笑みを浮かべた。できるかぎりやってみたが、だめだったと言うように。私はうなずいてみせた。諦めて野営地に戻って、帰国の旅路につこう。私はミハイルの隣に座った。エステバンが船尾に行ってモーターをかける。けたたましい音が静寂を破った。その音に驚いて、シャンパンのコルクがポンと抜けたように、何かが水から飛び出してきた。「アロワナだ！」エステバンが叫んだ。

さっきの言葉は取り消そう。やっぱり、私はアロワナを見つけたかったのだ。

私たちは弾かれたように立ち上がって、銀色の魚が湖面に広げた水紋を半信半疑で見つめた。突然、エステバンがもう一度モーターをかけ直して船をマングローブに向けた。アロワナには静かに近づけと教えられてきたが、その逆をやればいいと、天啓のようにひらめいたのである。ミハイルと私は大声を出しながら、金属製のガスボンベを叩いた。すると、またアロワナが船のすぐそばで跳び出した。そして、また一匹、大きなアロワナが宙で二回転した。一メートル近くあるだろう。銀色に光る体の中で腹がバラ色を帯びていた。湖面からジャンプして、一瞬、宙で静止し、見つめている私たちと目が合った。

「すごい！」感情を表さないミハイルが興奮している。

エステバンは満面の笑みを浮かべた。

私はエイモス・ユーから聞いた話を思い出した。種苗場を経営しているエイモスは、ある植物の発見に情熱を傾けていた。ネペンテス・プラチキラという筒状になった葉で昆虫を捕まえる食虫植物で、ボルネオ奥地のホセ山脈の原生林の固有種だった。大金を投じ、苦労の末、その原生林まで行った。一〇〇年以上誰も見たことがなかったベゴニアを発見した。だが、目当ての食虫植物は見つからなかった。二度目の探検で、二つの滝をよじのぼって砂岩の絶壁にたどりついた。そこにその植物が咲いていると聞いたからだ。しかし、そこにはなかった。三度目は三つ滝をのぼったが、それでも見つからなかった。ようやく四度目で――八年の歳月と二万ドルかけて追い求めた末――木の中で咲いているネペンテス・プラチキラを見つけた。とりたててきれいな植物でもなく、育てて売る気にもならなかった。それでも、感極まって涙が出た。喜びと誇らしさと高揚感で胸がいっぱいになって、驚異に満ちた世界に生まれたことを心から感謝した。だが、なによりも、ほっとした。長年探し続けてきたものを見つけて、呪縛から解き放たれた。そのつつましい小さな植物を愛でながら――結局、ただの植物だったそうだが――最初に頭に浮かんだのは安堵だった。「これでもう二度と来なくていい！」

私も同じだった。長い帰路の途中、ハイコが水槽に入れたせいで飲料水がなくなり、ガソリンも底をついた。友好的なチクナ族が水とガソリンを分けてくれたが、どうしても代金を受け取ろうとしなかった。やがて、そのガソリンもなくなると、ミハイルを飛行機に間に合わせるためにハイコはオールをつかんで舳先に走り懸命に漕ぎ出した。

「やれやれ」ミハイルは数独パズルから顔を上げてつぶやくと、またゲームに集中した。

「なんでいつもこうなるんだ？」ハイコが息を切らせながらぼやいた。私はもう一本オールがないかと探したが、見つからなかった。「いつもこうだ。これまでの九〇〇回の探検で、予定通りいったためしがない」

私は目的を果たしたことに慰めを見出していた。追い続けた魚は、地球上の多様な生物以上に驚嘆的でもなく、それ以下でもなかった。結局のところ、アロワナはただの魚で、ユニークな面も平凡な面も備えている。

そして、少なくとも今は、あの野生の中で生きている。

アルフレッド・ラッセル・ウォレスが描いた
シルバーアロワナのスケッチ　1851年

エピローグ

一六歳の誕生日に友人が金魚を五匹、小さな鉢に入れてプレゼントしてくれた。四匹はたてつづけに死んでしまった。残った一匹を私はスティーヴンと名づけたが、この金魚は長生きした。ベッドに腹這いになって、本棚にのせた金魚鉢の中の卵黄みたいな体をよく眺めたものだ。仲間を失って気落ちしたのか、スティーヴンはあまり泳ぎまわらず底でじっとしていることが多くなった。彼の境遇を我が身に引きくらべた。私も彼も外の広い世界を知らない。だが、違うのは、彼に選択の余地がないことだった。

ある日、私はスティーヴンの寂しさを紛らわしてあげようと決心した。ペットショップに行くと、プラスチックのお城や泡を噴き出す骸骨を勧められたが、そんな子供だましみたいなものでスティーヴンが喜ぶとは思えなかった。私は本物の水草——自然の中で魚が出会うような植物がほしいと言った。店員は肩をすくめて奥に引っ込むと、長い緑の水草の入った水滴のしたたる袋を持ってきた。

水草を金魚鉢に入れたとき、スティーヴンの反応を期待していたかどうか覚えていない。だが、予想以上に喜んでくれた。大喜びでぐるぐる泳ぎまわっているように見えた。水草の間を泳いでいないときは、水面まであがってきて小さな口をパクパクさせて感謝のキスを送ってくれた。

その翌日、彼は死んだ。

あとで知ったことだが、水草に致命的なバクテリアが付着していたようだ。スティーヴンは喜んでいたのではなく苦しみに悶《もだ》えていたのだった。口をパクパクさせていたのは息苦しかったからだ。

「水草のせいで死んだの」一五年後にフィンランドの水生生物研究者、トーア・クルツマンにこの話をした。

「水草じゃなくて君のせいだ」と彼は言い返した。

そのとおりだ。他の生物の命を預かることには責任が伴う。善意でしたつもりでも、とんでもない結果を招く場合がある。

アマゾンから帰国したあと、ハイコの正しさが証明された。ヤンダイアトゥーバ川――彼が昼寝している間に曲がるのを忘れて行けなかった川――には、未知の先住民が暮らしていたと判明したのだ。フレチェイロス族という部族で、侵入者に毒を塗った矢《アロー》を放つ「アローピープル」という名称で知られている。

ハイコはいつもこんな調子だ。法螺《ほら》話だろうと思っていると、一抹の真実が含まれている。たとえば、母の伝記の序文に「おそらく、二〇世紀でもっとも傑出した女性――比類ない博物学者というだけでなく、テニス、ピンポン、アイススケート、ローラースケートのチャンピオンであり、一四八以上のモトクロスレースの優勝者であり（唯一の女性選手）、オートバイ、グライダー、乗用車の運転に最初に挑戦した女性のひとりであった」と書いている。

いくらなんでも誇張だろう。

ところが、ミラノ郊外にある一九世紀には別荘だったというハイコの自宅を訪ねたとき、でこぼこのアルミニウムのトランクとオリーブ色のダッフルバッグを引きずってきて、中に入っていたアマンダに関する資料を見せてくれた。黄ばんだ写真も何枚かあった。ローラースケートで風を切って進む若き日のアマンダ、ゴーグルをつけてオートバイレースに挑むアマンダ、ボブという愛人と仲睦まじくポーズをとっているアマンダ。ハイコによると、ボブはヒトラーの影の側近だったそうだ。

アマンダは大量の日記を残しているが、その多くがごわごわした粗末な紙に走り書きされていた。スパイ容疑をかけられてフランクフルトの刑務所に三年間収監されていたとき、トイレットペーパーに書いたのだろうとハイコは推測している。私は徹夜で撮れるかぎり写真におさめた。のちにドイツの学者に見てもらったところ、第二次世界大戦前に使われていたトイレットペーパーと確認された。さらに、ヒトラーにボブという側近がいた可能性も否定できないということだった。

だから、私はハイコの言うことが多少こじつけめいていても、一目置くようになった。それでも、動物保護が絶滅につながるという彼の持論には賛成できない。絶滅寸前だったワニがワシントン条約によって救われた例もある。また、一九六七年に米国絶滅危惧種保護法に最初に記載されたデビルズホール・パップフィッシュ（ネバダ州にあるデビルズホールにあるウォークインクローゼットほどの洞窟に棲むメダカの仲間）も、人間の介入がなかったら、とっくに絶滅していただろう。孵化場や避難場所を設けたり、水利権をめぐる訴訟が最高裁まで持ち込まれたりしたおかげで、現在、数十四が生存している。

　その一方で、絶滅危惧種と認定されれば、需要が高まり、乱獲を招くというハイコの主張には一端の真実が含まれている。アジアアロワナがそのいい例だろう。だが、現実問題としてどの種を保護するか決めるのは難しい。多くの生物が絶滅の危機に瀕している中で、保護の対象に優先順位をつけられるだろうか？　一般に、見た目のかわいい動物は、魚のような魅力に乏しい動物にくらべると、はるかに関心を集めやすい。しかし、近代の保護政策から得た教訓は明らかである。全体としてとらえないかぎり、つまり、生態系そのものを保全しないかぎり、いかなる保護政策も有効ではない。

　興味深いことに、ブラジル政府は「アローピープル」に関して、こうした結論に達したようだ。当初、政府は孤立した先住民と接触をはかり、規制することで保護しようとした。だが、彼らの生活様式を混乱させ、免疫のない致命的な病原菌を持ち込んだだけだった。政府はその反省を踏まえて一九八〇年代末に政策転換し、接触をはからず、森林を隔離して生態系を保全することにした。こうして、「アローピープル」が暮らすヤバリ渓谷を流れるヤンダイアトゥーバ川流域に、スイスの二倍の広さを持つ保護区がつくられ、現在、そこに世界最大の先住民が暮らしている。原則として、部外者は保護区に立ち入れず、科学者もその例外ではない。ブラジル国立先住民保護財団は、保護区の周辺を警備し、飛行機で上空から監視して、伐採業者の不法侵入を阻止している。

　この先住民保護には、数百万エーカーという広大な地域における生物多様性の保護という副産物もあった。現在、ヤバリ渓谷は地上で最も多くの種が生息する生物学的ホットスポットのひとつである。魚にとって人間に見つからずに生息できる数少ない場所だ。ハイコはそこを探検したかったのだと気づいたとき、私はめまいがした。毒矢が雨のように降ってくるところを想像した。最悪の場合、咳をしただけでアローピープルを絶滅させていたかもしれない。たぶん、保護区のある上流までは行けなかっただろうが、ハイコは源流で未知の魚を発見するのだと言っていた。

帰国後も、もう少しで到達できるはずだったヤンダイアトゥーバ川のことが頭から離れなかった。その一方で、ヤバリ渓谷がいつまでも近づくことのできない未知の地であってほしいとも思った。人間が他の生物に接触すれば、最終的にはその生物を変えてしまう。それがわかっていても私たちは手を出さずにいられない。アマゾンの地図を見るたびに、私は逃したチャンスを思い出して胸が痛くなった。あの人跡未踏の水域の向こうには、何が潜んでいたのだろう?

その答えはその後まもなく見つかった。二〇一四年にハイコがまたアマゾンを探検し、ヤンダイアトゥーバ川の源流に到達したのである。「アローピープル」には会えなかったが、不法な砂金採掘者には遭遇した。大きな支流を遡上すると、そこは動物の宝庫で、ハイコが子供の頃見たインコやサギ、カエル、ヘビ、カピバラ、オオカワウソがいた。記録した一八一種の魚のうち、二〇ないし二五が新種だと彼は見積もっている。シルバーアロワナはほとんどいなかった。コロンビアの密漁者が先に見つけてしまったのだろう。

探検を続けているのはハイコだけではなかった。タイソン・ロバーツは先日電話で話したとき、「内緒だぞ」と念を押して、またミャンマーに行くと打ち明けた。「地雷とスパイとスナイパーの国」へ新種を探しに行くという。二〇一二年に大著『*Systematics, Biology, and Distribution of the Species of the Oceanic Oarfish Genus Regalecus*（未訳：海洋オールフィッシュ属レガレクスの系統、生態、分布）』を出版して、またやる気を起こしたようだ。健康に不安を抱えているにもかかわらず、また地球を半周して、予定どおりミャンマーに行った。

彼のライバル、ラルフ・ブリッツも負けていなかった。彼は世界最小の魚、体長一〇ミリくらいのミノーの専門家だが、やはりミャンマーで小型熱帯魚の新種をいくつか発見した。微細な牙を持つバンパイアフィッシュ、学名ダニオネラ・ドラキュラ、雄の腹鰭の間に生殖器があるペニスフィッシュ、******学名ダニオネラ・プリアプスといった魚だ。その後、ロンドン自然史博物館で初めて顔を合わせたが、ラルフは、（タイソンが言っていたような）赤い目ではなく青い目の持ち主で、鷲鼻、灰色の無精髭を生やしていた。タイソンと同様、生物学の主流が、DNA分析に移ったことを嘆いていた。「おかげでどんどん知識が失われている。生物を全体として研究しようとしなくなった」

二〇一四年にラルフは熱帯魚に関するブログを開設した。悲しいニュースを知ったのはこのブログからだった。彼の一八年来の友人で協力者であり、私のバティックアロワナ探しに尽力してくれ

******ちなみに、この魚は名前にペニスが含まれている一三番目の魚である。一方、膣《バギナ》を名前に持つ魚は、一八〇一年に記載されたハゼ、トリパウチェン・バギナだけだ。

た人物が、七〇歳で亡くなった。「ティン・ウィンはミャンマーの淡水魚に関する深い知識と情熱によって、ミャンマー唯一の博識な魚類専門家となった」とラルフは追悼文を載せた。彼の偉業はその名を冠した刺のあるウナギとゴールデンダニオに永遠に刻まれ、彼の興した熱帯魚輸出会社は息子のハインと未亡人のティン・フォンが引き継いでいる。ティン・ウィンは心臓病が悪化してからも、最後までミャンマーの固有種を集めた魚類博物館を開く夢を追っていた。

魚類学が科学の花形分野でなくなった現在、在野の研究者の情熱と知識はきわめて貴重だ。熱心な観賞魚愛好家たちに会うたびに、彼らが驚くほど多くの魚の名を知っていることに感心する。リンネは名前を知ることが知識の第一歩だとして、「名前がなくなると、その生物に対する知識も失われるからだ」と書いている。こうした献身的な愛好家は、アマチュア博物学者が近代生物学を生み出した一九世紀の名残だろう。彼らは世間に知られていない魚に関心を向け、生息地を調査し、自然界で減少した種を人工的に繁殖させる「避難場所」を提供している。

野生の魚を採集しても、その数は知れたものだと彼らは主張する。世界で愛玩用に採取される海水魚は年間約一〇〇トンだが、その一方で、一億トンが食用魚として捕獲されている。淡水魚の場合は、捕獲量より生息地の破壊が大きな問題だ。一例を挙げると、ブラジルは高まる電力需要を満たすために今後一六年間で一五〇以上のダム建設を予定しているが、そのひとつベロ・モンテ・ダムが建設されるシングー川は、鮮やかな白と黒の縞模様をしたナマズ、ゼブラプレコの生息地である。ゼブラプレコの繁殖に熱心な愛好家たちは、輸出を禁止して保護する一方で、二〇一九年までに生息地を破壊することの矛盾を訴えている。そして、観賞魚取引のために絶滅した魚はいないと主張する。そのとおりだと思う。少なくとも、私はそんな話を聞いたことがない。

絶滅という概念は明確なようで、実は、自然界の現状を正確に伝えていないのかもしれない。現実には、曖昧な言い方をされる場合が多い。ボルネオでは、スーパーレッドはかつてどこにでもいたが、今ではめったに見られなくなったと聞いた。ミャンマーでは、漁師たちがテナセリム川でバティックアロワナを見つけられなくなって、奥地まで行かなくてはならないと言っていた。アマゾンでも、シルバーアロワナに関して同じような話を聞いた。シルバーアロワナが減少すれば、それを餌にしているカワイルカやオオカワウソにも影響が及ぶはずである。

現在、アジアでシルバーアロワナの養殖が行われているが、それには課題もある。私が訪ねたボルネオの村では、養魚場が洪水の頻発する川のそばにあった。洪水で養魚池のシルバーアロワナが川に流れ込んだら、数少ない在来種のスーパーレッドが、アマゾン原産の外来種に脅かされる。人類は数千年かけて地上の生物を均質化し、同じような動物を世界中に拡散させてきた。そして、今や水中でも同じ現象が進んでいるが、それには観賞魚取引が少なからず影響している。現在、七〇〇〇種を超える観賞魚が世界的に流通しており、地元の川や湖に放流される場合も少なくない。私たちは珍しい生物を追い求めたあげく、すべてを融合させ、最終的には均質化を招いているのである。

流行のめまぐるしい観賞魚業界で、ドラゴンフィッシュは、ケニー・ザ・フィッシュが予言したとおり、現在のところ、王座を維持している。ニューヨークでも上海でも、熱烈な愛好者がこの先史時代の魚を追い求め、時にはその情熱が極端に走る場合もある。二〇一五年、おそらくアジアアロワナにかけては第一人者のアレックス・チャン――ケニー・ザ・フィッシュの養魚場の主席研究員――が、約二〇匹のアジアアロワナを（他の魚といっしょに）荷物に隠して密輸しようとしてオーストラリアで逮捕された。

　そのニュースを読みながら、シンガポールで私を養魚場の研究所に案内してくれた陽気な科学者を思い浮かべた。ゴールデンアロワナを指して、まるで金の延べ棒のようだと熱を込めて語っていた。あれ以来、私は何度もアレックスにアロワナのことを教えてもらった。アロワナの遺伝的特徴を研究し、六年かけて博士号を取得したのに、*******オーストラリアで一〇年の禁固刑を宣告されるとは。私はどう考えていいかわからなかった。

　私自身、アロワナの呪縛から逃れられなかった。目標を達したにもかかわらず、常にアロワナのことが頭にあった。ハイコからまたアマゾン探検を計画しており、今度はヤンダイアトゥーバ川を遡上するがどうかと打診されたとき、真剣に参加を考えた。だが、ついにジェフが猛反対した。常軌を逸している。そう言われてやめた。

　もうすぐ私たちには赤ちゃんが生まれる。生まれてくる子供は魚座だ。大きくなったら魚を飼いたがるだろうか。私にはあの金魚のスティーヴンが最後だろう。小さな口を真ん丸に開けて喘いでいた姿を思い出すと、今でも胸が痛む。それで、ウォードの箱を買った。一八二九年にロンドンの

*******二〇一五年一一月、数ヵ月の収監と自宅軟禁を経て、一年九ヵ月の禁固刑が確定したが、すでに服役した期間を考慮して執行は猶予された。

医師、ナサニエル・バグショー・ウォードが発明した先駆的な水槽である。高さ三〇センチほど、小さなガラスの温室のようだが、完全密封で水分が逃げないので、中は自立生態系だ。シダを植えたが、一年間も水をやらなくても生き生きしている。都会の小さなアパートで、時折この結露した緑の箱を眺めて、私は遠い野生の地に思いを馳せている。

訳者あとがき

「量産される絶滅危惧種」、矛盾した表現だが、国際自然保護連合のレッドリストやワシントン条約の附属書で絶滅危惧種と認定され国際取引が禁止されると、希少生物として需要が高まるため、野生種を捕獲して人工繁殖が試みられる場合が少なくない。本書はそうした生物の代表例のひとつ、アジアアロワナを追跡した記録である。

現在、世界で取引されている観賞魚は約七〇〇〇種と言われるが、その中でもアジアアロワナには熱烈な愛好家が多く、中国では龍魚（ドラゴンフィッシュ）と呼ばれて珍重されている。国際的な観賞魚コンテストの花形で、最高級のものに三〇〇〇万円近くの値がついたこともあるという。

本書の著者の国、アメリカでは、絶滅危惧種保護法によってアジアアロワナを国内に持ち込むのは禁止されているが、実際には盛んに売買されている。著者はアジアアロワナに魅力を感じたわけではないが、なぜ多くの人が異常なほど夢中になるのか、その謎を探るうちに、いつのまにかアロワナをめぐる闇の世界に引き込まれていく。そして、養魚場や品評会に行けばいくらでも見ることができるのに、絶滅の危機に瀕した野生種を自分の目で確かめたいという強い思いに駆られる。こうして、二〇〇九年から二〇一二年にかけて三年半、一五ヵ国を精力的に駆けめぐることになった。足を踏み入れることすら困難なボルネオ奥地でアロワナファンの垂涎の的であるスーパーレッドを追い、ミャンマーの交戦地帯で謎めいた模様のあるバティックアロワナを探し、そのどちらも失敗に終わると、「ハードルを下げて」アジアアロワナを諦め、アマゾン流域に生息するシルバーアロワナを追い求める。シルバーアロワナは絶滅危惧種リストに載せられていないので、アメリカでも簡単に手に入るのだが、どうしても野生のアロワナを見たいという望みを捨てられない。

「アロワナに対する思い入れは健全ではない」と気づきながらも「狂気のような日々を送り」、憑かれたように野生のアロワナを追う著者のパワーはどこから生まれたのだろう。読み進むにつれて著者のひたむきな情熱が伝染してきて、アロワナの危険な誘惑を感じていただけると思う。

日本ではアメリカのような規制がないので、アジアアロワナのほかにも、南米やオセアニアからもアロワナが輸入されており、比較的容易に入手できる。シルバーアロワナやブラックアロワナは、価格も手ごろで飼育しやすいので人気が高い。

アジアアロワナは稚魚のときは将来どんな色になるかはっきりせず、しかも、レッドを黒い水槽で飼育すると赤みが濃くなるなど、環境によって色が変わるので、輸入する際にはどんな成魚になるか見きわめなければならないそうだ。本書にも「高級アロワナの目利き」である神畑養魚のバイヤーの判定ぶりが紹介されている。

その神畑養魚株式会社の創立者、神畑重三氏は錦鯉を広く世界に紹介することに貢献した人物で、世界的探検家ハイコ・ブレハとアマゾンの秘境に探検に出かけたことでも有名だ。神畑氏の著書『カミハタ探検隊　熱帯魚の秘境を行く』(二〇〇〇年、新日本教育図書)は、本書でもたびたび引用されている。ただし、英訳本からの引用なので、原書とはやや異なる表現もあり、著者が何より興味を引かれた「ボルネオに野生のアジアアロワナを探す」という章は、原書では第五章　東南アジア14の「首狩り族《イバン》が住む地でアロワナに迫る」である。

本書には「分類学の父」カール・リンネや、生物分布の境界線、ウォレス線で知られるアルフレッド・ラッセル・ウォレスにまつわる興味深い逸話も紹介されている。また、伝説の魚類学者タイソン・ロバーツ、ロンドン博物館のラルフ・ブリッツ、マレーシアの観賞魚養殖王ケニー・ザ・フィッシュなど、いずれも個性の強い人物が生き生きと描かれており、そのおかげで単なる探検記という以上に楽しい読み物となっている。

古代ローマに遡る観賞魚の歴史をはじめ、種の定義、魚類の定義など、著者の情報収集力には脱帽するしかないが、その一方で、ボルネオ奥地のヒルトン系ホテル「バタン・アイ・ロングハウス・リゾート」(先住民首狩り族の暮らしを体験できるのが謳い文句)や、一九〇四年に創設された由緒正しい「探検家クラブ」(錚々たるメンバーが毎年ニューヨークの有名ホテルに集まって風変りな総会を開いている)といった、著者が実際に足を運んで得たユニークな情報も満載。

著者エミリー・ボイトは、コロンビア大学で英文学とジャーナリズムを専攻、科学や文化を専門とするジャーナリストとして『ニューヨーク・タイムズ』などに寄稿するほか、ラジオの科学番組の制作にも参加している。ピューリッツァー研修旅行奨学金を得て、アロワナ探検調査を行なった結実が本書である。今後の活躍を期待したい。

二〇一七年十二月

矢沢聖子

◆著者　エミリー・ボイト　Emily Voigt
科学と文化を専門とするジャーナリスト。コロンビア大学で英文学とジャーナリズムの学位を取得。ニューヨークタイムズ、オンアースマガジン、マザージョーンズなどに寄稿。ラジオ番組「This American Life」などにも出演中。ピューリッツァー研修旅行奨学金の受給者。本書で2017年度米国科学ライター協会 社会科学ジャーナリズム賞に輝いた。

◆訳者　矢沢聖子　(やざわ・せいこ)
英米文学翻訳家。津田塾大学卒業。主な訳書に、トラヴィス・マクデード『古書泥棒という職業の男たち』(小社)、リンゼイ・デイヴィス『密偵ファルコ』シリーズ(光文社)、アガサ・クリスティー『スタイルズ荘の怪事件』(早川書房)ほか多数。

絶滅危惧種《ぜつめつきぐしゅ》ビジネス
量産《りょうさん》される高級観賞魚《こうきゅうかんしょうぎょ》「アロワナ」の闇《やみ》

●

2018年1月26日　第1刷

著者……………………エミリー・ボイト
訳者……………………矢沢聖子《やざわせいこ》
装幀……………………永井亜矢子(陽々舎)
カバー写真……………iStockphoto
発行者…………………成瀬雅人
発行所…………………株式会社原書房
〒160-0022 東京都新宿区新宿1-25-13
電話・代表　03(3354)0685
http://www.harashobo.co.jp/
振替・00150-6-151594
印刷・製本……………図書印刷株式会社

ISBN 978-4-562-05466-4 Printed in Japan